BIBLIOTHÈQUE AGRICOLE

TRAITÉ

DE

ZOOTECHNIE

PAR

ANDRÉ SANSON

PROFESSEUR DE ZOOLOGIE ET ZOOTECHNIE
A L'ÉCOLE D'AGRICULTURE DE GRIGNON
ET A L'INSTITUT NATIONAL AGRONOMIQUE

TOME II

ZOOLOGIE ET ZOOTECHNIE GÉNÉRALES
LOIS NATURELLES ET MÉTHODES ZOOTECHNIQUES

Troisième édition, revue et corrigée.

PARIS

LIBRAIRIE AGRICOLE DE LA MAISON RUSTIQUE

26, RUE JACOB, 26

TRAITÉ

DE

ZOOTECHNIE

IMP. GEORGES JACOB, — ORLÉANS.

BIBLIOTHÈQUE AGRICOLE

TRAITÉ

DE

ZOOTECHNIE

PAR

ANDRÉ SANSON

PROFESSEUR DE ZOOLOGIE ET ZOOTECHNIE
A L'ÉCOLE NATIONALE DE GRIGNON
ET A L'INSTITUT NATIONAL AGRONOMIQUE

TOME II

ZOOLOGIE ET ZOOTECHNIE GÉNÉRALES
LOIS NATURELLES ET MÉTHODES ZOOTECHNIQUES

Troisième édition, revue et corrigée

(2e tirage)

PARIS

LIBRAIRIE AGRICOLE DE LA MAISON RUSTIQUE

26, RUE JACOB, 26

1888

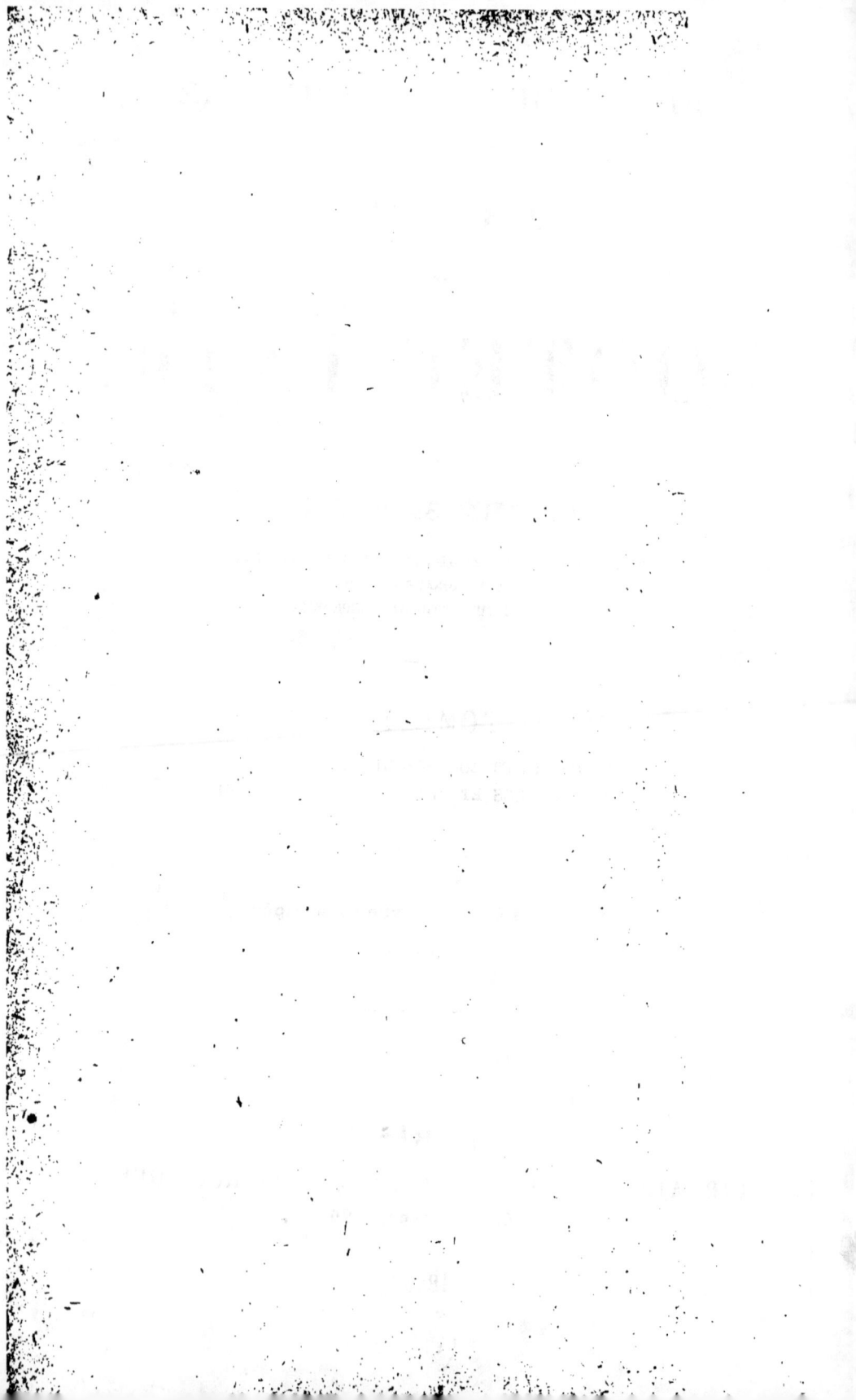

TABLE DES MATIÈRES

DU TOME II

CHAPITRE V. — Méthodes de gymnastique fonctionnelle.

CHAPITRE VI. — Méthodes d'exploitation.

CHAPITRE VII. — Méthodes d'encouragement.

CHAPITRE VIII. — Méthodes de classification.

FIN DE LA TABLE DES MATIÈRES DU TOME DEUXIÈME.

ZOOTECHNIE

LOIS NATURELLES ET MÉTHODES ZOOTECHNIQUES

CHAPITRE PREMIER

LOIS DE L'HÉRÉDITÉ

Définitions. — L'hérédité est le phénomène en vertu duquel les ascendants transmettent aux descendants les propriétés qui leur appartiennent à un titre quelconque.

Comme on le voit, la définition de l'hérédité physiologique ne diffère point de celle qui est admise pour l'hérédité civile réglée par nos Codes; seulement celle-ci s'accomplit conformément à des lois conventionnelles, tandis que la première dépend des lois naturelles qu'il nous faut déterminer d'après l'observation, afin qu'elles puissent servir de bases solides aux méthodes de reproduction.

L'aptitude à transmettre ces propriétés se nomme puissance héréditaire. Appréciables pour l'œil, telles que les formes ou les couleurs constituant les caractères zoologiques et zootechniques, ou simples tendances physiologiques ne se réalisant que dans les conditions de leur

exercice, elles se transmettent dans les deux cas en vertu
des mêmes lois.

La *puissance héréditaire* se manifeste selon divers modes
qu'il importe de bien analyser, afin d'introduire la clarté
en un sujet que les auteurs de notre science ont fort obs-
curci par des confusions dont nous aurons l'occasion de
mettre de nombreux exemples en évidence.

Il y a d'abord la puissance-héréditaire individuelle (*In-
dividualpotenz* des Allemands), que nous nommerons, pour
abréger, *hérédité individuelle;* ensuite l'influence du sexe,
que nous appellerons *hérédité sexuelle;* puis l'influence de
la parenté plus ou moins proche des individus accouplés
connue sous le nom de *consanguinité;* enfin la puissance
héréditaire de la race ou l'*hérédité de race*, qui a été
nommée en ces derniers temps *atavisme.*

Si nos connaissances sur le phénomène physiologique
de la reproduction étaient plus avancées; si nous savions,
par exemple, la part que prend dans le développement
de l'embryon chacun des deux éléments, ovule et cellule
spermatique, dont le concours est nécessaire, chez les
mammifères, pour sa constitution; en ce cas, nous pourrions sans doute établir une théorie complète des modes
divers de l'hérédité qui viennent d'être énumérés. Mais
dans l'état actuel de la science, nous n'avons encore à cet
égard que des hypothèses plus ou moins plausibles,
fondées sur des faits imparfaitement déterminés. Nous
en sommes donc réduits, pour essayer de dégager les
lois de l'hérédité, à devoir nous contenter le plus souvent
des résultats de l'observation pure, quelquefois seulement vérifiés par ceux de l'expérimentation.

Cependant, comme ces résultats semblent mettre sous
nos yeux la constante répétition des mêmes faits rigoureusement analysés, quant à leurs conditions déterminantes, la probabilité de leur exactitude est tellement
grande qu'elle équivaut presque à une certitude scientifique. Il y a lieu de penser que les nouvelles acquisitions
de l'embryologie comparée, au lieu de les contredire ou
de les rectifier, nous en fourniront simplement l'interprétation intime ou l'explication fondamentale. En attendant,

nous les exposerons en examinant successivement les divers modes d'hérédité, pour donner de chacun la définition précise.

Hérédité individuelle. — Chez toutes les espèces animales, on observe des sujets qui, dans tous leurs accouplements, transmettent aux produits de ces accouplements leurs propres caractères, quels que soient ceux de leur conjoint; dans l'acte physiologique de la reproduction, ils dominent toujours complètement. On dit de ces sujets, fort recherchés lorsqu'ils sont mâles, qu'ils se reproduisent bien. Leur domination s'exerce en vertu d'une puissance héréditaire individuelle très-grande, dont l'explication nous échappe, mais qui se constate d'une manière non douteuse.

Cette puissance est parfois tellement considérable qu'elle est suffisante pour primer toutes les autres dont nous aurons à nous occuper plus loin, notamment celle de l'atavisme, la plus impérieuse de toutes. Les faits qui s'y rapportent ont donné lieu, par suite d'une analyse insuffisante, à de graves erreurs servant de base trop fragile à la doctrine qui a longtemps dominé chez nous. Cette doctrine est maintenant le plus en honneur en Allemagne. Il suffira de faire remarquer, quant à présent, que la puissance héréditaire individuelle se manifeste à peu près exclusivement pour les caractères zootechniques qui seront ultérieurement définis, et qu'elle est en tout cas trop rare à un degré très-élevé pour qu'il soit sage de l'admettre comme principe d'une méthode générale de reproduction, lorsqu'elle n'est pas en concordance avec d'autres modes nécessaires de l'hérédité.

Quelques auteurs vont jusqu'à prétendre absolument que la puissance héréditaire est et reste individuelle, qu'elle ne se peut point transmettre et devenir par conséquent un caractère de famille ou de race. C'est une erreur essentielle, imaginée pour appuyer l'hypothèse transformiste. Elle fait jouer dans le perfectionnement des animaux un rôle à peu près exclusif à l'hérédité individuelle, transmettant ce qu'on appelle les variations.

Considérée isolément, l'hérédité individuelle ne peut se

manifester d'une façon non douteuse que pour les qualités
anatomiques ou physiologiques propres à l'individu. Il ne
s'agit point de celles qui caractérisent son individualité;
car, ainsi que nous le verrons, la transmission exacte et
complète de celle-ci équivaudrait à la suppression de
l'individualité même, qui est une réalité naturelle absolument irréductible. Cela concerne seulement quelques-
unes des qualités qui se produisent chez l'individu sous
l'influence de conditions dont la plupart restent encore
indéterminées. Les unes sont naturelles ou peuvent être
ainsi désignées, en ce sens que leur apparition est indépendante de notre intervention consciente; les autres
sont artificielles ou résultent de l'application de nos méthodes zootechniques; d'autres enfin sont purement accidentelles. Toutes n'ont pas, à beaucoup près, une égale
puissance de transmission. Des dernières, par exemple,
il en est très-peu qui se transmettent, et parmi celles qui
sont reconnues héréditaires, il y a tout lieu de croire que
l'opinion admise à leur égard, bien qu'elle soit très-géné-
rale, s'appuie sur une fausse interprétation des observations.

Ainsi en est-il vraisemblablement pour ce qui concerne
les tumeurs osseuses dites tares dures, qui surviennent à
un certain âge au voisinage des articulations des membres, chez les chevaux, et notamment de celles de l'articulation du jarret connues sous les noms de jarde ou
jardon et d'éparvin. Il est bien difficile de démêler nettement, dans l'apparition de ces phénomènes pathologiques,
si c'est la tumeur elle-même qui a été transmise par hérédité ou si ce n'est pas plutôt la conformation vicieuse
de l'articulation, à laquelle elle a été due chez l'ascendant direct. L'hérédité de cette conformation n'est en
tout cas point douteuse, tandis qu'il serait embarrassant
de citer un seul cas bien observé d'apparition de jarde ou
d'éparvin sur un jarret d'ailleurs régulièrement disposé,
et par conséquent d'une solidité irréprochable. Si donc
l'hérédité individuelle des vices de conformation des
membres ne laisse aucune place au doute, il n'en est
point de même pour les tares adventices qui les accom-

pagnent après que leur développement a eu lieu sous
l'influence du travail de l'articulation ou tout au moins en
coïncidence avec lui. Le doute qui subsiste à cet égard ne
permet en tout cas point d'envisager les faits de ce genre
comme des preuves à l'appui de l'hypothèse des corrélations de croissance, imaginée par Darwin.

De nombreux faits viennent aussi témoigner contre la
puissance héréditaire attribuée aux mutilations individuelles, accidentelles ou voulues. A ce sujet, Nathusius (1)
dit que les propriétés individuelles engendrées accidentellement ne se transmettent point, ou que si elles se
transmettent, cela est tellement extraordinaire qu'il n'y a
pas lieu d'en tenir le moindre compte pour la pratique.
Après nous, il cite comme exemple ce qui se passe dans
les troupeaux de moutons mérinos, où, depuis plus d'un
siècle, en Allemagne et en France, la coutume s'est
établie de raccourcir la queue des jeunes animaux mâles
et femelles par amputation, sans que pourtant on ait
jamais observé la transmission héréditaire de cette mutilation, existant cependant chez les deux reproducteurs à
la fois. « Parmi les plusieurs milliers d'agneaux qui me
sont passés par les mains depuis plus de quarante ans,
ajoute-t-il, je n'en ai pas encore vu un seul qui soit né
avec une queue naturellement raccourcie. » De même pour
les autres races ovines traitées ainsi, et de même aussi
pour les chevaux, chez lesquels il est également d'usage
d'amputer un nombre variable de coccygiens. Ces observations toujours concordantes ne se comptent pas seulement par milliers, mais bien par millions.

Cependant on trouve le contraire mentionné dans quelques ouvrages, pour les besoins d'une thèse préconçue,
en s'appuyant particulièrement sur des faits empruntés à
l'observation des chiens. Il n'est pas extrêmement rare,
en effet, comme le remarque le même auteur, que les
chiens naissent avec la queue raccourcie; mais si cela se
présente plus fréquemment chez les races où l'on mutile

---

(1) H. von NATHUSIUS, *Vortraege über Viehzucht und Rassen-
kenntniss*, p. 140. Berlin, Wiegandt und Hempel, 1872.

ordinairement l'organe que chez celles où il reste intact, c'est ce qui, jusqu'à présent, n'a pas été établi avec certitude. Dans les cas qu'il a lui-même observés et où, sur une portée de jeunes chiens, un, deux ou plus avaient la queue raccourcie dès leur naissance, il s'est présenté aussi souvent que les parents étaient exempts de mutilation ou qu'ils avaient subi celle dont il s'agit. Les éleveurs de cochons perfectionnés savent que fréquemment on constate, dans une portée de petits gorets issus de parents arrivés au degré le plus élevé de la finesse, que quelques-uns d'entre eux naissent sans queue ou avec une queue seulement rudimentaire, bien que leurs ascendants directs ou indirects fussent exempts de mutilation. Dans le cas des chiens comme dans celui des cochons, ce n'est donc point d'hérédité individuelle qu'il s'agit, mais d'une malformation congénitale, dont la condition déterminante nous reste encore inconnue.

La mutilation des oreilles, habituelle aussi chez certaines variétés de chiens, ne se montre pas plus héréditaire que celle de la queue. Toutefois, elle paraît s'être perpétuée chez une variété de moutons entretenue dans l'extrême Orient et introduite au jardin zoologique du bois de Boulogne depuis quelques années. Les jeunes agneaux de cette variété naissent avec un rudiment de conque auriculaire. Il semble extrêmement probable que l'organe a été amputé chez les premiers parents de cette variété avec une persistance plus ou moins grande; mais nous sommes sans renseignements précis sur son histoire. Toujours est-il qu'aucun fait semblable ou analogue n'a encore été bien observé en Europe, et qu'on y est toujours obligé de mutiler les oreilles des jeunes chiens de combat, bulldogs et autres, qu'il est d'usage de priver plus ou moins complètement de ces appendices. On en doit dire autant pour les appendices cornés des ruminants. Quelques-uns, dans les races ovines, restent dépourvus de cornes frontales, quoiqu'ils appartiennent à des espèces chez lesquelles ces cornes avaient jusque-là toujours existé. Dans les races bovines il n'en est pas ainsi. Nous ne possédons aucun fait prouvant qu'elles aient manqué de se développer au temps normal, sans que l'individu eût, dans son ascendance, au moins un parent apparte- nant à l'espèce qui en est naturellement dépourvue, espèce dont l'origine ne nous est pas plus connue que celle des autres, et dont l'existence a été déjà signalée par les au- teurs de l'antiquité.

Contrairement à ce qui semble ainsi bien établi pour les amputations ou mutilations d'organes plus ou moins accessoires, les lésions traumatiques ou non des parties essentielles du système nerveux paraissent jouir à un très-haut degré de la puissance héréditaire individuelle. Des résultats d'expériences dues à Brown-Séquard ten- dent à le prouver d'une manière indéniable. Dans les portées des femelles de cobaye qu'il rend épileptiques par l'hémisection de la moelle épinière, on observe tou- jours un nombre plus ou moins grand de jeunes chez lesquels plus tard l'attaque d'épilepsie peut être de même provoquée par l'irritation de la peau de la région qu'il a appelée zone épileptogène. Il en est de même pour les changements que provoque dans la grandeur de l'œil la section du sympathique, et pour d'autres phénomènes du même genre constatés par l'infatigable et fécond expéri- mentateur. Là se trouvera peut-être la clé des quelques faits incontestables d'hérédité individuelle qui, dans l'état de la science, s'offrent comme de rares exceptions à la règle que nous posons.

Regards. — A l'hérédité individuelle se rattacheraient aussi les faits attribués à l'influence des impressions reçues par la mère durant le temps de la gestation, si cette influence était réelle. Ces impressions, que le vulgaire appelle des *envies* ou des *regards*, sont l'objet d'un préjugé fortement enraciné. Quand on examine avec une attention éclairée les faits qui se rapportent à ce préjugé, on ne manque point de leur reconnaître le caractère tératologique qui leur appartient. Il s'agit le plus souvent, chez l'homme, de taches ou de tumeurs érectiles de la peau, glabres ou pileuses, où le vulgaire trouve des ressemblances avec une tache vineuse, un fruit ou le pelage d'un animal quelconque, ressemblances en vérité beaucoup trop éloignées et exigeant, pour être admises, une trop forte dose de bonne volonté. On est vraiment surpris que Settegast (1) ait cru devoir discuter si longuement un tel préjugé, en commençant par rappeler le cas de Jacob rapporté dans la Bible (2) au sujet du subterfuge dont il est dit qu'il se servit pour arriver à s'approprier la plus grande partie des troupeaux de Laban. Cela n'a évidemment pas besoin de réfutation.

Ce n'est pas à dire que les fortes impressions mentales ne puissent avoir aucune influence sur le développement de l'embryon, et qu'elles ne soient point capables de déterminer des malformations quelconques; mais, dans l'état de la science, nous sommes aussi peu en mesure de résoudre une telle question dans un sens que dans l'autre, faute d'observations exactes et précises; le plus sage est donc de la laisser de côté avec les singulières affirmations dont elle est l'objet.

En résumé, la puissance héréditaire individuelle ne se fait sentir bien nettement que pour les caractères ou attributs naturels de l'individu, qu'en faisant prédominer plus ou moins complètement chez le produit de l'accouplement la ressemblance avec celui des deux reproducteurs dont la faculté de transmission est la plus accusée.

Hérédité sexuelle. — La loi qui décide du sexe de l'individu procréé a toujours, à juste titre, fixé l'attention des auteurs qui se sont occupés de la reproduction des animaux domestiques. Au point de vue pratique, il n'est jamais indifférent, dans les industries zootechniques, d'obtenir tel ou tel sexe, les valeurs n'étant dans aucun cas égales entre les deux. Ici, il y a plus d'intérêt à produire des mâles, là des femelles. Cette loi existe, cela n'est point douteux, puisque certains individus procréent plus de mâles que de femelles, d'autres plus de femelles

(1) SETTEGAST, *Die Thierzucht,* 3 aufl., p. 167. Breslau, Wilh. Gottl. Korn., 1872.

(2) *Genèse,* ch. xxx, v. 37-39.

que de mâles, et quelques-uns exclusivement des mâles, tandis que d'autres ne font que des femelles. Il importe donc de la dégager.

Quand on considère le phénomène sur des grands nombres, chez les animaux domestiques, on constate qu'en définitive les deux sexes s'équilibrent dans les naissances. Il n'en est pas tout à fait de même dans nos sociétés humaines civilisées. Là, le sexe mâle prédomine un peu : contre 100 naissances de filles, il y a de 105 à 106 naissances de garçons. Mais l'analyse de ce phénomène ou l'examen des cas particuliers révèle aussitôt l'existence d'influences individuelles qui, pour s'équivaloir ou s'équilibrer finalement, n'en sont pas moins manifestes. J'ai fait relever, pour les années 1874, 1875 et 1876, les naissances dans le troupeau de l'École de Grignon, au point de vue de la répartition des sexes. Voici les résultats constatés (1) :

En 1874, il y a eu 88 brebis fécondées ; elles ont fait 131 agneaux. Sur ce nombre de 131 agneaux, il y avait 69 mâles et 62 femelles ; 40 parturitions ont été doubles et 1 triple.

Le troupeau se composait de deux variétés de moutons, des southdowns et des shropshiredowns.

Un bélier southdown (n° 2) avait fécondé 50 brebis qui ont fait 71 agneaux, dont 42 mâles et 29 femelles.

Un autre bélier southdown (n° 19) avait fécondé 20 brebis seulement, qui ont fait 31 agneaux, dont 16 mâles et 15 femelles.

Un bélier shropshiredown (n° 112) avait fécondé 8 brebis qui ont fait 11 agneaux, dont 6 mâles et 5 femelles.

Un autre bélier shropshiredown (n° 113) avait fécondé 10 brebis qui ont fait 18 agneaux, dont 5 mâles et 13 femelles.

En 1875, il n'y a eu que 81 brebis de fécondées ; elles ont fait 117 agneaux, dont 58 mâles et 59 femelles ; 33 parturitions ont été doubles et 3 triples.

(1) *Bulletins de la Société d'anthropologie de Paris*, 2ᵉ série, t. IX, p. 399 ; t. X, p. 374, et t. XI, p. 256.

Le troupeau se composait des deux variétés de l'année précédente, plus de la variété leicester dite dishley.

38 brebis southdown fécondées par un seul bélier de leur variété ont fait 79 agneaux, dont 33 mâles et 46 femelles.

Un bélier shropshiredown (n° 1) a fécondé 5 brebis qui ont fait 7 agneaux, dont 5 mâles et 2 femelles.

Un bélier shropshiredown (n° 2) en a fécondé 14 qui ont fait 23 agneaux, dont 15 mâles et 8 femelles.

4 brebis leicesters, fécondées par un seul bélier, ont fait 8 agneaux, dont 5 mâles et 3 femelles.

En 1876, le nombre des brebis fécondées avait été de 91, dont 61 southdowns, 25 shropshiredowns et 5 leicesters. Elles ont fait 144 agneaux, dont 82 mâles et 62 femelles ; 44 parturitions ont été doubles et 3 triples.

Le bélier southdown n° 13 a fécondé 2 brebis qui ont fait 3 agneaux, dont 1 mâle et 2 femelles.

Le bélier southdown n° 19 en a fécondé 19 qui ont fait 27 agneaux, dont 11 mâles et 16 femelles.

Le bélier southdown n° 27 en a fécondé 28 qui ont fait 44 agneaux, dont 23 mâles et 21 femelles.

Le bélier southdown n° 33 en a fécondé 12, qui ont fait 15 agneaux, dont 9 mâles et 6 femelles.

Les 25 brebis shropshiredowns, fécondées par un seul bélier (n° 2), ont fait 47 agneaux, dont 31 mâles et 16 femelles.

Les 5 brebis leicesters, fécondées également par un seul bélier (n° 18), en ont fait 8, dont 6 mâles et 2 femelles.

En réunissant les trois années, nous avons un total de 392 agneaux faits par une moyenne de 86 brebis ; sur ces 392 agneaux, il y a eu 209 mâles et 183 femelles, c'est-à-dire seulement un peu plus de mâles que ne le comporterait le rapport normal posé plus haut.

L'inégale répartition des sexes procréés entre les divers béliers qui ont fécondé les brebis du troupeau de Grignon, dans les trois années dont on vient de voir les résultats, est évidente. Il y a dans plusieurs cas des écarts du simple au double. Nous reviendrons sur les faits constatés ici pour en épuiser la signification. Quant à présent, il suffira d'y voir la preuve certaine de l'influence individuelle en question, c'est à savoir celle qui détermine la procréation d'un sexe plutôt que de l'autre.

Cette preuve peut nous être encore fournie par ce qui se passe chez les races pour lesquelles on tient des registres généalogiques. J'ai relevé, par exemple, les naissances qui ont eu lieu durant l'année 1871 dans la variété des chevaux de course français. En cette année, les naissances ont été au nombre total de 55, sur lequel il y a eu 28 mâles et 27 femelles. Les mères avaient été fécondées par 8 étalons. Voici leur répartition pour chacun de ces étalons :

Wild Oats et *Marignan* ont procréé chacun des nombres égaux de mâles et de femelles, 4 poulains et 4 pouliches, soit 16 en tout, dont 8 mâles et 8 femelles.

Monitor a procréé 5 mâles et 4 femelles.

Le Sarrazin a procréé 6 mâles et 2 femelles.

Montagnard a procréé 3 mâles et 1 femelle.

Ruy-Blas a procréé 4 mâles et 2 femelles.

Verlugadin a procréé 2 mâles et 9 femelles.

Enfin *Florentin* a procréé 1 femelle seulement.

Sur ce nombre relativement petit d'individus, on voit donc se produire les trois combinaisons possibles : égalité entre les sexes ; prédominance du sexe mâle sur le sexe femelle ; prédominance du sexe femelle sur le sexe mâle ; et en définitive rétablissement presque complet de l'équilibre troublé par l'influence de l'individualité.

Cette influence, encore un coup, ne peut conséquemment point être méconnue. Quelles sont ses conditions déterminantes ? Des tentatives de théorie ont été faites à plusieurs reprises, mais sans succès. Il y a quelques années, Thury, de Genève, a prétendu rattacher la sexualité au degré de maturité de l'œuf au moment de sa fécondation. D'après lui, tout œuf qui, à ce moment, n'avait pas atteint un certain degré de maturité devait donner naissance à une femelle ; passé ce degré, c'était un mâle qui devait en naître. Il aurait donc suffi, si cela eût été vrai, pour obtenir à volonté des femelles ou des mâles, de faire opérer la fécondation au début de la manifestation du rut ou à la fin. Malheureusement, la vérification

expérimentale dont elle a été l'objet sur un grand nombre
de points ne s'est pas montrée favorable à cette hypothèse
que, dans notre première édition, nous avions nous-
même réfutée en relevant les nombreuses erreurs d'observation embryologique sur lesquelles elle était appuyée.
Il n'en est plus question aujourd'hui.

Depuis, un entomologiste allemand, Landois, a publié
des résultats d'expériences qu'il disait avoir faites sur
les abeilles, et desquels il eût fallu conclure que le déterminisme du sexe dépend uniquement de la nutrition
embryonnaire. C'est la conclusion que Claude Bernard (1),
par exemple, confiant en la probité scientifique de Landois, en a tirée. Cette probité fut alors, de la part de ses
compatriotes compétents, l'objet d'un jugement très-
sévère. Il annonçait avoir observé le développement
d'ouvrières dans des petites alvéoles où il avait artificiellement transplanté des œufs mâles, et inversement celui
de mâles dans des grandes pourvues par lui d'œufs
femelles.

Avec la collaboration de Bastian (2), nous avons expérimentalement démontré que l'auteur d'assertions si har-
dies avait été au moins dupe d'illusions. J'ai pu mettre
sous les yeux de l'Académie des fragments de gâteaux,
que je possède encore, contenant des ouvrières développées dans des alvéoles de mâle et des mâles développés
dans des alvéoles d'ouvrière. Par des artifices dont le
détail est exposé dans la note publiée alors, nous avions
réussi à faire pondre des œufs femelles dans les premières et des œufs mâles dans les secondes. Toutes nos
tentatives pour répéter l'expérience de transplantation
annoncée par Landois avaient échoué.

Ces résultats, qui ont été considérés comme très-impor-
tants et très-intéressants par tous les savants qui, en
Europe, ont eu à les apprécier publiquement, montrent
avec la dernière évidence que le sexe de l'embryon est

---

(1) *Revue des Deux-Mondes*, 15 décembre 1867, p. 274.
(2) *Comptes-rendus de l'Académie des sciences*, t. LXVII, p. 51, 1868.

préexistant dans l'œuf avant la segmentation de celui-ci, et que par conséquent les conditions ultérieures du développement de cet embryon ne peuvent rien sur son déterminisme. Elles peuvent, ainsi que c'est le cas précisément pour les abeilles ouvrières, qui sont des femelles incomplètes, arrêter l'évolution des organes sexuels à un certain degré ; elles sont impuissantes à changer leur caractère fondamental, sur le déterminisme duquel, encore une fois, la nutrition embryonnaire, pas plus que les autres conditions de milieu, n'a aucune action.

Nous possédons un très-grand nombre de résultats qui, par leur constance ou leur concordance, méritent à coup sûr d'être pris en sérieuse considération. Il y a longtemps déjà que Girou de Buzareingues (1), prenant pour base les faits constatés dans son propre troupeau, a érigé en loi la proposition suivante : que celui des deux individus accouplés qui, au moment de l'accouplement, est par son âge relatif ou par tout autre motif dans l'état constitutionnel le meilleur ou le plus vigoureux transmet son sexe au produit. Nous devons dire que cette proposition s'est constamment vérifiée toutes les fois qu'elle a été soumise à un contrôle dans lequel les différences entre l'état physiologique respectif des reproducteurs ne pouvaient point donner prise à des erreurs d'appréciation.

Martegoute (2) a publié sur ce sujet des faits très-significatifs. Ces faits sont de deux catégories. Dans la première, il a noté les nombres exacts de mâles et de femelles produits par chacune des trois périodes de l'agnelage d'un troupeau dont les brebis avaient toutes été fécondées par un unique bélier métis dishley-mérinos, faisant la lutte en liberté. Le nombre de brebis pour chaque période donne la mesure de celles qui, étant devenues en rut en même temps, ont été luttées par le

(1) *De la génération*, p. 133 et suiv., in-8°. Paris, 1828.
(2) *Journal d'agriculture pratique et d'économie rurale pour le midi de la France*, publié par les Sociétés d'agriculture de la Haute-Garonne et de l'Ariége. Toulouse, 1858.

bélier durant ce temps, et aussi la mesure de la fatigue et de l'épuisement que l'exercice de sa fonction a pu lui causer. Chaque brebis n'y allant que pour son compte, tandis que le bélier devait suffire à toutes, il est clair que l'état relatif des reproducteurs dans ce cas peut être assez exactement représenté, au détriment du bélier, par le nombre de brebis luttées dans chacune des trois périodes, et surtout par l'ordre de succession de celles-ci.

Dans la première période de l'agnelage, la proportion des agneaux mâles a été de 13 contre 4 femelles.

Dans la deuxième période, qui a suivi de près, la proportion s'est trouvée renversée, au point qu'il n'y a plus eu que 3 mâles contre 15 femelles.

Dans la troisième, où les brebis à lutter ont été moins nombreuses et où il y a eu moins de simultanéité pour l'apparition des chaleurs, on a compté 9 agneaux mâles contre 4 femelles.

En somme, dans cette première catégorie de faits on trouve $13 + 3 + 9 = 25$ mâles, contre $4 + 15 + 4 = 23$ femelles, c'est-à-dire des nombres peu différents pour les deux sexes, et le nombre le plus élevé est dans le sens qui a été reconnu comme constant, savoir la prédominance du sexe mâle.

La deuxième catégorie des faits relevés par Martegoute laisse encore moins de place au doute. Un bélier très-vigoureux et fortement nourri fit la lutte, en 1853, avec 34 jeunes brebis dites antenaises. On en obtint 25 mâles et 9 femelles seulement. Le même bélier féconda en outre des brebis fort épuisées, au moment où elles finissaient d'allaiter leurs agneaux. Une première fois, en 1853, ces brebis firent 8 agneaux mâles contre 4 femelles ; une seconde fois, en 1854, leur nombre étant plus grand, on observa dans les mêmes conditions 27 naissances de mâles contre 9 de femelles.

Ici où les différences étaient évidemment plus accentuées, on trouve $25 + 8 + 27 = 60$ mâles, contre $9 + 4 + 9 = 22$ femelles pour l'ensemble des naissances. Par cet écart final de 60 à 22, on voit clairement qu'il n'y a pas eu, comme dans le premier cas, compensation entre

HÉRÉDITÉ SEXUELLE.

les influences sexuelles opposées. La prédominance de l'état constitutionnel du bélier a été constante comme celle des agneaux mâles procréés.

Si nous examinons maintenant, en nous plaçant au même point de vue, les faits recueillis dans le troupeau de Grignon et rapportés plus haut, voici ce que nous constatons.

A la fin de 1873, au moment où elles furent luttées, les brebis southdowns de ce troupeau étaient pour la plupart des vieilles bêtes, restes de l'ancien troupeau de Vincennes, ayant eu en outre à subir les mauvaises conditions imposées par le récent état de guerre, mais remises en bon état par l'excellent régime de l'école. Les béliers, beaucoup différents entre eux, ont produit des résultats qui ne le sont pas moins. Le n° 2, déjà vieux, mais très-vigoureux, auquel on donna 50 brebis, a procréé 42 mâles contre 29 femelles ; le n° 17, encore très-jeune, auquel on n'en donna que 20, a procréé en nombres sensiblement égaux les mâles et les femelles, 16 des premiers contre 15 des secondes.

Les brebis et les béliers shropshiredowns, récemment importés d'Angleterre, étaient de même âge et tous jeunes. Il n'y avait pas entre eux des différences assez notables pour qu'on puisse trouver aux faits constatés une signification nette. L'un des béliers a procréé des nombres à peu près égaux de mâles et de femelles ; l'autre a fait 13 femelles contre 5 mâles seulement. La raison précise nous échappe en ce dernier cas.

A la fin de 1874, le plus grand nombre des vieilles brebis southdowns avaient été réformées et remplacées par des jeunes. Celles-ci et les survivantes, toutes fécondées par le bélier n° 19, non encore arrivé à sa pleine force, ont fait en 1875 un nombre plus grand de femelles que de mâles, 46 contre 33.

A ce même moment, deux nouveaux béliers shropshiredowns, jeunes et vigoureux, avaient été importés d'Angleterre pour remplacer les deux premiers, devenus trop lourds. Avec les mêmes brebis, l'un a procréé 5 mâles contre 2 femelles ; l'autre, 15 mâles contre 8 femelles ;

dans les deux cas, le nombre des mâles a été sensiblement le double de celui des femelles.

Le même fait s'est présenté pour les brebis leicesters qui, fécondées en très-petit nombre par un jeune bélier de leur variété, ont fait 5 mâles contre 3 femelles.

On voit qu'au demeurant il y a concordance entre ces résultats et ceux constatés par Martegoute, et que les uns et les autres confirment la proposition formulée par Girou de Buzareingues. Elle me paraît recevoir une confirmation encore plus décisive par un fait bien déterminé que j'ai pu observer durant plusieurs années dans une localité du département de la Charente-Inférieure, à l'établissement d'étalons mulassiers d'Aulnay, qui existait alors. Cela se passait dans les années de 1849 à 1854.

Un des ânes étalons ou baudets de cet établissement était de la part des propriétaires de juments l'objet d'une forte concurrence ; ses saillies étaient toujours fort recherchées ; chacun s'efforçait d'arriver à l'heure la plus matinale, afin de s'en assurer le bénéfice. Pourtant ce baudet, bien que sa conformation spéciale eût été antérieurement belle, était alors atteint d'une grave infirmité. La marche et même la station sur ses membres lui étaient devenues, sinon impossibles, du moins très-pénibles et très-difficiles. Par suite de la fourbure si commune chez les sujets de son espèce utilisés à la fonction qu'il remplissait, il lui était survenu aux deux membres antérieurs une rétraction si considérable des tendons fléchisseurs, que ses articulations métacarpo-phalangiennes formaient des angles à sommet antérieur et se fléchissaient bientôt complètement sous la pression du poids du corps. Pour éviter une chute certaine, il était obligé de porter ses membres fort en avant de la verticale, à la manière de deux arcs-boutants, d'ailleurs peu solides. Une telle attitude ne pouvait manquer de lui être très-pénible ; aussi demeurait-il constamment dans le décubitus, hormis le temps assez court durant lequel on le forçait de se lever pour le conduire auprès de la jument à saillir, à quelques pas de sa loge.

La préférence accordée à ce baudet, malgré la chétive apparence que son infirmité lui avait donnée, me parut d'abord singulière, et je voulus en connaître la raison. Dans l'enquête que je fis auprès des propriétaires de juments, les réponses furent unanimement conformes. J'appris que les juments fécondées par lui faisaient toutes à peu près sûrement des mules dont le prix, comme on sait, est de beaucoup plus élevé que celui des mulets. Sa réputation était solidement assise, et non point sur un simple préjugé, mais bien sur les résultats de l'observation rigoureuse. Tout paysan poitevin sait au juste le nombre de mules qui naissent chaque année dans le périmètre de la clientèle de l'*atelier* où il conduit ses juments, et le nom du baudet qui en a fait le plus, et cela pour la bonne raison qu'il est fort intéressé à s'en enquérir. C'est celui-là qui a toujours le plus de juments à saillir.

Il m'a été assuré d'une manière pertinente que le taureau courtes-cornes *Beaumanoir II*, auquel un de mes anciens élèves a fait acquérir une moyenne de plus de 2 kil. par jour au moyen du régime d'engraissement réglé et dirigé par lui (1), n'a procréé, durant tout le temps qu'il a fait la monte à la ferme-école des Hubaudières (Indre-et-Loire), que des femelles. Il avait sailli non seulement les vaches de la ferme, mais encore bon nombre de celles des environs. Il est évident que la trop grande propension à l'engraissement, manifestée chez ce taureau par le résultat extraordinaire que nous venons de mentionner, était l'indice d'un tempérament d'une mollesse excessive qui, vis-à-vis des femelles de toute sorte avec lesquelles il s'accouplait, le mettait dans un état d'infériorité notoire quant à la vigueur. Ce n'est donc pas outrepasser les limites permises de voir dans ce nouveau fait une preuve complètement analogue à la précédente et tout aussi démonstrative.

Nous pourrions en invoquer encore d'autres recueillies par nous ou empruntées à Lemaire, au professeur Tisserant, etc. Celles qu'on vient de voir paraîtront sans doute

(1) Voy. *Journal de l'agriculture*, de Barral, 1875, t. II, p. 501.

suffisantes pour établir la réalité de la loi énoncée. Mais on ne saurait se dissimuler que si cette réalité n'est théoriquement point douteuse, il s'en faut de beaucoup que nous soyons en état de tirer de son application tout le parti pratique qu'elle comporterait. Pour apprécier exactement l'état physiologique réciproque des reproducteurs en présence, la commune mesure nous manque. Seules les différences extrêmes nous frappent. Dans le plus grand nombre des cas, nous n'avons pour nous que des probabilités relativement faibles. Cela ne s'apprécie sûrement ni au poids, ni à la mesure métrique. Les phénomènes qui constituent ce que nous nommons l'état physiologique sont extrêmement complexes. Dans l'état actuel de la science, leur appréciation comparative ne peut relever que du tact personnel ou de l'aptitude spéciale de l'observateur. La connaissance de la loi que nous avons essayé de dégager des faits pour la mettre en évidence ne peut donc que guider l'observation des cas particuliers en l'éclairant, mais non point y suppléer ou la rendre inutile en la remplaçant par une formule applicable pour tout le monde, au moyen du mètre ou de la balance.

Influence respective des sexes. — Nos devanciers avaient tous ou presque tous adopté la doctrine de l'Anglais Stephens, formulée d'après la théorie physiologique d'Alexandre Walker, son compatriote, et attribuant à chacun des deux sexes une puissance héréditaire individuelle différente et déterminée. D'après cette doctrine, le produit de l'accouplement hériterait toujours des organes de nutrition de sa mère (soit de ceux qui proviennent des deux feuillets moyen et inférieur du blastoderme), toujours des organes de locomotion de son père, des os, des muscles, des tendons, de la peau (ou de ceux provenant du feuillet supérieur), mais également de ses deux parents pour ce qui concerne le système nerveux central.

Orton a formulé l'idée plus brièvement en disant que le père donne la conformation extérieure et la mère les dispositions intérieures, et d'autres en ajoutant que le type vient du père et les éléments de l'organisme de la mère. Et comme dans le plus grand nombre des cas il s'agit, en hippotechnie surtout, de reproduire le type ou la conformation extérieure, les hippologues purs se sont jusqu'à présent partout montrés convaincus que, pour atteindre le but pratique de leurs visées, ce qui importe exclusivement dans les opérations de reproduction, c'est le choix du père ou de l'étalon. La doctrine hippotechnique partout dominante dans les deux mondes est fondée sur cette notion, qui n'est qu'un préjugé. Elle a rejailli sur les autres branches de la zootechnie empirique, et la plupart des éleveurs y conforment leur conduite, soit de propos délibéré, soit par pure routine traditionnelle ou par imitation des Anglais.

La conception première de cette doctrine fautive a eu sa source dans des observations superficielles et insuffisantes faites sur les hybrides des chevaux et des ânes. A première vue, en effet, il semble que le produit de l'accouplement de l'âne et de la jument, ou le mulet, ressemble extérieurement plus à l'âne, son père, qu'à la jument, sa mère ; que celui de l'accouplement du cheval avec l'ânesse, ou le bardot, ressemble plus aussi à son père qu'à sa mère.

Selon toute apparence, les auteurs anglais qui ont propagé la doctrine dont il s'agit n'avaient eu que bien peu d'occasions d'observer ces hybrides. Les bardots sont très-rares partout, excepté en Sicile, et c'est tout récemment que l'on a commencé à introduire un petit nombre de mulets en Angleterre. En fait, l'examen attentif et analytique des deux sortes de sujets conduit à des conclusions tout autres. Il montre que sur un groupe suffisamment grand de ces sujets, comme on en peut facilement rencontrer chez nous, en ce qui concerne les mulets proprement dits, les caractères paternels et les caractères maternels se présentent répartis selon des proportions très-diverses ; tantôt les uns prédominent, tantôt les autres ; tantôt il y a partage à peu près égal. Cela dépend évidemment, comme toujours, des puissances héréditaires individuelles en présence.

Pour ce qui est, par exemple, des caractères spécifiques ou fondamentaux, l'analyse crâniologique fait voir que chez les mulets résultant de l'accouplement de l'âne brachycéphale avec des juments dolichocéphales, comme c'est le cas de ceux du Poitou, la plupart sont ou nettement du premier type ou nettement du second, ou de ce type intermédiaire nommé mésaticéphale par Broca. Ils ont l'apophyse orbitaire caractéristique de leur père ou celle de leur mère ; et ainsi pour le reste des formes de leur tête, qui est allongée comme celle de la jument poitevine, ou relativement courte et volumineuse comme celle de l'âne d'Europe.

Mais des caractères superficiels et faciles à saisir pour tout le monde, dépendant de la peau, et par conséquent appartenant à l'ordre de ceux qui, d'après la doctrine, doivent toujours être transmis par le père, vont nous fournir un moyen de contrôle décisif.

Les membres postérieurs de l'âne sont dépourvus de ces appendices cornés qui nous sont connus sous le nom de châtaignes ; il n'y en a qu'aux membres antérieurs ; tandis que toutes les espèces de chevaux, sauf une peut-être, au sujet de laquelle il est permis de conserver des doutes à cet égard, faute d'observations suffisantes, en ont aux quatre membres. Si le père transmettait nécessairement sa peau, les mulets ne devraient jamais présenter des châtaignes aux membres postérieurs. Or, le contraire est d'observation courante. J'en ai examiné à ce point de vue un nombre très-considérable, mais spécialement 21 qui appartenaient à une compagnie du train des équipages casernée à l'École militaire à Paris. Sur ce nombre, 13 avaient aux membres postérieurs des châtaignes très-apparentes, 4 en étaient dépourvus, et 4 en avaient deux peu développées et à peine visibles.

Jules Maury (1) a signalé l'absence complète des châtaignes postérieures sur neuf mules ou mulets observés par lui, et la présence d'une seule rudimentaire sur deux autres, pour opposer les cas à l'affirmation de Goubaux relative à leur présence constante au nombre de deux ;

(1) *Recueil de médecine vétérinaire*, 6ᵉ série, t. I, p. 150. Paris, Asselin, 1874.

mais il conclut en disant qu'il résulte de l'ensemble de ses observations « que les hybrides ont généralement quatre châtaignes, deux aux membres antérieurs et deux aux membres postérieurs ; mais celles du jarret, qui sont en général plus petites que dans le cheval, manquent très-souvent sur les deux membres ou sur un seul. »

De son côté, Pagenstecher (1), qui a observé plusieurs bardots en Sicile, dit sur le même sujet : « J'ai porté mon attention sur les châtaignes postérieures. Il en est résulté que les bardots en sont privés, tandis que les mulets ordinaires en ont quatre comme les chevaux. » On vient de voir ce qu'il en est pour les mulets. Quant aux bardots, nous pouvons ajouter que celui observé par nous en Poitou, et dont il va être question plus loin, avait les deux châtaignes postérieures.

La queue de l'âne est dépourvue de crins dans la plus grande partie de son étendue ; elle n'en présente qu'à l'extrémité libre et point à la base. Le nombre des mulets dont la queue porte des crins plus ou moins abondants et longs, depuis son insertion à la croupe jusqu'à son extrémité libre, ne se compte pas. Leur absence est une exception si rare que je ne me rappelle pas en avoir jamais vu ; et pourtant ceux que j'ai pu observer se comptent par milliers dans les campagnes et les foires du Poitou où s'est écoulée ma jeunesse, et où je passe encore chaque année une partie de ma vie. J'ai eu, durant un temps, la direction sanitaire immédiate de douze cents de ces animaux au dépôt d'un escadron du train des équipages militaires où j'ai servi. Dans toutes ces circonstances, l'idée de Buffon, rajeunie par les auteurs anglais et acceptée de confiance par les empiriques de la zootechnie, n'a pu m'apparaître que comme une pure illusion de la brillante imagination du grand naturaliste au style inimitable.

L'âne n'a, dans la région lombaire de son rachis, que cinq vertèbres, tandis que toutes les espèces chevalines,

(1) *Fühling's landwirthschaftliche Zeitung*, mars 1876, et *Bulletin de la Société centrale de médecine vétérinaire*, 3e série, t. X, p. 161.

hormis une, en ont six. C'est le cas notamment pour les deux qui, en Poitou, sont le plus souvent accouplées avec lui. Suivant la doctrine que nous discutons, tous les mulets sans exception n'en devraient avoir que cinq. Or, les auteurs de nos traités d'anatomie, français ou étrangers, ne sont pas unanimes sur le sujet. Les uns attribuent cinq lombaires aux mulets, les autres six, d'autres enfin tantôt cinq, tantôt six. Ces derniers ont raison. La vérité est que leur nombre est variable, suivant l'hérédité individuelle qui a prédominé. Le défaut d'accord entre les auteurs suffirait d'ailleurs pour le montrer. Le tort de ceux qui ont attribué aux mulets un nombre fixe de vertèbres lombaires a été de généraliser abusivement quelques observations exactes en soi.

Il est clair, d'après cela, que la sexualité n'a encore sur ce point aucune influence particulière et que les différences constatées tiennent seulement à l'individualité.

En ce qui concerne les mulets, il n'est pas à notre connaissance qu'on ait observé au sujet des vertèbres lombaires des conflits d'hérédité individuelle comme ceux dont nous avons eu l'occasion de rassembler plusieurs exemples authentiques, dont quelques-uns recueillis par nous-même (1). Chez les sujets résultant de l'accouplement de deux espèces chevalines dont l'une à cinq et l'autre à six vertèbres lombaires, comme pour les mulets, mais moins distantes l'une de l'autre dans la série générique que ne le sont entre elles les espèces asines et les

(1) Voy. A. SANSON, *Mémoire sur la nouvelle détermination d'un type spécifique de race chevaline à cinq vertèbres lombaires*, in *Journal de l'anatomie et de la physiologie*, de Ch. Robin, mai 1868, t. V, p. 225. Aux faits consignés dans ce mémoire, il faut ajouter celui du squelette d'un cheval métis existant à l'école vétérinaire de Bruxelles, et dont l'apophyse transverse gauche de la première lombaire est en forme de côte. De ce côté gauche, il paraît avoir, lui aussi, 19 dorsales et 5 lombaires, tandis qu'à droite il n'a que 18 côtes et a 6 vertèbres lombaires normales. Ce fait est semblable à plusieurs déjà notés, et aussi celui du cheval de Garibaldi, observé par Tampelini. (*Recueil et Bulletin de la Société centrale vétérinaire*, février 1880.)

espèces chevalines avec lesquelles a lieu en France leur accouplement, on observe parfois deux sortes d'irrégularités. Celle qui semble la plus fréquente consiste en ce que la sixième et dernière lombaire, quand elle existe, reste incomplète ou imparfaite. L'autre se manifeste par ceci, que l'une des apophyses transverses de la première, ou même les deux, s'arrondissent et se courbent en forme de côte. Parmi les squelettes présentant l'un ou l'autre de ces deux genres d'irrégularités qui sont conservés dans les musées de l'Europe, il n'en est à ma connaissance pas un ayant appartenu à un individu de race pure. Il est donc bien difficile de ne pas y voir la preuve d'un de ces conflits d'hérédité attestant des puissances individuelles équivalentes.

On ne saurait démontrer aussi abondamment les mêmes phénomènes pour les bardots, la production de ceux-ci étant rare, du moins en France. A leur égard, toutefois, le préjugé est encore plus accrédité. Mais deux observations que nous avons fait connaître sembleront bien significatives (1).

Dans une commune du département des Deux-Sèvres, il est né de la même ânesse fécondée par le même cheval, d'abord en 1873 un individu mâle, puis en 1875 un individu femelle. Ces deux bardots de sexe différent ne présentaient rien qui pût les faire distinguer des mulets proprement dits, et le premier fut vendu à l'un des acheteurs habituels de ceux-ci, ce qui est le meilleur argument pour prouver qu'il n'en différait ni par la longueur de ses oreilles, ni par l'abondance de ses crins à l'encolure et à la queue, comme on le prétend, non plus que par la forme de sa croupe. Sur celui de 1875, nous avons pu mesurer directement la longueur de l'oreille par rapport à celle de la tête. Nous avons trouvé pour l'oreille 23 centimètres et pour la tête 41 centimètres. La bête était alors âgée de six mois. Quant aux crins, ils nous ont paru à l'encolure et à la queue même moins abondants qu'ils ne le sont

(1) *Bulletin de la Société centrale de médecine vétérinaire,* 3ᵉ série, t. VII, p. 260; t. VIII, p. 97, et t. IX, p. 303.

pour l'ordinaire chez la plupart des mulets du Poitou. Chez un mulet du même âge, nous avons trouvé pour l'oreille 24 centimètres et 48 centimètres pour la tête. Les rapports ne diffèrent guère, et en tout cas la différence est en faveur de la bardelle.

L'accouplement des chameaux proprement dits, qui ont deux bosses dorsales, avec les dromadaires, qui n'en ont qu'une, nous offre encore un moyen de contrôle très-net. Qu'il s'agisse du chameau avec la femelle de dromadaire ou du dromadaire avec la chamelle, les résultats ne diffèrent point. Dans tous les cas, le produit naît avec une seule bosse ou avec deux ; il y a autant d'exemples de bosse unique chez les individus qui ont pour père un chameau que chez ceux qui sont fils du dromadaire, de même autant de doubles bosses chez les fils de dromadaires que chez les fils de chameaux.

A la ferme royale de Roşenhain, en Wurtemberg, il a été effectué de nombreux accouplements entre des zébus mâles et des vaches du pays d'une part, et d'autre part entre les taureaux du pays et des vaches zébus. Dans tous les cas, d'après Weckherlin, les produits portaient une bosse plus ou moins forte sur le garrot. Cela n'aurait dû avoir lieu que pour les premiers, si la doctrine de la prééminence du père au sujet de la transmission des formes extérieures était vraie.

Les 2 et 3 décembre 1872, j'ai fait accoupler à Grignon une jeune truie de race celtique pure, âgée de huit mois, avec un sanglier de même âge appartenant à la variété d'Algérie. Dans la nuit du 26 au 27 mars 1873, cette truie fit six jeunes, dont 4 femelles et 2 mâles. Peu de jours après leur naissance, une des petites femelles mourut. Les cinq autres ont été conservés jusqu'en 1876, et ils ont servi à des expériences dont il sera parlé ultérieurement. Tous sans exception ont montré les caractères extérieurs de leur race maternelle. Ils en avaient notamment le profil facial à angle presque droit rentrant, et les oreilles larges et tombantes. Quant à la couleur de leur peau, deux seulement présentaient des taches noires assez larges, l'une au cou, l'autre à la croupe ; les quatre autres en avaient de tout à fait petites disséminées sur le corps et sur le groin ; les soies étaient uniformément blanches. Aucun par conséquent n'est né avec la livrée du père, qui était entièrement noir, avec des bandes longitudinales de nuance moins foncée. Quant aux vertèbres de la région lombaire, ils en avaient tous six comme leur mère, au lieu de cinq seulement, comme leur père. Chez l'un des mâles, la première avait une de ses apophyses transverses plus étroite et pourvue d'un appendice ressemblant à un rudiment de côte. Les six squelettes sont du reste conservés au musée de l'École de Grignon.

Les modes de génération semblent présenter entre les diverses classes d'animaux des différences encore trop accusées pour qu'il ne soit pas commandé de se montrer très-réservé quand il s'agit de généraliser des observations particulières. Il serait peut-être trop hardi, par exemple, d'appliquer aux mammifères ce qui concerne les insectes. Mais toutefois il nous sera permis, sauf à n'en tenir que le compte qui conviendra, de signaler deux faits relatifs aux abeilles, et qui se rapportent jusqu'à un certain point à notre sujet.

Les formes extérieures diffèrent considérablement chez les abeilles entre le mâle et la femelle. Il se produit parfois dans la ruche des individus dont l'une des moitiés latérales appartient exactement aux formes du mâle, tandis que l'autre appartient non moins exactement à celles de la femelle. En 1868, le pasteur Bastian, dont le nom a été déjà cité, m'a montré à Wissembourg, conservés dans l'alcool, un certain nombre de ces individus faits de deux moitiés inégales soudées ensemble sur la ligne médiane. Or, le mâle ne prend aucune part à la reproduction des individus de son sexe.

Deux espèces d'abeilles sont exploitées, les brunes ou communes, et les liguriennes ou italiennes ; celles-ci se distinguent à première vue par les bandes orangées des trois premiers anneaux de leur abdomen. Lorsqu'une femelle italienne est fécondée par un mâle commun, seules les femelles et les ouvrières qui résultent de l'évolution de ses œufs participent à la fois à des degrés très-divers,

mais toujours reconnaissables, des caractères différentiels
des deux espèces ; tantôt elles n'ont qu'un anneau
orangé, tantôt elles en ont deux, tantôt trois, mais en tout
cas de nuance moins vive que celle de l'espèce pure. Les
mâles, au contraire, sont toujours nettement de l'espèce
maternelle.

D'après le mode de reproduction des abeilles, cela se
comprend à merveille. L'hérédité paternelle ne peut ici
avoir aucune part. N'est-il pas curieux nonobstant, que
la mère, agissant toute seule, procrée des formes différentes des siennes, et que pour engendrer celles-ci le
concours du mâle lui soit nécessaire ? C'est ce que nous
ne sommes pas encore en mesure d'expliquer. Seulement
nous en tirerons la conclusion éventuelle que dans aucun
cas les sexes ne jouissent d'une puissance héréditaire
exclusive.

De tout ce qui précède nous sommes autorisés à conclure aussi, mais cette fois d'une manière positive et avec
les zootechnistes les plus autorisés de l'époque actuelle,
que les deux sexes ont en général, c'est-à-dire théoriquement, une influence héréditaire égale sur le produit de
leur accouplement, pour ce qui concerne la transmission
des formes extérieures ou intérieures et des aptitudes qui
en dérivent, à puissance héréditaire individuelle égale
bien entendu ; que les prétentions contraires s'appuient
sur des conceptions subjectives ou des illusions d'observation.

Une telle conclusion, si fondée qu'elle soit sur la réalité
objective, ne doit toutefois pas conduire jusqu'à la méconnaissance des autres questions que soulève celle dont
nous venons de nous occuper. Les rôles du père et de la
mère, dans les opérations de reproduction envisagées
dans toutes leurs conséquences pratiques, n'en sont pas
moins fort différents, bien que leurs puissances héréditaires soient équivalentes en soi. Le plus ordinairement
un seul mâle suffit à la fécondation d'un nombre plus ou
moins grand de femelles. Par là seulement son influence
sur les résultats généraux est nécessairement plus
étendue et plus importante que celle de chacune des

femelles avec lesquelles il s'accouple, considérée isolément. Le choix du mâle exige donc, par là même, encore plus d'attention que celui de la femelle.

Mais d'un autre côté, celle-ci ne fournit pas seulement à l'embryon l'un des éléments primitifs nécessaires pour son évolution ; devenu fœtus, elle le porte encore dans son sein durant un temps variable, le nourrit de sa propre substance, et encore quand il a vu le jour par l'allaitement. Il est évident par là que si sa puissance héréditaire n'est pas plus grande, il en est autrement de son influence sur le développement des formes et des aptitudes transmises, et que finalement, au point de vue pratique, il n'est pas du tout sûr que cette influence ne doive primer celle de l'hérédité dans le plus grand nombre des cas où il s'agit surtout d'obtenir des individus valables par le degré de développement de ces aptitudes.

Cette dernière considération doit en définitive faire pencher la balance en faveur de la fonction de la mère, ainsi que nous en verrons de fréquents exemples, quand nous en serons arrivés à la description du bétail européen, contrairement aux affirmations de l'empirisme raisonné qui domine encore la production chevaline notamment. Elle doit servir de guide principal dans le choix individuel des reproducteurs.

Doctrine de l'infection de la mère. — Nos devanciers encore, d'accord avec le préjugé fortement établi surtout dans l'esprit des chasseurs éleveurs de chiens, admettaient que le mâle qui féconde pour la première fois une jeune femelle l'imprègne en telle sorte que toute sa descendance ultérieure se ressent de ce premier rapprochement, quels que soient les autres mâles auxquels sont dues les nouvelles fécondations. C'est ce qu'on a nommé la doctrine de l'infection. Ils prétendaient que cette doctrine était démontrée par de nombreux faits, que tous répétaient, sans les soumettre à aucun examen critique.

Nous avons, dans notre première édition, discuté les principaux et réfuté la singulière doctrine de l'infection ou de l'imprégnation perpétuelle de la femelle par le premier mâle qui la féconde, de façon, croyons-nous, à n'en rien laisser subsister. Toujours est-il qu'aujourd'hui les zootechnistes les plus autorisés de l'Europe la rejettent avec nous en ajoutant aux arguments que nous avions fait valoir contre elle des arguments nouveaux.

Un cas partout cité comme exemple est celui de la jument de lord Morton qui, en 1815, fut fécondée par un Quagga et donna le jour à un hybride. Ensuite par trois fois elle fit des poulains avec un étalon arabe noir, et chaque fois ces poulains présentaient aux membres antérieurs et sur le dos des raies de poils noirs rappelant celles du Quagga qui avait pour la première fois fécondé leur mère d'origine arabe. Il ne pouvait pas y avoir de doute sur la paternité de ces poulains, attendu que dans l'intervalle entre la naissance de l'hybride et celle du premier poulain, le mâle zébride était mort. Il n'y en aurait pas non plus sur le fait même, car les peaux des trois poulains sont conservées, et elles montrent des raies plus ou moins saisissables aux membres antérieurs, dans les régions inférieures et aux épaules.

Mais on a fait remarquer que les représentations figurées que l'on en possède sont bien loin d'être frappantes. La jument de lord Morton et sa descendance, ainsi que le Quagga et l'étalon qui l'ont successivement fécondée, sont représentés dans les planches XIV, XXVI, XXVII et XXIX de *Jardine's Naturalist's Library*, t. XII (Édimbourg, 1841), où se trouve (p. 71) une description de Hamilton Smith sur ce cas, qui avait été rapporté pour la première fois dans les *Philosophical transactions* de 1821. Ce sont des copies réduites des peintures qui se trouvent au musée du Collége des chirurgiens, de Londres. Du reste, les formes extérieures des trois poulains rappellent d'une façon non méconnaissable celles du cheval arabe, et la fantaisie la plus active n'y pourrait trouver la moindre analogie avec celles du Quagga.

En tenant pour exacte l'observation, et en notant cependant qu'elle manque de détails suffisants, on se demande si elle ne pourrait pas recevoir une autre interprétation. Il n'est point rare de voir des juments qui, sans avoir jamais

eu aucun rapport avec un zébride quelconque, font des
poulains montrant à leur naissance des marques analogues
à celles dont il s'agit. Chez quelques-uns, ces marques
persistent, comme nous en avons vu des exemples, tandis
qu'elles disparaissent ensuite chez la plupart. A Hundis-
burg (1), une jument bai clair, qui avait déjà fait cinq poulains avec l'étalon dit pur sang *Belzoni*, puis deux avec
un étalon trotteur, tous d'une seule couleur, en fit un
huitième avec l'étalon gris pommelé *Cheradam*. Ce dernier
poulain avait à la région inférieure des membres, sur le dos
et sur les épaules, des zébrures beaucoup plus pronon-
cées que celles du cas de la jument de lord Morton. Elles
ont disparu dans le courant de la première année, et
le poulain est devenu gris comme son père. Il ne peut pas
être question ici d'un premier accouplement avec un
zébride. Cet accouplement n'aurait pu avoir lieu, même
accidentellement, puisqu'il n'existait aucun de ces animaux dans les environs. Le fait, fût-il isolé (et il est bien
loin d'être unique), suffirait pour enlever toute valeur
à l'explication admise si légèrement pour celui qui est en
question.

On cite aussi le cas de la jument de course *Catty Sark*,
qui était de robe baie et qui, après avoir été saillie pour
la première fois en 1825 par *Visconti*, étalon gris, fit
en 1826 un poulain gris comme son père. Les années
suivantes, saillie par *Champignon*, étalon bai comme elle,
elle fit plusieurs poulains tous gris. On assure que ni
Catty Sark ni *Champignon* n'avaient dans leur ascendance
aucun individu de robe grise. Nathusius déclare incroyable
que l'on ait osé donner un tel cas comme preuve de
l'infection de la mère. Après nous, il fait remarquer que
pas un seul cheval de la variété anglaise de course n'est
exempt d'ancêtres de robe grise dans sa généalogie, et
que par conséquent la première explication qui doit se
présenter à l'esprit, pour ce cas, parce qu'elle est la plus
physiologique, est celle qui l'attribue à l'un de ces phénomènes de reversion dépendant de l'atavisme, dont nous

____

(1) H. v. NATHUSIUS, *Vortraege*, etc., p. 179.

parlerons plus loin. Il suffit, ajoute-t-il, de feuilleter superficiellement un livre généalogique, pour avoir la preuve du fait. Et en ces matières, l'expérience personnelle de cet auteur est hautement valable.

On a argué encore des juments d'Algérie faisant des poulains qui ressembleraient à des mulets, et des juments du Poitou « intérieurement mulassières, » selon l'expression de Jacques Bujault, parce que les premières ont d'abord fait des mulets et qu'il en a été ainsi pour les mères des secondes. Nous pouvons parler de celles-ci en parfaite connaissance de cause, pour les raisons déjà dites. Elles n'ont ni plus ni moins d'aptitude à se laisser féconder par l'âne que les nombreuses juments bretonnes qui les remplacent maintenant de plus en plus dans l'industrie mulassière du Poitou. Quant à leur ressemblance extérieure avec l'âne, c'est là une appréciation de pure fantaisie, qu'il est à peine besoin de discuter. Elles ont les caractères de leur race, comme l'âne a ceux de la sienne. Celui-ci est brachycéphale, et elles sont dolichocéphales. Leurs autres formes spécifiques se rapprochent environ autant que celle-là.

La ressemblance entre quelques-uns des chevaux algériens et les mulets est moins éloignée ; mais il n'est point nécessaire de faire intervenir, pour expliquer l'analogie de formes qui existe réellement, l'influence prétendue d'un premier accouplement de leur mère avec le baudet. Quand nous aurons décrit les caractères zoologiques et zootechniques de l'espèce chevaline africaine dont il a été déjà parlé dans le présent chapitre, comme n'ayant que cinq vertèbres dans la région lombaire du rachis, à la manière des ânes, et aussi les mulets algériens, l'explication se présentera toute seule. Il suffira d'avoir vu que la race de ce cheval a pris une bonne part à la population de l'Espagne, de Naples et du littoral méditerranéen de la France et de l'Italie, pour juger ce que vaut, à l'égard de cette population, l'opinion de Weltheim (1), qui va jusqu'à attribuer la conformation qui la caractérise

(1) *Abhandlungen über die Pferdzucht Englands,* etc., p. 273.

à l'infection des juments, parce que dans ces régions l'industrie mulassière est très-pratiquée.

Settegast (1) rapporte des faits très-significatifs à l'encontre de cette supposition. Ils ont été observés au haras de Trakehnen, où furent tentés avant 1815 des essais de production mulassière sur la métairie de Birken-walde. Alors trois juments, *Gonorilla*, *Ida* et *Hydra*, qui avaient servi à cette production, rentrèrent au haras pour faire des poulains ultérieurement. Une autre jument, *Ruti-lia*, avait déjà été réintégrée ainsi en 1802, après avoir fait de même des mulets. La jument *Gonorilla*, après avoir fait à Birkenwalde 3 mulets, fit à Trakehnen 4 poulains ; *Ida*, 4 mulets d'abord, puis 4 poulains ; *Hydra*, 1 mulet, puis 3 poulains ; enfin *Rutilia* 2 mulets, puis 2 poulains.

D'après le livre généalogique de Trakehnen, dressé par Frentzel, la valeur moyenne des familles de ces juments, au point de vue de la reproduction, n'est pas au-dessous de celle des autres. Elles ont produit, elles aussi, des sujets très-distingués. Les juments *Fury* et *Idania*, issues de *Gonorilla* et d'*Ida*, immédiatement après que celles-ci avaient porté des mulets, se sont entre autres montrées si distinguées qu'elles figurent parmi l'élite du haras. En 1861, il se trouvait encore au haras principal, comme descendance de *Gonorilla*, les juments *Dogdo*, *Doralice*, *Darioletta*, *Datura*, *Dorling*, *Dogoressa* et *Delta*, qui toutes comptaient au nombre des plus fortes. Ses filles ont fourni quatre étalons de tête (*Hauptbeschaeler*) : *Delos*, *Djalma* et *Danilo* à Trakehnen, et *Deltura* au haras Friede-rich-Wilhelm.

On cite le cas d'une vache sans cornes de la variété d'Aberdeen qui, après avoir fait son premier veau avec un taureau courtes-cornes, a fait ensuite avec des taureaux de sa propre race, sans cornes comme elle, des veaux qui en ont eu. Il est bien connu, dit Nathusius, que l'absence des cornes chez le bétail d'Aberdeen n'est aucu-nement un caractère constant. Dans mon propre élevage, ajoute-t-il, une génisse d'Ayrshire a été par hasard saillie

(1) Op. cit., p. 181.

par un taureau sans cornes de la variété de Suffolk ; elle a donné un veau sans cornes ; malgré cela, dans une série de naissances subséquentes, saillie par des taureaux d'Ayrshire, ses produits ont été constamment pourvus de cornes.

Le même auteur remarque qu'il a institué depuis plus de dix ans une série de croisements avec différentes races de moutons, dans lesquels plus de mille cas ont été notés expressément en vue de constater les phénomènes d'infection. Il s'agissait d'animaux dont les caractères étaient très-différents, ce qui les eût rendus facilement reconnaissables. Il ne s'en est jamais présenté. Settegast, de son côté, constate que bien des milliers de brebis de la variété électorale, si nettement caractérisée, ont été, en vue de changements de direction, accouplées tantôt avec des béliers Negretti, tantôt avec des béliers Rambouillet, après avoir porté des agneaux électoraux. Aucun éleveur n'a eu à se plaindre, du fait de la prétendue infection des mères, de difficultés dans la nouvelle voie où il s'était engagé.

Ceux qui, après avoir jusque-là utilisé leurs brebis à l'élevage des mérinos, leur ont donné des béliers anglais, se sont-ils aperçus qu'il en était autrement? Il n'en a jamais été question. Au domaine de l'Académie de Proskau, environ 700 brebis de la variété électorale, qui avaient fait des agneaux de cette même variété, ont été, jusqu'au moment où l'auteur écrivait, employées au croisement avec des béliers southdowns. Le troupeau électoral est caractérisé par la fréquente apparition des cornes chez les femelles : 60 pour 100 de celles-ci en sont pourvues. Parmi les agneaux issus des béliers southdowns, pas un seul n'a eu des cornes, et à aucun d'eux n'ont manqué de se présenter à la face et aux membres les taches brunes qui résultent régulièrement de la réunion du sang southdown avec le sang mérinos. Il n'en a pas été autrement dans les autres troupeaux.

En présence de faits si nombreux et si bien observés, il n'est pas nécessaire de se demander quelle valeur peuvent avoir les assertions consignées par les partisans de la doctrine de l'infection et relatives aux brebis blanches qui, après avoir été luttées une première fois par un bélier noir, ont donné ensuite des agneaux noirs ou tachetés avec des béliers blancs. Des cas de ce genre n'ont pu nécessairement se présenter que dans des troupeaux communs, car ce n'est point dans les troupeaux distingués que l'on emploie des béliers de couleur noire. Or, qui ne sait que l'apparition des agneaux noirs ou tachetés est habituelle dans ces troupeaux communs, indépendamment de toute intervention des béliers de couleur foncée ? Ce n'est qu'après une élimination persévérante et longtemps prolongée qu'on peut arriver à l'éviter.

On est autorisé à en dire autant au sujet de l'exemple de la truie qui, après avoir été fécondée par un sanglier, fit ensuite avec des verrats blancs des gorets tachés de noir. Il n'est même pas dit à quelle variété appartenait cette truie, si elle était ou non de race pure, et par conséquent il serait permis de récuser purement et simplement le témoin, car on n'est point tenu, en bonne logique, de faire la preuve négative. C'est à celui qui affirme de prouver ce qu'il avance. Mais quand il s'agit de détruire un préjugé qu'on est étonné de rencontrer même dans les esprits qui devraient en être le plus exempts, ce qui abonde ne vicie pas. A l'assertion sans preuve, nous pourrons encore ici opposer des faits parfaitement circonstanciés.

A l'Académie de Poppelsdorf, il a été fait il y a quelques années une expérience (1) consistant à croiser une truie de l'espèce dite masquée avec des verrats anglais. Cette expérience n'avait point pour but de vérifier la théorie de l'infection ; on y avait en vue seulement l'extraordinaire fécondité du cochon masqué. Aucune toutefois ne pourrait être plus démonstrative sur le sujet qui nous occupe. En effet, tous les sujets de l'espèce en question, qui doit son

---

(1) *Neue landwirthschaftliche Zeitung*, de Fühling, XXI Jahrg., p. 581, et *Bulletin de la Société centrale d'agriculture de France*, 3ᵉ série, t. VIII, p. 37, 1872-1873.

nom aux forts plis que présente la peau de la face, sont de couleur noire plus ou moins foncée. La truie de Poppelsdorf avait été une première fois accouplée avec un mâle de sa race, qui ensuite mourut. Elle eut après cela une série de portées avec des verrats de plusieurs variétés anglaises qui, tous, étaient de couleur blanche. Dans ces portées, non seulement la couleur noire ne domina point, comme cela eût dû avoir lieu en cas de persistance de l'influence du premier mâle masqué; non seulement cette couleur noire ne fut pas également répartie entre les gorets, comme c'eût été le cas si la mère avait eu sa part d'influence héréditaire; mais au contraire ce fut toujours la couleur blanche qui prédomina de beaucoup, attestant à cet égard une plus forte part d'hérédité du côté paternel dans toutes les fécondations.

Enfin, pour ce qui concerne les chiens, dans la reproduction desquels les chasseurs en général se montrent si attentifs à éviter une première mésalliance par crainte des effets de la fameuse infection, nous emprunterons encore à Settegast un fait qui lui a été communiqué par un habile éleveur bien connu, John Frentzel.

En 1853, celui-ci reçut une belle levrette russe qui n'était pas encore âgée d'un an. Elle se fit bientôt couvrir, contre sa volonté et à son insu, par un chien de berger, et au mois de juillet ou d'août elle fit une portée de métis qui furent jetés à l'eau. En automne, elle fit ses premières armes et alla magnifiquement. A la fin de janvier 1854, voyant qu'elle allait devenir en rut, on la conduisit à un chien écossais. Le 10 avril, elle fit des jeunes chiens dont quatre furent élevés. Deux étaient des chiennes. On en conserva une, et l'autre fut envoyée en Pologne. Les quatre chiens étaient beaux et ont montré les meilleures aptitudes. Parmi eux, les deux chiennes n'ont jamais fait un chien tout à fait mauvais, et elles en ont eu beaucoup de premier rang. Leur descendance, dans les cercles de Gumbinen et de Memel, et en Pologne dans celui de Mariampoler, appartient aux meilleurs chiens.

« Quand çà et là, dit Nathusius (p. 137), un cas d'infection est mentionné, alors il est commandé de rechercher si une telle communication présente essentiellement la qualité d'observation ou d'expérience exacte ; aucun cas ne m'est encore connu dans lequel l'explication par reversion vers les aïeux, par superfétation, particulièrement chez les chiens, n'ait pas été plus naturelle que celle par la théorie de l'infection. A ce sujet, les illusions de la plus grossière espèce sont facilement possibles. » C'est ce que nous avons dit nous-mêmes depuis longtemps, et c'est ce que Settegast répète, lui aussi, à son tour.

On voit qu'il serait bien superflu maintenant d'entreprendre la réfutation de cette théorie imaginaire par les raisons tirées de son impossibilité physiologique, d'après nos connaissances sur l'ovulation et sur la fécondation. Il suffit d'avoir restitué leur signification véritable aux faits invoqués en sa faveur et d'avoir opposé à ceux-ci, dans toutes les espèces qui nous intéressent, les faits contraires les mieux établis.

Consanguinité. — Dans l'état actuel de la science, nous pouvons être sur le sujet de la consanguinité beaucoup plus brefs que par le passé, et nous borner à une analyse précise du phénomène ainsi nommé. Une discussion suffisante a maintenant fait rentrer, croyons-nous, pour tous les esprits éclairés, ce phénomène sous l'empire des lois naturelles de l'hérédité. Les quelques dissidences qui subsistent ont leur source dans des considérations sur lesquelles les faits n'ont point de prise. Il serait par conséquent oiseux de les discuter davantage. Ces faits, nous les avons amplement exposés dans une série de travaux spéciaux (1). Seule leur substance peut être à sa place ici.

On entend exactement par consanguinité l'état de

---

(1) Voy. A. SANSON, *La consanguinité chez les animaux domestiques*, in *Bulletins de la Société d'anthropologie de Paris*, 1re série, t. III, p. 154; *Comptes-rendus de l'Académie des sciences*, t. LIV, p. 121; brochure in-8°, Paris, Asselin, 1863; *Rapport sur le mémoire de M. L. Renard*, in *Mémoires de la Société centrale de médecine vétérinaire*, t. VI, 1864.

proché parenté, ou pour parler le langage courant celui
de communauté du sang, soit dans la ligne paternelle,
soit dans la ligne maternelle ou dans les deux lignes à la
fois. C'est ce que les Allemands appellent *Blutsverwands-
chaft.* La difficulté est de déterminer où s'arrête en ligne
directe ou en ligne collatérale cette communauté ou
parenté de sang, en propres termes de fixer le degré de
parenté où cesse la consanguinité dans le sens physiologique qui lui est ordinairement accordé ; car, ainsi que
nous le verrons, tous les individus de la même race ou de
la même espèce sont en réalité nécessairement du même
sang, étant issus d'une souche unique.

Pour lever cette difficulté, il faudrait d'abord définir la
famille et poser ses limites. Ce n'est pas encore le
moment. En effet, la notion de consanguinité et celle de
famille sont étroitement liées. Les Anglais l'expriment en
appelant les unions sexuelles entre consanguins « *breeding
in and in* » et les Allemands « *Familienzucht* » ou « *Ver-
wandschaftzucht.* » Ces derniers nomment « *Blutschaen-
derischezucht* » ou « *Inzestzucht* » les unions du père ou
de la mère avec la fille ou le fils, la petite-fille ou le petit-
fils, du frère avec la sœur, que toutes les législations
chrétiennes prohibent et qualifient également d'inces-
tueuses dans les sociétés humaines. Chez nous, la même
distinction n'existe pas en ce qui concerne les animaux.
Quelque rapproché que soit le degré de parenté, c'est
toujours seulement de consanguinité qu'il s'agit.

A notre point de vue actuel, les conventions législatives,
civiles ou religieuses, introduisent une certaine confusion dans la notion de consanguinité qui, par là même,
exige une définition précise. Juridiquement, on a dû s'occuper, pour régler l'ordre des successions ou de la transmission des biens, qui est aussi un mode de l'hérédité,
mais purement conventionnel celui-là, de fixer le degré
de parenté au delà duquel ces biens ne sont plus trans-
missibles ou héréditaires. D'après notre Code français, les
parents au delà du douzième degré n'héritent pas (art. 755).
Les degrés se comptant par générations, il est clair que
cela ne peut s'entendre que des collatéraux. La loi qualifie

d'utérins les descendants d'une même mère, de consanguins ceux d'un même père, et de germains ceux d'une même mère et d'un même père à la fois.

Les canons de l'Église catholique, à d'autres égards et pour des motifs dont nous n'avons pas à tenir compte en ce moment, prohibent les mariages ou unions sexuelles entre parents jusqu'au quatrième degré inclusivement. Nos lois civiles les prohibent entre tous les ascendants et descendants légitimes ou naturels, et les alliés dans la même ligne, ainsi qu'entre l'oncle et la nièce, la tante et le neveu (art. 161 et 162 du Code civil).

En zootechnie, il est d'usage de considérer comme consanguins tous les descendants, à un degré quelconque, d'un père ou d'une mère connus, qui composent ce qu'on nomme leur famille. Il y a également consanguinité entre tous les individus issus d'un même père ou d'une même mère, même dans une seule ligne, et il n'importe pas qu'ils soient germains ou non. Il y a de même consanguinité entre l'oncle et la nièce, la tante et le neveu, c'est-à-dire entre le frère et la fille de son frère ou de sa sœur, entre la sœur et le fils de son frère ou de sa sœur, entre le grand-père ou l'aïeul et ses petites-filles d'un degré quelconque, le petit-fils et l'aïeule, quelles que soient les générations qui les séparent.

Un préjugé fort ancien et très-répandu attribue à la consanguinité des reproducteurs une influence préjudiciable à la constitution du produit de leur accouplement. D'après ce préjugé, que la plupart des éleveurs partagent encore à des degrés divers, l'influence se manifesterait par des malformations nombreuses et variées, par des altérations constitutionnelles, des affaiblissements de la vitalité et surtout de la fécondité, allant jusqu'à l'extinction de la faculté procréatrice. On lui a rapporté dans les sociétés humaines la production du sexidigitisme, de la scrofulose, du rachitisme, de la surdi-mutité, de l'albinisme, de l'imbécillité, du crétinisme, de la stérilité et de l'impuissance. Nous en passons. Chez les animaux, tous ces méfaits et quelques autres encore, moins la surdi-mutité, bien entendu, lui ont été aussi attribués.

Les partisans de l'influence malfaisante de la consanguinité, exactement comme ceux de la doctrine de la
prétendue infection de la mère, ont cité de nombreux
faits à l'appui de l'opinion adoptée et soutenue par eux.
Les plus avisés et peut-être aussi les plus convaincus
ont invoqué le concours des résultats de la statistique;
les autres se contentent d'exposer des observations
particulières dans lesquelles il y a incontestablement
coïncidence entre la manifestation de l'un quelconque des
états anormaux indiqués plus haut et la consanguinité des
reproducteurs ; d'autres enfin s'en tiennent, pour justifier leur adhésion, à faire intervenir l'autorité d'éleveurs
plus ou moins célèbres, notamment celle de Jonas Webb.

L'autorité personnelle, en matière scientifique, peut
commander l'attention ou la considération ; mais elle n'a
par elle même aucune valeur probante, cette valeur appartenant exclusivement aux faits. Dans le cas particulier, il convient, avant d'aller plus loin, de récuser purement et simplement, pour cause de suspicion légitime, les
témoins cités. Les personnes dont l'industrie consiste à
produire des animaux reproducteurs pour les vendre aux
autres éleveurs doivent nécessairement incliner à penser
et surtout à dire que la consanguinité a d'énormes dan-
gers. Ce n'est pas le moyen du rendre leur industrie
florissante que de prendre dans son propre troupeau les
reproducteurs mâles. Cela explique comment tous les
producteurs d'étalons, de taureaux, de béliers ou de
verrats se montrent partisans du fréquent renouvellement du sang, à moins qu'ils n'aient point ce degré
d'intelligence industrielle qui fait apprécier exactement
toutes les causes de prospérité d'une entreprise.

On est en droit de dire que les zootechnistes qui se
sont inclinés devant de telles autorités sans songer à
cette considération n'ont pas fait preuve d'une bien
grande perspicacité. Ils auraient dû songer que Jonas
Webb en particulier, pour conduire les southdowns du
point de perfectionnement où il les avait trouvés à celui
où il les a laissés, a forcément dû passer par la consanguinité, comme ses prédecesseurs Bakewell, Colling et

autres fondateurs d'une variété améliorée, et que sa pratique, par conséquent, étant en opposition avec sa doctrine, enlève toute autorité à celle-ci.

Il suffit en effet de feuilleter le Stud-Book anglais et le Herd-Book des courtes-cornes améliorés, pour rencontrer à chaque instant des preuves d'unions consanguines dans la généalogie des sujets les plus fameux par leurs exploits comme individus ou comme chefs de familles. Ces preuves, que nous avions détaillées dans les communications spéciales citées plus haut et dans notre première édition, sont maintenant consignées partout. Il serait superflu de les répéter ici. Tout le monde sait l'histoire des étalons *Flying-Childers*, *High-Flyer*, *Old-Fox*, *Omar*, *Marske*, *Sweetbriar*, *Goldfinder*, *Buckhunter*, *Chevalier de Saint-Georges*, etc. ; des taureaux *Hubback*, *Bolingbroke*, *Favourite*, *Comet* et autres, tous résultant d'unions entre consanguins aux degrés les plus rapprochés. Personne n'ignore plus que *Favourite*, notamment, féconda six générations consécutives de ses propres filles et petites-filles, et que c'est avec sa propre mère, la vache *Phœnix*, qu'il engendra *Comet ;* qu'avant son intervention dans le troupeau de Charles Colling la fécondité de ce troupeau menaçait de s'éteindre et que ce fut lui qui la releva.

Quiconque est au courant des industries zootechniques de notre pays n'ignore point que nos races les plus robustes et les plus vigoureuses, qui vivent en troupeaux dans les pâturages, se reproduisent toutes en consanguinité depuis les temps les plus reculés, les mâles étant toujours pris dans le troupeau même et fécondant par conséquent leur mère, leurs tantes paternelles et leurs sœurs (1). C'est l'image de ce qui se passe aussi pour les animaux qui vivent de même en complète liberté en dehors de l'action de l'homme, et dont les races seraient éteintes

(1) Voy. notamment Bellamy, *La vache bretonne,* etc., p. 137, Rennes, 1857, et L. Renard, *Mémoire sur la consanguinité,* dans le t. VI des *Mémoires de la Société centrale de médecine vétérinaire.* Paris, Asselin, 1864.

depuis longtemps si la consanguinité avait par elle-même, dans la reproduction, l'influence pernicieuse qui lui a été attribuée.

Pourtant les faits invoqués à l'appui de l'opinion pré-conçue à l'égard de cette influence sont incontestables. Il est rigoureusement exact que dans un nombre plus ou moins grand de cas les individus résultant d'unions entre consanguins se montrent entachés de l'un ou de l'autre des vices attribués à la consanguinité. Que ces vices se pré-sentent chez eux plus ou moins fréquemment que chez ceux dont les ascendants directs ou indirects n'étaient point parents, c'est ce que la statistique n'a jamais établi bien nettement ; mais peu importe : le nombre en fût-il plus grand du côté des consanguins, il suffirait de constater l'existence non moins incontestable des faits d'innocuité parfaite des unions entre consanguins que nous venons de rappeler, pour avoir la preuve que la consanguinité n'est point en elle-même la condition nécessaire de la mani-festation de ces vices corporels ou constitutionnels.

En fût-il autrement, il serait encore obligatoire de se demander si l'influence de la consanguinité est la seule qui puisse se présenter à l'esprit pour expliquer la manifestation des faits constatés, et au cas où il y en aurait une autre avec elle, laquelle des deux, d'après nos connaissances physiologiques, paraît la plus plausible.

Il est évident qu'en outre de cette influence possible de la consanguinité, il y a encore, comme admissible dans les cas dont il s'agit, celle de l'hérédité individuelle que nous connaissons déjà. La preuve en est que des cas semblables se présentent, alors que la consanguinité n'existant pas n'y a pu être pour rien. Que l'un des conjoints, ou les deux à la fois, aient individuellement l'altération hérédi-taire en question, ou seulement, en vertu de la puissance d'atavisme, la tendance à cette altération, qu'ils soient ou non consanguins, elle se manifestera ou non chez leur produit ; mais si elle se manifeste, ce sera en vertu de l'hérédité, non de la consanguinité en elle-même. Pour qu'on fût autorisé à l'attribuer exclusivement à celle-ci, il faudrait qu'exclusivement aussi elle se montrât chez **les** sujets issus de consanguins. Et nous venons de voir qu'il n'en est pas ainsi. En dehors de l'état de consanguinité, elle ne peut être engendrée congénitalement que par influence héréditaire ou par une de ces influences encore mal déterminées qui agissent sur l'embryon ou le fœtus, durant la vie intra-utérine. Ces modes de production sont donc par là rendus évidents, puisqu'ils sont nécessaires. En est-il de même pour celui que l'opinion préconçue ou le raisonnement *à priori* place dans la consanguinité, qu'il est impossible d'isoler des deux autres ?

Aucun donc des cas connus et si souvent invoqués qui ne puisse s'expliquer de la manière la plus simple et la plus plausible par l'intervention de l'un des modes de l'hérédité, conformément aux lois naturelles qui sont les conditions déterminantes ou nécessaires des phénomènes héréditaires, sans qu'il soit besoin d'invoquer celle de la puissance mystérieuse ou mystique attribuée à la consanguinité. Or, c'est un principe fondamental de la méthode scientifique que tout ce qui, en science, n'est point nécessaire ne peut être considéré comme vrai. Cette puissance mystique malfaisante doit par conséquent être définitivement reléguée dans le domaine des conceptions imaginaires, auquel elle appartient légitimement.

Mais l'action dans le sens que nous venons de discuter ne pouvait manquer de provoquer une réaction. C'est la loi de la mécanique intellectuelle, comme celle de la mécanique physique. Si le mythe de la consanguinité a eu et a encore ses croyants, en qualité de puissance malfaisante, il a eu et il a encore, par contre, des zélateurs qui lui reconnaissent des bienfaits non moins subjectifs. Pour ces derniers, les résultats si remarquables obtenus par les éleveurs fameux qui ont fondé les familles les plus renommées de nos animaux domestiques devraient être portés à peu près exclusivement au compte de la consanguinité, dont il a été fait un si grand usage dans la reproduction des membres de ces familles. Ils n'hésitent pas à soutenir qu'au lieu d'être puissante pour le mal, comme le prétendent leurs adversaires, elle est au contraire puissante en elle-même pour le bien, et

que seule elle suffit pour créer et faire naître chez le produit des qualités avantageuses qui n'existaient ni chez les
reproducteurs ni chez les ascendants de ceux-ci.

Cette conception, pas plus que la précédente, ne s'appuie
sur aucun fait bien observé. Les reproducteurs, en aucun
cas, ne procréent que ce qu'ils possèdent eux-mêmes,
objectivement ou en germe, en puissance, comme on dit
en langage métaphysique. Ils le transmettent par voie
héréditaire et pas autrement. Rien ne se crée de rien dans
l'ordre naturel. Et ceci nous amène à formuler la proposition qui nous paraît depuis longtemps exprimer la
vérité théorique sur l'influence réelle de la consanguinité,
et qui est la suivante : *La consanguinité élève l'hérédité à
sa plus haute puissance.*

Cette proposition n'a pas encore rencontré, à notre
connaissance, un seul contradicteur. Dès qu'elle fut publiée pour la première fois dans le courant de la con-
troverse dont il a été parlé plus haut, nos adversaires, au
contraire, s'en emparèrent aussitôt pour essayer de faire
admettre qu'en raison même de sa justesse incontestable,
elle ne pouvait que fortifier leur thèse. Précisément pour
ce motif, ont-ils dit, la consanguinité augmente la virtua-
lité des influences morbides héréditaires, par conséquent
elle en multiplie les effets en accroissant leur intensité.

C'est là un langage qui n'est point compréhensible pour
nous, et qui ne le sera sans doute pour aucun esprit
discipliné à la méthode expérimentale. Nous en retiendrons seulement l'adhésion formelle donnée à la proposition que nous allons maintenant développer en l'expliquant.

Eugène Gayot avait déjà écrit que « la consanguinité,
c'est la loi d'hérédité agissant à puissances cumulées,
ainsi que deux forces parallèles appliquées dans le même
sens. » Outre l'incorrection d'une telle formule, attendu
qu'il y a plusieurs lois de l'hérédité et non pas une seule,
il n'est pas exact de parler en ces matières de puissances
cumulées.

Quel que soit son mode, l'hérédité ne peut être qu'unilatérale ou bilatérale. Quand elle est bilatérale, son résultat

ne peut être qu'un entier dont les facteurs sont des fractions de même dénominateur égales ou différentes et variables à l'infini, de telle sorte que le numérateur de l'une augmente toujours de la quantité qui est retranchée à celui de l'autre, le dénominateur restant commun. La réduction à zéro de l'un des numérateurs ou des facteurs héréditaires constitue précisément ce que nous nommons hérédité unilatérale. Si les facteurs sont égaux et leurs puissances héréditaires de toute sorte égales, ils interviennent chacun pour moitié dans la formation du produit, et la somme des deux fractions est égale à la valeur de l'un comme à la valeur de l'autre, puisque ces deux valeurs sont égales entre elles. Si les facteurs sont inégaux, les puissances héréditaires restant égales, la somme des fractions ne peut plus être indifféremment égale aux deux, ni même à chacun pris en particulier; elle contient une fraction plus petite de l'un et une fraction plus grande de l'autre. Enfin, la puissance héréditaire de l'un étant réduite à zéro, c'est nécessairement l'autre tout entier qui se retrouve dans le produit.

On voit que quelles que soient les combinaisons, et nous venons de passer en revue toutes celles qui sont possibles, dans aucun cas il n'y a cumul des puissances ou des quantités en présence dans l'hérédité. Cette idée d'une accumulation des facultés ou puissances héréditaires, pour être assez répandue, n'en est pas plus vraie. Elle résulte de la fausse interprétation d'un fait d'ailleurs exact et qu'elle exprime d'une manière incorrecte. Elle paraîtrait immédiatement absurde si on l'appliquait à l'individu tout entier, qui évidemment ne peut être ni la somme de son père et de sa mère, ni celle de l'un, plus une fraction quelconque de l'autre. Il ne peut être ni deux ni un et demi, ou un et quart, et deux tiers, et trois quarts, mais seulement un, comme son père ou sa mère. Ce qui est évident pour le tout ne devrait pas l'être moins pour les parties, pour les qualités ou les attributs de l'individu.

Le rôle exact de la consanguinité se présente à l'esprit aussitôt qu'on songe à son identité avec l'hérédité de famille, qui réalise dans la plus forte mesure les principales conditions de la loi des semblables, dont nous parlerons plus loin. La proche parenté ou la communauté d'origine depuis un certain nombre de générations implique nécessairement une communauté plus ou moins grande des qualités ou attributs, une ressemblance physique et physiologique en tout cas plus grande toujours que celle qui peut exister entre individus de familles différentes. Lorsque surtout les parents appartiennent à la même race, cette loi des semblables étant ainsi réalisée sous tous les rapports, toutes les puissances héréditaires convergent vers un but unique, et alors l'hérédité est infaillible pour les attributs cultivés dans la famille ou pour ceux qui, sous des influences inconscientes, s'y sont manifestés. Cela correspond au premier cas que nous posions tout à l'heure, dans lequel les facteurs sont égaux et les puissances héréditaires égales, et où le produit est nécessairement égal à ses deux facteurs, puisqu'il n'importe point, pour qu'il en soit ainsi, qu'il hérite de l'un plutôt que de l'autre ou des deux à la fois.

Toute qualité ou attribut transmissible qui se manifeste à un moment donné dans un des membres de la famille y devient donc bientôt fatalement héréditaire, lorsqu'elle se reproduit en consanguinité et que, par une circonstance quelconque, ce membre n'a pas été éliminé. Cela arrive, comme nous venons de le voir, dès qu'il a transmis la qualité ou l'attribut à deux au moins de ses descendants qui, ensuite, s'accouplent entre eux.

Aucun exemple ne pourrait mieux rendre évident le mode de production du phénomène que celui qui nous est fourni par la création de la variété mérine à laine soyeuse, dite de Mauchamp, dont l'histoire a été écrite par Yvart (1) et ne remonte qu'à l'année 1828. Alors naquit dans le troupeau de M. Graux un unique agneau à laine soyeuse. Dès 1829, il fut accouplé avec des brebis

(1) *Études sur la race mérinos à laine soyeuse de Mauchamp*, dans *Recueil de médecine vétérinaire*, 3ᵉ série, t. VII, p. 460. 1850.

à laine mérinos ordinaire, et deux seulement de ces brebis, dans le nombre qu'il avait pu féconder, firent des agneaux à laine soyeuse en 1830. Les deux agneaux étaient de sexe différent. En 1831, il y eut parmi les agneaux procréés par le bélier cinq soyeux, dont une femelle seulement. Dès 1833, le nombre des naissances d'individus à laine soyeuse avait été assez grand pour fournir les béliers nécessaires à la fécondation du troupeau de mères tout entier. Yvart constate que de l'accouplement de ces béliers avec leurs sœurs ou leurs filles soyeuses, il n'a jamais manqué de résulter des agneaux à laine soyeuse. Il ne remarque point que les individus ainsi accouplés étaient tous de la même famille, ayant pour chef le bélier de 1828, et par conséquent tous consanguins ; mais il établit que le fait de l'hérédité du lainage soyeux n'a pas souffert d'exception, lorsque le père et la mère le portaient eux-mêmes. Dans le cas contraire, l'hérédité a été le plus souvent unilatérale du côté de la mère non soyeuse, ce qui montre la faible puissance héréditaire individuelle pour les qualités accidentellement développées, et par contre la puissance infaillible de la consanguinité pour les propager, puisqu'elle rend l'hérédité nécessairement bilatérale.

Qu'au lieu d'une qualité estimée à un point de vue quelconque, comme c'était le cas pour la laine soyeuse dont nous venons de citer l'exemple et pour les autres attribut, dont les éleveurs anglais ont voulu la propagation dans leurs propres troupeaux, il s'agisse d'un vice caché ou peu apparent, se développant à chaque génération sous l'influence de conditions étrangères à la reproduction et toujours persistantes, en augmentant même d'intensité alors les choses ne se passeront pas autrement. Qu'il s'agisse par exemple d'un affaiblissement de la constitution ou de la vitalité, tel qu'il se produit sous l'influence du régime qui a pour but économique de développer les facultés de nutrition au détriment des facultés de relation, il est clair que la concordance constante des effets de ce régime avec ceux de l'hérédité infaillible du degré de la dépression obtenue à chaque génération aura bientôt fait

dépasser le but ; il se sera réalisé ce qu'on nomme communément une dégénérescence, ce qu'on exprime en
disant que la race dégénère ou a dégénéré.

Parmi les modes d'affaiblissement de la vitalité qui se
produisent ainsi le plus fréquemment, il faut placer au
premier rang celui qui se traduit par une diminution de
la fécondité, arrivant bientôt jusqu'à la stérilité complète.
Il s'observe surtout chez les cochons anglais ou d'origine
anglaise, arrivés au maximum de perfectionnement
comme producteurs de graisse. Les mâles, chez ces cochons, restent souvent monorchides ou cryptorchides ;
les femelles perdent l'instinct génésique, ou quand elles
le conservent, leurs accouplements restent infructueux.
Si l'on examine les ovaires de ces femelles, on constate
que le stroma en a subi l'envahissement graisseux, ainsi
que nous avons eu l'occasion de le voir aussi chez des
brebis southdowns et des vaches courtes-cornes perfectionnées à l'excès (1). En ce cas, il ne contient plus
d'ovules. C'est ce qui arrive aussi pour les testicules qui
n'ont pas accompli leur migration normale et qui sont
restés dans le trajet inguinal ou dans l'abdomen.

Les descendants directs de deux individus chez lesquels
le processus a atteint l'extrême limite à laquelle ils
jouissent encore, bien qu'à un faible degré, de la faculté
de se reproduire, héritent nécessairement de cet état de
leurs parents, ainsi que nous l'avons vu. Que les conditions de régime qui l'ont produit chez eux persistent à
l'égard de leur progéniture, chez celle-ci, le processus
physiologique continuant sa marche, aura bientôt anéanti
ce qui restait de l'aptitude génésique.

De même en est-il pour la scrofulose, pour le rachitisme,
pour l'avortement plus ou moins complet des coccygiens,
qui s'observent si fréquemment dans les familles dites
perfectionnées de Suidés qui se reproduisent en consanguinité ; de même aussi pour toutes les autres déviations
de l'état normal constatées à des degrés moindres chez

(1) *Bulletin de la Société centrale de médecine vétérinaire,*
3ᵉ série, t. VII, p. 215, et 4ᵉ série, t. III, p. 134.

les divers genres d'animaux dont s'occupe la zootechnie pratique. La consanguinité ne les engendre point ; seulement, quand elles existent, elle assure infailliblement leur transmission et leur propagation, comme elle assure, pour les mêmes raisons, celles des qualités éminentes recherchées des éleveurs.

Il résulte de là que la consanguinité est, entre les mains de ceux-ci, l'une des armes les plus puissantes qu'ils aient à manier, mais aussi que, par cela même qu'elle est également puissante pour le bien et pour le mal, elle exige de celui qui veut s'en servir des connaissances qui le mettent en mesure de ne point en faire usage à contre-sens.

Ce qui fait que les altérations signalées ne se propagent point chez les animaux sauvages vivant en troupeaux, et chez les animaux dits marrons, vivant de même, comme les chevaux et les bœufs, et qui se reproduisent constamment en consanguinité, ainsi que nous l'avons déjà fait remarquer, c'est que dans les troupeaux libres, la fonction de reproducteur mâle est toujours le prix d'une lutte dans laquelle les plus faibles succombent ou sont écartés. Le père est en ce cas toujours le mieux constitué, le plus vigoureux, le plus fort de la bande. S'il se produit accidentellement chez quelques femelles des déviations quelconques, le petit nombre de ces déviations transmises par l'hérédité unilatérale, toujours précaire, disparaît bientôt par élimination successive, sous l'influence sans cesse renouvelée de l'hérédité paternelle irréprochable et prédominante.

Au lieu donc de se priver des avantages incontestables de la consanguinité, par crainte de ses inconvénients également certains, comme le conseil leur en a été donné par les auteurs qui les ont engagés à s'en abstenir complètement ; au lieu de ne la mettre en pratique que quand ils ne pourront pas faire autrement, selon l'avis de Settegast (1), les éleveurs seront plus sages en imitant ce qui se passe ainsi dans les conditions naturelles, en éliminant

(1) Loc. cit., p. 320.

avec soin de la reproduction les sujets entachés d'un vice héréditaire quelconque. Car il n'est pas exact que la consanguinité soit pernicieuse, malgré le choix le plus attentif des animaux accouplés.

Rafraîchissement du sang. — L'opération qu'il y a lieu de faire quand il s'agit de parer aux inconvénients de la consanguinité dont le processus vient d'être exposé a reçu des éleveurs le nom de rafraîchissement du sang. Ils appellent rafraîchir leur sang aller chercher, dans un autre troupeau ou dans une autre famille, un reproducteur mâle pour l'accoupler avec les femelles ou les mères qu'ils conservent. En prenant ce terme de sang dans l'acception que l'usage a consacrée, c'est-à-dire comme expression de l'ensemble des propriétés héréditaires de l'individu, il serait plus correct de nommer *renouvellement du sang* cette opération, car il serait superflu d'ajouter qu'elle n'exerce aucune action sur sa température.

Quoi qu'il en soit, une vieille erreur a cours encore à son sujet : c'est celle qui consiste à considérer, avec Buffon, ce renouvellement ou rafraîchissement comme nécessaire dans tous les cas, pour éviter ce que le grand écrivain naturaliste du siècle dernier a nommé la dégénération. Selon lui, toutes les races de nos climats occidentaux étant originaires d'un pays méridional par rapport au nôtre, sont fatalement condamnées à dégénérer et doivent sans cesse se retremper à leur source, afin de conserver leurs attributs naturels.

Laissant de côté, pour le moment, la partie vraie abusivement généralisée, et qui sera examinée à sa place plus loin, de ce qui concerne les altérations dont sont atteintes les races transportées ou qui s'étendent au delà de leur climat naturel, il n'est pas besoin, pour réfuter par les faits la doctrine générale du rafraîchissement du sang, d'autre preuve que celle qui nous est fournie par les mérinos introduits d'Espagne en Allemagne et en France. Depuis leur introduction dans les deux pays, les moutons mérinos, loin de dégénérer, se sont au contraire améliorés sous tous les rapports, notamment en France, où ils ont doublé de poids et d'aptitude. Le fait est évident, et les avis sont unanimes à son sujet. Pourtant ces moutons sont d'origine méridionale, et depuis le commencement de ce siècle il n'en a été fait aucune nouvelle importation.

La doctrine du rafraîchissement du sang ainsi comprise et généralisée est donc une conception purement imaginaire.

Il faut par conséquent, pour rester dans le vrai, restreindre l'application de la doctrine au cas spécial de l'altération du sang ou des qualités héréditaires par l'un des vices dont il a été parlé plus haut, et que la consanguinité propagerait infailliblement, ainsi que nous l'avons vu.

Le cas le plus fréquent, dans la pratique actuelle, est celui sur lequel nous avons insisté, des entreprises zootechniques ayant pour objet le développement au maximum de l'aptitude à l'engraissement pour la production de la viande. C'est là, comme nous l'avons expliqué, que le but peut être le plus facilement dépas-é et qu'il l'est en effet souvent, au détriment de l'entreprise même. L'exagération de ce que les éleveurs appellent la finesse, indice certain de l'amollissement excessif du tempérament, conduit à l'abaissement de la vigueur constitutionnelle et de la fécondité. Dans ce cas, rien ne peut être efficace, ou du moins rien ne l'est plus que d'emprunter à une autre souche un mâle sain et vigoureux, dont l'hérédité individuelle, encore bien qu'elle ne serait point prédominante, aura pour effet d'éliminer, au bout d'un certain temps, la dernière trace du vice signalé.

Ce qui vaut mieux, quand on dirige une industrie zootechnique comme celles dont il s'agit ici, c'est de demeurer constamment attentif sur l'excès que les éleveurs de courtes-cornes anglais, par exemple, ne savent pas assez éviter, à cause de leurs idées peu pratiques sur les conditions de la beauté de ces animaux, afin de n'être pas obligé de recourir au moyen que nous indiquons pour en réparer les fâcheuses conséquences.

Mais, encore une fois, le rafraîchissement du sang n'est pas plus une nécessité absolue, dans la reproduction des animaux, que ne sont nécessairement funestes les effets de la consanguinité. La connaissance des lois de l'hérédité, auxquelles l'un et l'autre se rattachent, fait accorder aux deux leurs valeurs respectives exactes et met à l'abri des erreurs dogmatiques, dont le résultat est d'obscurcir les règles fondamentales de la zootechnie.

Atavisme. — Baudement (1) a le premier donné une bonne définition de l'atavisme, en le considérant comme l'expression de l'hérédité ou de l'ensemble des puissances héréditaires de la race, en opposition avec l'hérédité individuelle. Selon son beau langage, dans la race véritable, c'est-à-dire dans la suite des générations d'une espèce pure de tout mélange, en vertu de l'atavisme, « chaque individu n'est plus qu'une épreuve, tirée une fois de plus, d'une page une fois pour toutes stéréotypée. »

L'atavisme (d'*atavus*, aïeul) n'est pas autre chose, en effet, que ce que les anciens zootechnistes ont nommé la *constance*. Il justifie l'importance de premier ordre accordée par les éleveurs anglais à ce qu'ils appellent le *Pedigree* des reproducteurs, où sont inscrits avec soin les hauts faits ou les mérites de tous leurs ancêtres connus. L'observation a montré à ces éleveurs, comme elle le montre sans cesse à tous ceux qui recueillent les faits avec exactitude et avec une attention suffisamment éclairée, que les qualités des aïeux, en tant qu'elles sont héréditaires, arrivent toujours à primer, dans une suite plus ou moins courte de générations, les qualités accidentelles et contraires des individus. C'est pourquoi, lorsqu'ils sont avisés, ils se préoccupent beaucoup plus encore, dans le choix des reproducteurs, de cette sorte de noblesse d'origine ou traditionnelle que des mérites individuels, plus du *Pedigree* que des *Performances*. C'est une règle invariable pour les éleveurs anglais.

En Allemagne, une école s'est formée, qui conteste que la constance dans les races soit une réalité. Mais elle n'a donné aucune preuve valable, aucune preuve de fait, à

_____

(1) *Encyclopédie pratique de l'agriculteur.* de MOLL et GAYOT, art. *Atavisme*, t. II, 1859.

l'appui de la doctrine qu'elle soutient d'une façon d'ailleurs fort peu claire.

L'atavisme ou hérédité de race se manifeste d'une manière évidente, d'abord par la transmission constante ou ininterrompue des caractères typiques ou naturels, à travers la suite des générations des individus dont les ascendants étaient purs de tout mélange avec une race autre que la leur. Ces individus, ne représentant que l'atavisme unique de leurs premiers parents, nécessairement égaux, donnent ainsi toujours nécessairement naissance à un nouvel individu qui leur est identique dans ses propriétés fondamentales ou spécifiques. Il se manifeste ensuite non moins évidemment par un phénomène tout aussi infaillible et qui se produit dans la descendance des individus de races différentes, ou seulement de propriétés différentes. C'est ce phénomène, dépendant de l'une des lois de l'hérédité les plus importantes à bien connaître pour la pratique zootechnique, que nous allons maintenant étudier.

Loi de reversion. — Le phénomène de la reversion, que les Allemands appellent en général *Rückschlag*, a été nommé par eux *Rückschritt* (pas de recul, pas en arrière) dans les cas particuliers où il s'agissait d'un retour à d'anciennes qualités dont l'éleveur visait l'élimination, pour leur en substituer des nouvelles plus estimées. Cela concernait surtout le perfectionnement des toisons dans les troupeaux de moutons mérinos. L'apparition fortuite d'un ou plusieurs sujets pourvus de toisons inférieures à la moyenne du troupeau était avec raison considérée comme un pas rétrograde sur la voie parcourue. C'est par des considérations semblables que les Anglais ont donné aux faits analogues qu'ils observaient le nom de *Retrogradation*.

Leur manifestation a pratiquement plus ou moins d'importance, selon la valeur relative des choses sur lesquelles elle porte et selon sa fréquence. Lorsque, par exemple, il apparaît accidentellement un agneau tacheté de jaune ou de noir dans un troupeau de mérinos, de leicesters ou autres moutons pour la reproduction desquels on n'emploie depuis plus d'un siècle que des animaux absolument blancs, le phénomène de reversion n'a qu'une valeur théorique. Celle-ci est considérable en vérité, parce qu'on trouve dans le fait une preuve irrécusable de la loi de reversion qui ne manque point de s'imposer plus fréquemment quand on n'a pas eu le soin d'écarter de la reproduction tous les animaux tachés dans le cours des générations ; mais ce soin ayant été pris avec attention, l'accident devient négligeable par sa rareté même.

Cette rareté est la règle pour la reversion des caractères superficiels de couleur et autres analogues, quand ils ne se sont pas présentés depuis un grand nombre de générations chez un ancêtre ; c'est la fréquence qui devient au contraire la règle à son tour, lorsqu'il ne s'agit plus que d'un aïeul ou d'un bisaïeul. Par là s'expliquent, comme nous l'avons déjà fait remarquer, bien mieux que par la prétendue infection de la mère, ces écarts à l'hérédité directe si souvent observés dans la reproduction des chiens de chasse, et qui ont été attribués à l'influence supposée du premier mâle qui a fécondé la mère. On ne trouverait peut-être pas un seul de ces chiens qui n'eût, dans son ascendance peu éloignée, un individu d'une autre couleur, d'un autre poil ou d'une autre race même que les siens.

Quant aux caractères fondamentaux, la reversion n'est plus seulement l'exception ni même la règle : elle est la loi. Dans aucun des cas connus de reproduction entre individus issus de deux ou plusieurs races différentes, c'est-à-dire ayant des caractères fondamentaux ou spécifiques différents, cette loi n'a failli. Nous en pouvons citer des preuves non douteuses empruntées à tous les genres d'animaux qui sont les sujets de la zootechnie. Il n'est aucun de ces genres, en effet, dans lequel un groupe au moins d'individus assujettis à la loi de reversion ne se fasse observer et ne nous fournisse l'exemple frappant de ses résultats. Commençons par les Équidés.

Depuis le commencement de ce siècle, la population chevaline de la Normandie, comme celle de l'Allemagne

du Nord et auparavant celle de quelques contrées de
l'est de l'Angleterre, est formée d'un mélange d'individus
dissemblables, dont les uns sont brachycéphales et ont le
profil droit, tandis que les autres sont dolichocéphales et
ont le profil courbe ou busqué. Anciennement, tous les
chevaux normands, de même que ceux des autres localités susnommées, étaient dolichocéphales et avaient le
profil busqué. Que s'est-il donc passé ? C'est que, au commencement de ce siècle, il a été introduit en Normandie
des étalons étrangers à profil droit du type brachycéphale,
en vue d'améliorer la population sous le double rapport
de l'élégance des formes et de l'énergie du tempérament.

Après de nombreuses combinaisons, dans le détail desquelles nous n'avons pas à entrer en ce moment, pour
fixer les caractères intermédiaires ou moyens résultant
de l'accouplement des deux souches paternelle et maternelle dissemblables, les descendants de ces deux souches
ont été et sont encore accouplés entre eux. Comptant
sur leur puissance héréditaire individuelle, on espérait en
obtenir des individus toujours semblables à leurs parents
directs. Au lieu de cela, ce qui est arrivé et ce qui devait
nécessairement arriver, en raison de la loi de reversion,
c'est que les uns ont ressemblé à leur aïeul paternel, tandis que les autres ressemblaient à leur aïeule maternelle.

Pour se convaincre qu'il en est encore toujours ainsi,
il suffit de faire ce que nous avons fait en 1866 (1); il
suffit de visiter un de nos régiments de cavalerie dont
les chevaux se recrutent en Normandie et de noter, sur
un groupe de ces chevaux pris sans choix, les ressemblances. Dans une telle recherche, il ne s'agit pas seulement de nuances plus ou moins difficiles à saisir et prêtant
par conséquent aux appréciations erronées : les différences sont nettement tranchées, et nous allons les faire
voir, en donnant ici des portraits d'individus observés.

Sur 33 jeunes chevaux récemment arrivés des dépôts
de remonte de la Normandie, 7 ressemblaient à *Châ-*

---

(1) *Sur la variabilité des métis, Comptes-rendus de l'Académie
des sciences*, t. LXIII, p. 1113.

teau (fig. 1) et à *Croate* (fig. 2), 9 ressemblaient plus ou moins à *Chérubin* (fig. 3), enfin 17 ressemblaient tout à fait au cheval anglais de course (fig. 4). Les trois individus *Château*, *Croate* et *Chérubin*, incorporés depuis plusieurs années, provenaient tous les trois également des dépôts

normands. On les avait pris dans une rangée d'écurie d'escadron pour dessiner leur portrait ; et dans cette rangée, composée de 26 individus, il y en avait 11 ressemblant à *Château*, 7 ressemblant au cheval anglais de course, et

Fig. 1. — *Château,* cheval anglo-normand.

8, soit un peu plus à *Croate* qu'à *Chérubin*, soit un peu plus à *Chérubin* qu'à *Croate*.

En 1867, nous fîmes le même travail sur les étalons dits anglo-normands ou demi-sang du dépôt d'étalons de

Strasbourg, et en 1868 sur ceux du dépôt d'Aurillac. A Strasbourg, les étalons *Domitien*, *Ulric*, *Atour*, *Kauffmann*, *Uranium*, *Artaban*, *Electrique*, *Formosus*, *Berchoux*, *Oméga*, *Écossais*, *Argenteuil*, *Tibère*, *Ronval*, *O'Connel*, *Défi* et *Flocon* étaient doli-

Fig. 2. — *Croate*, cheval anglo-normand.

chocéphales à profil busqué ; tous les autres étaient brachycéphales à profil droit. A Aurillac, il y avait en tout 33 étalons, dont 2 anglais de pur sang, 8 arabes ou anglo-arabes, 7 demi-sang légers et 16 demi-sang carrossiers. Parmi ces derniers, *Nonant*, *Capitaine*, *Cabourg*,

Judas, Infortuné, étaient dolichocéphales à profil busqué; *Harmonica, Hérode, Furioso, Essling, Salomon, Edmond, Ivry, Byron, Sérieux, Beurnonville, Pillard, Courtier* et *Ciguë* étaient brachycéphales à profil droit.

Dans le comté d'Ayr, qui est un district laitier, on a constitué une population bovine qui, depuis la fin du siècle dernier, a été l'objet de tentatives plus ou moins nombreuses ayant pour but d'améliorer la conformation et l'aptitude des individus

Fig. 3. — *Chérubin*, cheval anglo-normand.

en vue de la production de la viande, tout en conservant l'aptitude laitière de la population primitive. A cet effet, on y a introduit de temps en temps des taureaux de la variété des courtes-cornes améliorés par Ch. Colling, qui est connue sous le nom de durham. Les différences de physionomie ou de caractères spécifiques sont bien faciles à saisir entre l'ayrshire pur et le durham.

Fig. 4. — *Gladiateur*, cheval anglais de course.

Or, il y a eu jusqu'en septembre 1875, dans la vacherie de l'école de Grignon, deux vaches des noms de *Lucie* et de *Constance*, venues de l'école de Grand-Jouan comme pures ayrshires. M. Rieffel, alors directeur de cette dernière école, a bien voulu nous envoyer leur généalogie, que nous transcrivons :

Lucie, née à Grand-Jouan, le 17 décembre 1868.

Son père, *Kingston*; sa mère, *Léontine.*

Père et mère de *Léontine* : *Hamilton, Lavallière.*

Père et mère de *Lavallière* : *Bolingbroke, miss Lochwood.*

Kingston est venu de Corn-er-Houet, d'une importation d'Ecosse.

Hamilton, Bolingbroke et *mis Lochwood* sont venus directement d'Ecosse à Grand-Jouan.

Constance, née à Grand-Jouan, le 13 mai 1868.

Son père, *Ruisdaël*; sa mère, *Coralie.*

Père et mère de *Ruisdaël*: *Rubican, Gratiana.*

Père et mère de *Coralie* : *Rubican, Cornélie.*

Père et mère de *Gratiana* : *Hamilton, Griersen.*

Père et mère de *Cornélie* : *Straven, Candide.*

Rubican est venu de la Saulsaie, d'une importation d'Ecosse.

Hamilton, Griersen, Straven et *Candide* sont venus directement d'Ecosse à Grand-Jouan.

Il suffit d'un coup d'œil pour s'apercevoir que *Lucie* (fig. 5) et *Constance* (fig. 6) n'ont aucun trait de ressemblance

Fig. 5. — *Lucie*, vache d'Ayr.

Fig. 6. — *Constance*, vache d'Ayr.

entre elles, quant aux caractères fondamentaux. La première est la reproduction parfaite du type naturel auquel appartenait l'ancienne population du comté d'Ayr et qui prédomine encore dans ce comté; la seconde rappelle presque complètement celui de son ancêtre des bords de la Tees. Et pourtant elles avaient un aïeul commun, *Hamilton.*

Deux groupes de moutons sont considérés en France par des zootechnistes empiriques comme ayant acquis, bien que leurs deux souches primitives fussent très-dissemblables, le plus haut degré de la puissance héréditaire individuelle, et comme se reproduisant entre eux toujours semblables à leurs parents directs. Le premier de ces groupes, le plus ancien en date, est celui qui est le plus répandu sous le nom de dishley-mérinos ; le second est appelé, fort improprement sans doute, race de la Charmoise.

L'éleveur qui, avec une louable persévérance, a le plus contribué à la création des dishley-mérinos a écrit lui-même l'histoire de son propre troupeau (1).

Ce troupeau a été formé à Trappes (Seine-et-Oise) par M. Pluchet, « par le croisement d'un bélier dishley pur sang de moyenne taille acheté en 1839 à Alfort, avec des brebis mérinos de la souche de Rambouillet. » Deux ans plus tard, on acheta un second bélier pur sang dishley, qui fit pendant deux années la saillie des brebis mérinos. Après cela, ce furent de jeunes béliers demi-sang qu'on accoupla avec ces dernières ; puis on accoupla ensemble des femelles demi-sang et des béliers quart de sang dishley, ce qui donna des individus 3/8 dishley et 5/8 mérinos (2). Pendant douze ans, M. Pluchet s'en tint à ce même mode de reproduction, choisissant sans cesse les reproducteurs dans sa propre bergerie, et il parvint ainsi, ajoute-t-il, à produire en quelques années « un nouveau type d'animaux qui avaient des caractères entièrement différents de ceux de leurs ascendants dans les deux races. »

En 1856, un troisième bélier dishley pur sang, acheté à Montcavrel (bergerie de l'État), fut employé pour saillir les brebis 3/8 sang dishley et pour en obtenir de nouvelles brebis 5/8 sang dishley, qui furent saillies à leur tour par les béliers 3/8 sang dishley. « Je constituais ainsi, dit M. Pluchet, le *demi-sang* par le mélange de deux

----

(1) *Bulletin des séances de la Société centrale d'agriculture de France*, séance du 27 janvier 1875, et *Journal de l'Agriculture*, de BARRAL, t. I, p. 213, 1875.

(2) Ces proportions ont été présentées depuis théoriquement comme assurant la création d'un atavisme nouveau, dominant sûrement les deux anciens.

sangs déjà fondus par d'anciens accouplements consanguins. »

Telles sont les origines du troupeau de Trappes. Nous allons voir ce qu'il présente au sujet de ce que les Allemands apppellent la conformité.

A l'exposition du concours régional qui avait lieu à Versailles en 1865, nous avons prié M. Mégnin, dont le talent est bien connu, de dessiner d'après nature les portraits de tous les individus dishley-mérinos désignés par le jury pour les récompenses à décerner dans leur catégorie, afin de rester nous-même étranger à leur choix, ainsi que ceux d'un mérinos et d'un dishley purs,

Fig. 7. — Brebis mérinos, exposée par M. Bouvry, à Montcornet (Aisne). — Concours de Versailles en 1865.

Fig. 8. — Bélier dishley, exposé par M. Pinte, à Cappy (Somme). — Concours de Versailles en 1865.

qui devaient nous servir de termes de comparaison. De très-belles aquarelles, peintes par le même artiste, d'après ses croquis, et représentant la tête de ces individus, ont été mises sous les yeux de l'Académie des sciences, à l'appui d'une communication sur la loi de reversion (1). C'est d'après ces aquarelles qu'ont été gravées les figures 7, 8, 9, 10, 11 et 12. Chaque portrait acquiert ainsi un caractère d'authenticité incontestable.

Il est visible que ceux des figures 11 et 12, représen-

(1) *Comptes-rendus*, t. LXI, p. 73, et *Bulletins de la Société d'anthropologie de Paris*, t. VI, p. 282. 1866.

tant un bélier et une brebis du troupeau de Trappes,
ressemblent complètement à celui de la figure 8 ou au
dishley ; que ceux des figures 9 et 10 ressemblent à celui

Fig. 9. — Bélier dishley-mérinos,
exposé par M. Pluchet, à Trappes
(Seine-et-Oise). — Concours de
Versailles en 1865.

Fig. 11. — Bélier dishley-mérinos,
exposé par M. Pluchet, à Trappes
(Seine-et-Oise). — Concours de
Versailles en 1865.

de la figure 7, qui est mérinos. La dernière introduction
d'un bélier dishley dans le troupeau remontait à 1856 ; il
s'était par conséquent écoulé alors neuf années depuis

Fig. 10. — Brebis dishley-mérinos,
exposée par M. Muret, à Noyen
(Seine-et-Marne). — Concours
de Versailles en 1865.

Fig. 12. — Brebis dishley-mérinos,
exposée par M. Pluchet, à
Trappes (Seine-et-Oise). — Concours de Versailles en 1865.

cette introduction, et plusieurs générations (au moins
quatre) s'étaient succédé.

En présence de ces figures, il n'est pas possible de

douter un seul instant de la persistance des deux atavismes, pas plus que de méconnaître le fonctionnement

Fig. 13. — Bélier new-kent, 1ᵉʳ prix
de la 2ᵉ catégorie au Concours
universel de Paris, 1855. (M. Al-
lier, exposant.)

Fig. 14. — Bélier berrichon, 1ᵉʳ prix
de la 2ᵉ catégorie au Concours
de Blois en 1858. (M. le duc de
Maillé, exposant.)

Fig. 15. — Bélier de la Charmoise,
1ᵉʳ prix de la 3ᵉ catégorie au
Concours de Nevers en 1854.
(M. Paul Malingié, exposant.)

Fig. 16. — Bélier de la Charmoise,
1ᵉʳ prix de la 3ᵉ catégorie au
Concours de Blois en 1858.
(M. Paul Malingié, exposant.)

Fig. 17. — Brebis de la Charmoise,
1ᵉʳ prix de la 3ᵉ catégorie au
Concours de Tours en 1856.
(M. Paul Malingié, exposant.)

Fig. 18. — Brebis de la Charmoise,
1ᵉʳ prix de la 3ᵉ catégorie au
Concours de Blois en 1858.
(M. Paul Malingié, exposant.)

de la loi de reversion en faveur de l'un et de l'autre.
L'illusion de l'auteur, à l'égard de la création d'un nou-

veau type d'animaux ayant des caractères entièrement différents de ceux de leurs ancêtres, n'est point davantage douteuse.

Quant aux moutons de la Charmoise, nous avons fait pour eux le même travail, dont les résultats ont été également communiqués à l'Académie des sciences (1). Seulement ici nos modèles, lithographiés d'après des photographies, ont été pris dans les publications officielles sur les concours régionaux, où M. Mégnin a bien voulu les copier sur notre demande, pour exécuter ses belles aquarelles, d'après lesquelles nos figures 13, 14, 15, 16, 17 et 18 ont été dessinées.

Le troupeau de la Charmoise, créé par Malingié, conformément à une idée systématique exposée dans son ouvrage spécial (2), et qu'il n'y a pas lieu de discuter, a eu pour origines des brebis berrichonnes tirées des environs de Buzançais (Indre) et des béliers de Romney-Marsh ou New-Kent, venant d'Angleterre. Les new-kent sont brachycéphales et les berrichons dolichocéphales ; leurs différences faciales sont en outre très-tranchées. A la date de l'apparition de l'ouvrage cité tout à l'heure, l'auteur considérait le nouvel atavisme résultant de leur fusion laborieusement poursuivie comme acquis, et il affirmait que la descendance des deux types se reproduisait toujours semblable à ses parents directs. L'examen comparatif des portraits authentiques que nous reproduisons montrera ce qu'il convient d'en penser.

Les figures 15 et 17 ressemblent évidemment à la figure 13, qui est le portrait du pur new-kent ; les figures 16 et 18 ressemblent non moins évidemment à la figure 14, qui est celui du berrichon. Les sujets de la Charmoise se ressemblent par conséquent deux par deux ; mais les deux paires sont aussi dissemblables entre elles que cela est possible. L'une a fait complètement retour à l'ancêtre

(1) *Comptes-rendus*, t. LXI, p. 636, et *Ibid.*, p. 572.
(2) *Considérations sur les bêtes à laine au milieu du XIXe siècle,* et *Notice sur la race de la Charmoise*, gr. in-8°. Paris, Librairie agricole, 1851.

paternel, l'autre à l'ancêtre maternel. Et la loi de reversion se vérifie ici, comme toujours, dans les deux lignes.

Les porcs anglais, dont il existe de nombreuses variétés
locales, ont tous eu pour origines primitives des truies
empruntées à l'ancienne population, qui se distinguait à
première vue par ses larges oreilles tombantes, et des
verrats dont les uns, venant des environs de Naples,
avaient des oreilles allongées, étroites et dirigées presque
horizontalement en avant, et les autres, venant de la
Chine, de Siam et autres points de l'extrême Orient,
avaient des oreilles petites, courtes et dressées. Le mélange de ces trois types, sur la caractéristique desquels
nous n'insistons pas autrement, parce que le trait indiqué
suffit pour le moment à notre démonstration, a été opéré
en proportions très-diverses, selon que les éleveurs ont
voulu obtenir des sujets de grande taille ou des sujets de
petite taille.

Les variétés anglaises se divisent en effet en deux
catégories, dont l'une est celle dite des grandes races et
l'autre celle dite des petites races. Dans celle du Yorkshire,
par exemple, qui se reproduit par elle-même depuis
longtemps, on observe fréquemment, dans une même
portée, des individus à oreilles larges et tombantes, et
des individus à oreilles étroites et horizontales, ou petites
et dressées ; dans l'une quelconque des petites races,
de même des individus dont les oreilles rappellent le
type de l'extrême Orient et d'autres celui des environs de
Naples.

Il suffit de visiter une porcherie nombreuse, telle que
celle de la ferme du domaine de Grignon, par exemple,
composée de berkshires, pour vérifier le fait qui vient
d'être énoncé. On le vérifiera aussi sans sortir de chez soi,
en feuilletant la publication officielle sur les concours
régionaux que nous avons déjà citée, et dont les planches
lithographiques représentent de nombreux sujets ayant
été classés les premiers dans ces concours.

Sur 35 leicesters ayant eu des premiers prix, nous en
avons compté 10 revenus au type asiatique, à nez camus
et à petites oreilles ; — 20 étaient revenus complètement au

type napolitain, comme celui de la figure 19 ; — et 5 seulement représentaient un mélange des deux types. Parmi les berkshires, que l'on compare celui de la figure 19 avec celui de la figure 20. Il est clair que ces deux sujets ne se ressemblent point et que le premier reproduit exactement le type de son ancêtre napolitain, tandis que le second montre les principaux traits de son ancêtre indigène ; il n'en diffère que par ses oreilles qui ne sont pas tout à fait tombantes, bien qu'elles soient presque aussi larges.

Fig. 19. — Verrat berkshire, 1er prix du Concours universel de Paris en 1855.

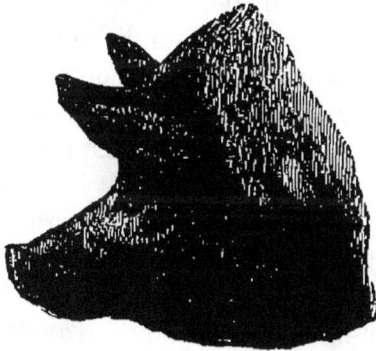

Fig. 20. — Verrat berkshire, 1er prix du Concours universel de Paris en 1856.

Les léporides, dont il a été tant parlé, et que les transformistes anglais, allemands et français présentent, sur une simple affirmation, comme constituant un type fixe de nouvelle création, nous fournissent également un exemple frappant de la loi de reversion. L'étude complète que nous en avons faite (1) a démontré péremptoirement les conclusions suivantes :

« Pour la première sorte que l'auteur a nommée léporide ordinaire, et dont la caractéristique est entièrement semblable à celle de tous les sujets de provenance moins authentique présentés en diverses occasions, il est évident que, conformément à la loi de reversion bien

(1) *Mémoire sur les métis du lièvre et du lapin*, in *Annales des sciences naturelles* (*Zoologie*), avril 1872, article n° 15, avec une planche lithographiée.

connue, les métis reproduits entre eux ont opéré leur retour complet à l'espèce ou au type du lapin, l'un de leurs ascendants. C'est ce que notre étude rend tout à fait incontestable.

« Pour la seconde sorte, celle du léporide dit longue soie, dont la fourrure est celle du lièvre légèrement modifiée, l'influence de cette loi de reversion ne paraîtra pas moins hors de doute à l'observateur attentif. Il conclura des faits constatés que les métis sont, dans ce cas, en voie de retour vers le type du lièvre, auquel ils seraient certainement déjà parvenus si leur reproduction s'était effectuée dans les conditions d'existence propres à ce type, c'est-à-dire en état de complète liberté. »

Après cela, Haeckel et tous les autres darwinistes avec lui n'en admettront pas moins la réalité d'existence de son *Lepus darwinii*, et on ne la trouvera pas moins affirmée dans tous leurs ouvrages, parce que l'observation exacte et la rigueur expérimentale ne sont point la caractéristique des philosophes de leur école. Pourtant Darwin lui-même a montré qu'il n'avait pas grande foi en la disparition des atavismes divers. « On a souvent répété oiseusement, dit-il (1), que toutes nos races de chiens ont été produites par le croisement de quelques formes originales ; mais, par le croisement, on peut obtenir seulement des formes en quelques degrés intermédiaires entre leurs parents ; et si nous avons recours à un pareil procédé pour expliquer l'origine de nos diverses races domestiques, il faut admettre alors l'existence préalable des formes les plus extrêmes, telles que le lévrier italien, le limier, le boule-dogue, etc., à l'état sauvage. De plus, la possibilité de produire des races distinctes à l'aide de croisements a été beaucoup exagérée. On connaît des faits nombreux montrant qu'une race peut être modifiée par des croisements accidentels, si on prend soin de choisir soigneusement les descendants qui présentent le caractère désiré ; mais qu'on puisse obtenir une race

(1) *De l'origine des espèces*, etc., traduction de Clémence Royer, 3ᵉ édit., in-8º, p. 28.

presque intermédiaire entre deux autres très-différentes, j'ai peine à le croire. Sir J. Sbright a fait des expériences expressément dirigées dans ce but, et n'a pu réussir. Les produits du premier croisement entre deux races pures sont en général uniformes et quelquefois parfaitement identiques, ainsi que je l'ai vu pour les pigeons. Les choses semblent donc assez simples jusque-là ; mais quand ces produits sont croisés à leur tour les uns avec les autres pendant plusieurs générations, rarement il se trouve deux sujets qui soient semblables, et c'est alors qu'apparaît l'extrême difficulté, ou plutôt l'entière impossibilité de la tâche. Il est certain qu'une race intermédiaire entre deux formes très-distinctes ne peut être obtenue que par des soins extrêmes et par une sélection longtemps continuée ; encore ne saurais-je trouver un seul cas reconnu où une race permanente se soit formée de cette manière. »

Du reste, le même Darwin, dans tous ses raisonnements sur l'origine des espèces, fait de fréquents appels à la loi de reversion, qu'il admet par conséquent, et notamment dans son célèbre chapitre sur les pigeons (1), dont l'un des titres courants porte : *Pigeons domestiques. — Retour par la couleur*. Le but de ce chapitre est en effet de prouver que les nombreuses espèces ou variétés actuelles descendent toutes du bizet (*C. livia*), qui est d'une couleur bleu ardoisé, avec les ailes traversées par deux barres noires, en montrant l'apparition fréquente de cette couleur bleue ou des barres noires chez les descendants d'individus de ces variétés qui, depuis plusieurs générations, en étaient dépourvus.

Broca (2) a rassemblé, dans des vues tout autres il est vrai, des faits empruntés à l'histoire des chiens, qui mettent bien en évidence à la fois l'influence puissante et

---

(1) *De la variation des animaux et des plantes*, traduction française de J.-J. Moulinié, t. I, p. 139 et suiv.

(2) *Recherches sur l'hybridité*, in *Journal de la physiologie de l'homme et des animaux*, de Brown-Séquard, t. I, p. 444. Paris, Victor Masson, 1858.

la généralité de la loi de reversion. « On trouve aujourd'hui, dit-il, sur les bords du Nil, une race indigène autrefois soumise à l'homme, maintenant libre et nomade, et à qui trente siècles de civilisation, suivis de mille ans de barbarie, n'ont fait subir aucun changement. Ces chiens, qu'on désigne vulgairement sous le nom indien de *parias,* sont tout à fait semblables à ceux dont les corps embaumés se retrouvent en grand nombre dans les plus anciens tombeaux de l'Égypte. C'est leur image qui forme le signe unique et invariable du mot *chien* dans toutes les inscriptions hiéroglyphiques. Ce type indigène n'était certainement pas le seul qui existât dans le pays de Menès et de Sésostris. On y connaissait aussi le lévrier, le chien de chasse et le basset, dont les formes si caractéristiques sont reproduites exactement sur des bas-reliefs et des peintures qui datent de quatre mille ans environ. Je citerai en particulier les scènes figurées sur le tombeau de Roti, célèbre amateur de chasse, qui vivait sous la douzième dynastie, plus de deux mille ans avant notre ère. Sur les monuments plus anciens, on ne trouve guère que le chien hiéroglyphique, ce qui permet de supposer que les autres races étaient d'origine étrangère. Il n'en est pas moins curieux de constater que le type du lévrier et celui du basset étaient alors aussi distincts, aussi bien caractérisés qu'ils le sont aujourd'hui, et que ces types ont persisté sans altération notable, depuis l'origine des temps historiques, sous les climats les plus divers et dans les conditions les plus changeantes. Quant au mâtin proprement dit (*Canis laniarius*), il ne figure pas sur les monuments de l'Égypte, mais il ne laisse pas que d'avoir encore une généalogie assez respectable, car ses ancêtres avaient déjà des statues à Babylone et à Ninive plus de six cents ans avant Jésus-Christ. M. Nott, dans son intéressant travail sur l'*Histoire monumentale des chiens* (1), a donné la gravure d'un

(1) « *Monumental History of Dogs.* Cet article fait partie d'un remarquable chapitre sur l'hybridité, publié dans le bel ouvrage de MM. Nott et Gliddon, *Types of Mankind*, Lond., 1854, in-4°, p. 386-394. »

magnifique bas-relief trouvé dans les ruines de Babylone
et sculpté, au dire des archéologues orientalistes, sous le
règne de Nabuchodonosor. On y voit un superbe mâtin,
dont la forme et les proportions, la physionomie et les
allures se retrouvent, sans aucune modification, dans la
race des mâtins actuels. Il ne s'agit pas ici d'une simple
ressemblance, mais d'une identité complète, à tel point
que ce dessin paraît calqué sur l'image photographique
d'un de nos plus beaux chiens de garde.

« Ainsi, » poursuit l'auteur, « malgré les croisements
fortuits ou méthodiques qui ont produit un grand nombre
de races secondaires et des variétés nuancées à l'infini,
certains types de chiens, le basset, le lévrier, le mâtin, le
chien de chasse, le chien d'Égypte, se sont perpétués
sans changement depuis l'antiquité la plus reculée
jusqu'à l'âge moderne. Quarante siècles au moins ont
passé sur eux sans en altérer la pureté. Les sociétés
humaines ont été cent fois bouleversées jusque dans leurs
bases ; les migrations des peuples ont été sans limites ;
à plusieurs reprises la civilisation a fait place à la barbarie, la barbarie à la civilisation ; tour à tour chasseur,
pasteur ou guerrier, nomade ou sédentaire, agriculteur ou
artisan, l'homme a toujours trouvé dans le chien un
auxiliaire obéissant, un serviteur infatigable ; il l'a plié
aux fonctions les plus diverses ; il l'a transporté sous
toutes les zones, depuis l'équateur jusqu'au pôle ; il l'a
soumis à tous les genres de vie ; il a réussi à faire de ce
carnivore un être omnivore comme lui. Eh bien ! ni le
temps, ni les climats, ni le régime, ni les habitudes n'ont
pu effacer le sceau de la nature ; les croisements ont fait
surgir des races nouvelles et des nuances infinies, mais
les types primitifs sont restés intacts et se sont transmis
jusqu'à notre époque tels qu'ils sont représentés sur les
pages les plus anciennes et les plus authentiques de
l'histoire, sur ces pages de pierre où les premiers despotes
de l'Orient faisaient graver leurs exploits. »

L'auteur de ces réflexions intéressantes ne l'a peut-
être pas remarqué, en tout cas il n'en dit rien, mais il
n'en est pas moins évident que la persistance de ces

types anciens, qu'il constate, n'a pu avoir lieu qu'à la faveur de leur propre atavisme et sous l'influence du fonctionnement de la loi de reversion. Sans cela, il y a belle heure, à coup sûr, que le type des bords du Nil, représenté dans l'écriture hiéroglyphique, ceux du tombeau de Roti, et même le mâtin de Babylone et de Ninive, auraient disparu pour faire place aux types nouveaux résultant de leurs croisements indiscontinus ! Pour satisfaire leur instinct génésique, les chiens, on le sait bien, ne se montrent guère difficiles sur le choix de leur conjoint : les femelles acceptent les avances du premier mâle venu, et chez eux la promiscuité proverbiale n'a de limite que dans l'impossibilité physique de l'accouplement, causée par une trop grande disproportion de taille. Pour que le lévrier, le basset, le chien du temps de Sésostris, le mâtin du temps de Nabuchodonosor soient venus intacts jusqu'à nous, il faut nécessairement qu'une loi naturelle, infaillible, ait rétabli l'équilibre de leur type altéré tant de fois, en faisant toujours prédominer l'hérédité ancestrale sur l'hérédité individuelle, ce qui est, à l'égard des formes fondamentales, le propre de la loi de reversion.

De tout ce qui précède il faut conclure que cette loi, dont la connaissance est une des plus importantes pour la bonne direction pratique des opérations de reproduction des animaux domestiques agricoles, est démontrée jusqu'à l'évidence, et que les zootechnistes qui, envisageant seulement ses effets superficiels plus ou moins rares, ne lui accordent pas une attention suffisante, préparent à leurs adeptes les mécomptes les plus certains.

Loi des semblables. — Une des propositions les plus anciennement et les plus généralement admises au sujet des phénomènes de l'hérédité est celle de Linné qui se formule ainsi : *Les semblables engendrent leur semblable.* Cette proposition est rigoureusement vraie, dans le sens où il convient de l'entendre et que nous devons tout d'abord expliquer.

En réalité, il n'y a point dans la nature deux individus semblables d'une manière absolue. Par cela seul que ce sont des individus, qu'ils ont une individualité, ils diffè-

rent nécessairement par les caractères constituants de
cette individualité même. Ils engendrent un nouvel
individu, et par cela même celui-ci diffère non moins
nécessairement de ses deux procréateurs par ce qui
caractérise sa propre individualité. Il y a là l'expression
d'une loi naturelle sur laquelle nous reviendrons quand
nous définirons plus loin l'individu.

En outre, ces procréateurs étant de sexe différent, ils
diffèrent aussi par les attributs de la sexualité, qui ne se
bornent point aux organes particuliers de celle-ci. Le
mâle, dans aucune espèce, ne ressemble jamais complètement à la femelle, indépendamment de ses organes
sexuels et de ses caractères individuels.

Ce n'est donc point dans le sens étroit que doit être
comprise la proposition qui exprime la loi des semblables.

Mais dans chaque espèce il y a toujours un certain
nombre plus ou moins grand de caractères ou d'attributs
qui sont communs à un certain nombre plus ou moins
grand d'individus. D'abord les caractères spécifiques, qui
sont nécessairement communs à tous les individus normalement constitués et qui font que chaque individu se
reproduit invariablement selon son espèce ou selon l'espèce
à laquelle il appartient dans l'ordre naturel ; puis d'autres
caractères ou attributs, naturels ou acquis, dépendant
des conditions de milieu, des circonstances extrinsèques
qui, agissant à la fois sur un groupe d'individus, font que
ces caractères ou attributs se présentent ou se développent semblablement sur tout le groupe soumis à leur
influence.

C'est à cet ensemble de caractères ou attributs seulement que s'applique la loi des semblables ; c'est en ce
sens plus large que doit être entendue la proposition
formulée, comme expression de la vérité ; et en ce sens-
là elle comprend aussi bien les aptitudes héréditaires
naturelles ou acquises que les formes caractéristiques de
l'espèce ou du groupe secondaire constitué dans sa race.
Ces aptitudes, d'ailleurs, dépendent toujours de formes
déterminées du tout ou de la partie, dont elles sont les

attributs physiologiques. Ce sont les formes elles-mêmes plutôt que leurs attributs qui doivent être considérées comme héréditaires, car ces derniers ne se manifestent qu'ultérieurement à la naissance et sous l'influence de leurs conditions intrinsèques de développement, ainsi que nous l'avons déjà fait remarquer à l'occasion de la consanguinité.

En vertu de la loi dont il s'agit, l'accouplement d'un cheval et d'une jument donne toujours naissance à un poulain qui deviendra plus tard un cheval ou une jument, et non pas un âne, un hémione ou un zèbre; celui d'un bélier et d'une brebis mérinos, à un agneau mérinos, et non point à un agneau southdown ou leicester; celui d'un lévrier et d'une levrette, à un lévrier ou à une levrette, et non point à un bull-dog ou à un mâtin. Celui d'une vache fortement laitière et d'un taureau dont les ascendants maternels auront depuis plusieurs générations montré la même aptitude à un très-haut degré donnera toujours naissance de même à des descendants dont les femelles, si leurs mamelles sont convenablement exercées à leur fonction, deviendront fortement laitières comme leur mère.

L'exemple le plus complet et le plus frappant que nous puissions donner de l'application de cette loi est celui qui nous est fourni par l'histoire de la formation du troupeau de Mauchamp, dont nous avons déjà parlé (p. 44). On sait que ce troupeau, une fois complètement formé, était composé de mérinos différant des autres seulement par le caractère de leur lainage, dont le brin, d'un éclat soyeux, est faiblement ondulé, au lieu de présenter des courbes de frisure nombreuses et rapprochées. On sait aussi que ce caractère de lainage s'était d'abord manifesté accidentellement sur un seul individu mâle, et qu'il s'est propagé par l'hérédité, grâce au soin pris par le propriétaire du troupeau dans l'emploi de cet individu et de sa descendance à la reproduction.

Chaque année, dit Yvart, à qui nous devons l'histoire de ce troupeau de Mauchamp, les agneaux obtenus se divisaient en deux catégories. Le plus grand nombre avait conservé le lainage de la race, avec une laine un peu plus longue et plus douce ; une proportion plus petite d'agneaux présentaient la toison complètement soyeuse. Avec le temps, cette proportion s'est accrue, mais d'une manière si lente que, sur 153 agneaux nés en 1848 (le commencement de l'opération datait de 1829), il s'en trouvait encore 22 portant entièrement les caractères du lainage mérinos. Mais on put observer, dès les débuts, que de l'accouplement d'un bélier soyeux avec une brebis également soyeuse, il n'a jamais manqué de résulter un agneau soyeux. Ce qui a rendu si lent à venir le résultat final, c'est qu'il ne s'agissait pas seulement de propager le nouveau lainage, mais en même temps de corriger les effets de la conformation vicieuse et de la constitution malingre et souffreteuse du premier individu qui l'avait montré, en ne faisant reproduire que ceux de ses descendants qui, avec le lainage voulu, n'avaient hérité qu'au moindre degré de la conformation et de la constitution mauvaises de leur ascendant paternel. De là de nombreuses éliminations nécessaires, à la suite desquelles on parvint enfin à faire du troupeau de Mauchamp un ensemble extrêmement remarquable d'animaux vigoureux, d'une santé parfaite et d'une conformation presque irréprochable, qui se répandit ensuite dans diverses directions, jusqu'en Australie et au Cap.

L'État en forma même une bergerie qu'il établit d'abord dans les Vosges, puis dans la Côte-d'Or, à Gevrolles, et dont les restes subsistent encore à Rambouillet. Dans les Vosges, où le troupeau se trouvait soumis à de mauvaises conditions hygiéniques, il contracta une maladie constitutionnelle des articulations dont la persistance fit sans doute décider son transfert à Gevrolles. Le déplacement n'ayant pas suffi pour la faire disparaître, on prit le parti d'emprunter des béliers à la souche de Mauchamp, restée parfaitement saine et vigoureuse, et bientôt l'état sanitaire du troupeau redevint bon, comme il l'avait été auparavant.

Il y a dans cet exemple une démonstration complète à tous les points de vue. La loi des semblables y a fonc-

tionné simultanément et successivement pour toutes les
choses héréditaires, dans le sens de la physiologie normale et dans celui de la physiologie pathologique, non
moins intéressant pour notre science et notre pratique
que pour celle des médecins. Les choses utiles et les
choses nuisibles s'y sont également propagées sous son
influence, et elle a elle-même remédié au mal qu'elle
avait produit. Il serait donc superflu d'en chercher d'autres qui ne nous manqueraient d'ailleurs point, car ils
sont fort nombreux dans tous les genres d'animaux. Celui-
là étant décisif suffit.

L'interprétation des effets de la loi des semblables, sur
laquelle nous avons été amené précédemment à donner
déjà un court aperçu, à l'occasion de la consanguinité
existant entre individus de la même race, est on ne peut
plus simple. Réserve faite des phénomènes d'atavisme
manifestés par le jeu de la loi de reversion, le fils ne peut
hériter que de son père ou de sa mère, ou des deux à la
fois, par portions égales ou inégales. Qu'il hérite de l'un
ou de l'autre exclusivement, ou bien des deux en proportions quelconques, ce qui dépendra de leur puissance
héréditaire individuelle réciproque, dans tous les cas il
leur sera toujours nécessairement semblable, puisqu'ils
sont eux-mêmes semblables entre eux. Qu'il s'agisse de
l'ensemble des caractères ou attributs, des formes extérieures ou des aptitudes physiologiques ou économiques,
ou seulement d'une forme ou d'une aptitude prise en
particulier, leur présence à la fois chez les deux reproducteurs, dans des conditions identiques ou seulement
semblables, en rendra la répétition infaillible chez le produit, attendu que la transmission sera dans tous les cas
indépendante du mode d'hérédité directe.

Chez les mérinos de Mauchamp, la descendance a tout
de suite reproduit invariablement les caractères spécifiques du mérinos, parce que le premier individu mâle à
laine soyeuse ne différait point des mères avec lesquelles
il a été accouplé, sous le rapport de ces caractères, mais
bien quant à sa conformation générale et aux caractères
du lainage. Sous ces deux derniers rapports, la trans-

mission héréditaire ne s'est d'abord effectuée qu'en faveur d'une faible proportion des agneaux procréés, parce que la puissance paternelle était et devait être primée par la maternelle, selon la loi de l'hérédité sexuelle que nous avons étudiée précédemment. Il ne s'agissait, en ce cas, que de l'hérédité unilatérale, et le résultat était différent suivant qu'elle fonctionnait dans la ligne paternelle ou dans la ligne maternelle, dissemblables entre elles. Dès qu'il s'est agi d'hérédité bilatérale, par le fait de l'égalité des deux lignes, c'est-à-dire de la présence du nouveau lainage à la fois chez le père et chez la mère, alors la transmission s'est montrée aussitôt infaillible : tous les individus procréés sont nés avec ce lainage nouveau. Et ainsi s'est constituée d'une façon durable la nouvelle variété des mérinos à laine soyeuse.

Appareillement. — Une singulière doctrine, acceptée par la presque unanimité de nos devanciers, consiste à admettre que dans l'hérédité les formes dissemblables se compensent et qu'il en résulte nécessairement une moyenne dans le produit, pour chacune de ces formes en particulier ; que, par exemple, d'un étalon à garrot trop élevé ou à dos convexe, et d'une jument à garrot trop bas ou à dos dit ensellé, il résultera un poulain à garrot ni trop haut ni trop bas, ou à dos droit. Ainsi pour toutes les autres. On a nommé *appareillement* la méthode ayant pour objet de corriger de cette façon les défectuosités de l'un des reproducteurs par des beautés correspondantes ou des défectuosités inverses existant chez l'autre. Ce serait, à proprement parler, la *doctrine des compensations.*

Il est clair, d'après tout ce que nous avons vu jusqu'à présent touchant les lois de l'hérédité, que la conception sur laquelle cette doctrine s'appuie n'a aucun fondement. En vertu de ces lois, les plus fortes chances sont pour que, dans le plus grand nombre des cas, l'hérédité soit unilatérale, par conséquent pour qu'il n'y ait aucune compensation des défectuosités inverses, et que ce soit l'une ou l'autre qui se reproduise intégralement. S'il s'agit d'une beauté réelle, opposée à une défectuosité corres-

pondante, ce qui arrivera dépendra des puissances héréditaires réciproques. Le résultat sera donc toujours
incertain, et en tout cas d'une valeur bien inférieure relativement à celui qu'il est permis d'attendre du fonctionnement de la loi des semblables.

Il y a certainement des cas dans lesquels il n'est pas
possible de réaliser les conditions de cette loi en vue du
perfectionnement par l'hérédité seule. En admettant
que la propagation du lainage soyeux, par exemple, dût
être considérée comme un perfectionnement véritable,
l'un de ces cas-là serait offert par l'histoire du troupeau
de Mauchamp. Il en est nécessairement ainsi pour tous
ceux dans lesquels il s'agit de transmettre à la descendance une variation accidentelle survenue chez un ou
plusieurs individus de même sexe. Mais il est évident que
la transmission est alors trop précaire, subordonnée à
trop de conditions indépendantes de la volonté directrice
pour qu'il puisse être sage de fonder la généralité des
opérations de reproduction sur une base aussi fragile. Elle
doit être réservée pour les circonstances dans lesquelles
il n'est pas possible de faire autrement.

Ces circonstances, dans l'état actuel de la zootechnie
expérimentale, sont assurément exceptionnelles. Le plus
ordinairement les opérations d'amélioration, chez les
animaux domestiques, dépendent de conditions qui pri-
ment celles de la reproduction même et qui doivent les
précéder. Ces conditions, qui n'ont jamais été suffisamment appréciées par nos devanciers, sont celles qui modifient certaines de leurs formes et développent toutes
leurs aptitudes par l'exercice méthodique de leurs fonctions.

Résumé. — Si l'on a suivi avec attention les développements consacrés à l'étude des lois de l'hérédité et les
démonstrations données pour chacune, on doit être maintenant convaincu qu'il y a un mode de reproduction
capable de rendre cette hérédité sûre, infaillible, et par
conséquent de servir de base solide pour l'institution
d'une méthode véritablement industrielle, c'est-à-dire
dont les résultats puissent être exactement prévus dans

les entreprises zootechniques. Ce mode est celui dans lequel l'hérédité individuelle et l'atavisme convergent, au lieu d'être divergents ; c'est celui dans lequel les individus accouplés étant le plus possible semblables entre eux, sous le rapport des formes ou de l'aptitude à reproduire, sont en même temps de la même race et aussi de deux familles ou d'une seule dans lesquelles ces formes ou cette aptitude se sont montrées constamment depuis plusieurs générations. Plus le nombre de celles-ci est grand, plus le résultat est sûr.

Alors, que l'hérédité soit unilatérale ou bilatérale, ou autrement dit que les puissances héréditaires individuelles soient inégales ou égales ; que la loi de reversion fonctionne ou non, ou en d'autres termes que l'individu procréé hérite d'un ancêtre ou de ses ascendants directs ; en un mot, quoi qu'il arrive, cet individu sera toujours semblable à ceux-ci, puisqu'ils sont à la fois semblables entre eux et aussi à leurs propres ascendants de tous les degrés.

La constatation de cette loi des semblables, précieuse pour les opérations zootechniques, auxquelles elle permet de faire acquérir un caractère de certitude inestimable, projette en outre sur les bases de la zoologie générale ou abstraite une lumière dont les clartés n'avaient pas encore été aperçues de la plupart des naturalistes et sont tout à fait méconnues par ceux qui s'intitulent aujourd'hui transformistes ou évolutionnistes.

CHAPITRE II

LOIS DE LA CLASSIFICATION ZOOLOGIQUE

Définition de l'individu. — Les groupes naturels ou artificiels d'animaux, comme ceux d'ailleurs de tous les êtres organisés, ne se divisent pas seulement en unités semblables ; ces unités, qui les composent, sont en outre des individus, ce qui veut dire que quelque approchée que puisse être la ressemblance existant entre elles, cette ressemblance ne va jamais jusqu'à l'égalité parfaite ou à l'identité ; il y a par conséquent toujours possibilité de les distinguer, même à première vue, par des différences plus ou moins grandes, plus ou moins nombreuses, dans leurs caractères ou leurs attributs superficiels.

Ces différences, absolument irréductibles, caractérisent l'individu et font de l'*individualité* l'expression d'une loi naturelle, dont la connaissance est peut-être la plus importante, au point de vue pratique, parmi toutes celles qui intéressent le zootechniste. L'individu, en effet, est toujours le point de départ, et ainsi le point esssentiel de ses actions sur les animaux domestiques agricoles dont il s'occupe et qui sont l'objet de son industrie. C'est pourquoi nous devons insister plus qu'on ne l'a fait jusqu'à présent sur la notion de l'individualité, qui joue un rôle prépondérant dans cette industrie, nous réservant de revenir plus loin, quand nous aurons défini et caractérisé la notion de l'espèce, sur ce qui concerne la caractéristique zoologique ou morphologique de l'individu lui-même.

L'individu, premier ou dernier terme de la classification zoologique, selon qu'on envisage celle-ci par la **méthode synthétique** ou par la méthode analytique, est mâle ou femelle, et c'est par là qu'il se distingue tout d'abord dans son espèce. Au point de vue de cette dernière, le mâle et la femelle réunis forment une sorte d'unité double ou bisexuée, qui n'est plus l'individualité même, mais qui, dans l'ordre abstrait de la philosophie naturelle, n'en constitue pas moins un groupe indissoluble, dont les éléments ne se peuvent plus concevoir séparément. Lorsqu'on dit, par exemple, en zoologie, l'*Homme*, le *Cheval*, le *Bœuf*, la *Brebis*, le *Chien*, etc., on entend désigner par là, pour chacun des noms employés, un être abstrait, en quelque sorte hermaphrodite, ou réunissant les deux sexes, qui est le *couple* animal.

En fait, chez chacun de ces êtres abstraits, il y a nécessairement deux individualités réelles, dont les différences sexuelles ne portent pas seulement sur la disposition des organes mêmes de la génération, que nous avons déjà étudiée ; elles s'étendent beaucoup plus loin et plus profondément sur les formes générales et sur les propriétés des éléments anatomiques, **dont** dépendent les aptitudes. Nous devons les examiner.

Différences sexuelles. — Il ne serait pas à sa place ici de disserter longuement sur les homologies qui existent entre les diverses parties des deux appareils sexuels. Il suffira de rappeler que, construits tous les deux d'après le même type, leurs organes sont en nombre égal et ne présentent que des différences de forme, de développement ou de situation. Le mâle, par exemple, a comme la femelle des mamelles qui même sécrètent du lait chez les individus nouveau-nés, ainsi que l'a montré de Sinéty, mais qui s'atrophient bientôt et dont il ne reste plus ensuite que la trace.

Jusqu'à ce que se soit manifesté l'instinct génésique, dont l'apparition coïncide avec le développement complet de l'organe essentiel du sexe, testicule chez le mâle, ovaire chez la femelle, ou d'une façon plus précise avec le moment de l'évolution des éléments spermatiques et des ovules dans ces organes ; jusqu'à ce moment, où commence chez nous l'adolescence, à laquelle fait place l'enfance, et qui est appelé âge de puberté; dont l'échéance varie beaucoup selon les genres d'animaux ; jusque-là, les différences sexuelles ne sont accusées que par celles qui caractérisent les organes du sexe eux-mêmes. La jeune femelle a une vulve et le jeune mâle un pénis. Par toute autre partie de leur corps, il serait au moins très-difficile de les distinguer, autrement qu'en leur qualité d'individus. Nous voulons dire qu'il n'est pas plus aisé de distinguer entre un mâle et une femelle qu'entre deux mâles ou deux femelles. Les différences sexuelles que nous visons en ce moment ne se sont pas encore manifestées.

Ces différences ne commencent donc à s'accuser qu'à partir du moment où les individus deviennent physiologiquement aptes à se reproduire. Elles sont plus ou moins grandes, selon les individus considérés, mais toujours assez, en général, pour caractériser le sexe même, indépendamment des organes sexuels. Nous allons les passer en revue.

Au moins chez les genres d'animaux qui nous intéressent directement, le mâle atteint toujours une plus grande taille, un plus fort volume, et par conséquent un plus fort poids que ceux de la femelle, quand ils sont arrivés l'un et l'autre à l'âge adulte. Les formes du mâle, ou masculines, se caractérisent en outre par des contours plus anguleux et à angles plus aigus, par des oppositions plus grandes entre les diverses parties du corps et par des saillies musculaires plus fortement développées, comme le sont aussi, dans le squelette, celles des os qu'on appelle des apophyses ou des empreintes. Tous les tissus sont d'ailleurs plus denses chez le mâle que chez la femelle, où ils comportent une plus forte proportion d'eau, ainsi que la démonstration en a été fournie par les résultats des recherches comparatives sur les tissus de l'homme et sur ceux de la femme.

Les différences sont surtout sensibles pour ce qui concerne la peau et ses dépendances ou appendices. La peau de l'étalon, du taureau, du bélier, du verrat, est toujours plus épaisse et plus dure ; les poils, les crins ou la laine, plus abondants, plus longs, moins fins ou

plus grossiers que ceux de la jument, de la vache, de la
brebis et de la truie. Les cornes frontales des ruminants
mâles sont toujours plus fortes, plus grossières à la
base que celles de leurs femelles ; elles sont même souvent absentes chez les femelles des Ovidés, ou réduites
à l'état rudimentaire. Il en est de même du fanon ou
repli de la peau qui, chez les Bovidés, va de la gorge
jusque entre les membres antérieurs, le long du bord
inférieur du cou : le taureau le montre toujours plus fort
que la vache, quand il existe. La dentition elle-même
diffère dans quelques cas, comme nous le savons déjà.
L'étalon et le verrat ont des canines ou crochets très-
développés, tandis qu'ils le sont beaucoup moins chez
la truie, et seulement rudimentaires ou tout à fait absents chez la jument.

Une différence absolument générale est celle qui se
rapporte à la comparaison de la moitié antérieure du
corps, dite avant-train ou avant-main, avec la moitié
postérieure, dite arrière-train. Chez le mâle, le train antérieur, comprenant le thorax, le col ou encolure et la tête,
est toujours relativement plus développé que le train
postérieur; la croupe ou la région du bassin paraît
étroite ou plus ou moins tranchante par la saillie du
sacrum et l'inclinaison des iliums. La différence est
surtout accusée par le fort développement de l'encolure,
à son bord supérieur notamment, par le grand volume
relatif de la tête, et par l'abondance et la longueur des crins
ou des poils grossiers que porte la peau de ces régions.

Chez les femelles, au contraire, la relation est inverse :
la largeur du bassin, la saillie des hanches, due à la
situation moins oblique des iliums, agrandit la croupe ; et
d'ailleurs, à taille et à poids total égaux, le col et la tête
de la femelle sont toujours d'un volume moindre que
celui des mêmes parties chez le mâle. Chez les espèces
où leur peau est pourvue de crins ou de laine, ceux-ci
sont toujours moins abondants et moins grossiers ou
plus fins, ainsi que nous l'avons déjà dit.

En somme, la figure qui embrasserait ou circonscrirait
l'ensemble du corps des animaux serait dans les deux

cas un cône tronqué ; mais dans le cas du mâle, la base de ce cône se trouverait en avant, tandis qu'elle occuperait l'arrière dans celui de la femelle.

On voit que quant aux formes le type mâle est, tout bien considéré, au point de vue de l'esthétique, moins fin ou moins distingué que le type femelle, auquel un dialecte de notre langue française donne le nom de *fémelin*, en y rattachant à juste titre l'idée de grâce ou de gracilité. C'est là un point sur lequel les artistes sont généralement d'accord, quand il s'agit de se prononcer sur la beauté humaine. Il n'en est guère qui ne mettent la beauté féminine au-dessus de la beauté masculine.

Mais comme au demeurant ce n'est point d'esthétique pure qu'il peut s'agir pour nous, les différences sexuelles indiquées doivent être étudiées encore davantage et poussées plus à fond, principalement en ce qui concerne leurs conséquences physiologiques.

C'est une opinion assez répandue que la durée de la gestation, pour le fœtus femelle, est un peu moins longue que pour le mâle ; que les diverses phases de la vie s'écoulent ensuite plus rapidement pour la femelle que pour celui-ci ; qu'en un mot elle est plus précoce. Il n'est pas à notre connaissance que la première partie de cette opinion, celle qui se rapporte à la durée de la gestation ou de l'état fœtal, ait été vérifiée dans des conditions véritablement expérimentales ; quant à la seconde, elle est incontestable. Tous les éleveurs progressifs savent que le développement hâtif ou précoce se réalise bien plus facilement chez les individus femelles que chez les individus mâles. Pour le constater, il suffit, par exemple, de visiter un troupeau de mérinos exploités en vue de la précocité et de comparer les brebis aux béliers.

Après l'agnelage de 1876, dans le troupeau de l'École de Grignon, nous avons calculé exactement la durée de la gestation chez les brebis southdowns dont il a été déjà question. Exceptionnellement, deux ont porté durant 159 jours, deux durant 158 ; une a porté durant 157 et une autre durant 162. Ces six brebis ont fait 10 agneaux, dont 7 mâles et 3 femelles seulement. Chez toutes les autres, la durée de la gestation a été au plus de 149 jours et au moins de 139. Le produit de la plus longue gestation a été mâle, et celui de la plus courte femelle. Mais pour les durées égales, il y a eu indifféremment des agneaux des deux sexes.

La digestion est en général plus puissante chez le mâle que chez la femelle. C'est, comme le remarque H. v. Nathusius, un fait acquis à l'expérience, que la jument, dans les longues routes, supporte plus longtemps la faim et la soif que l'étalon. Il en est de même, à cause de la plus grande surface pulmonaire, à l'égard de la respiration. Les besoins du mâle sont plus impérieux et plus étendus que ceux de la femelle. Sa voix est aussi plus forte et plus éclatante. Nos recherches personnelles nous mettent en mesure d'affirmer qu'à poids vif égal, les quantités de gaz inspirées et expirées, dans l'unité de temps, sont considérablement plus grandes chez le mâle que chez la femelle. La circulation du sang, chez celle-ci, est cependant moins lente et plus variable ; du moins elle a généralement plus de pulsations à la minute. La nutrition, chez le mâle, est plus intense; il use et élimine, dans le même temps, une plus forte quantité de ses résidus; par conséquent il lui faut une plus forte proportion d'éléments nutritifs pour s'entretenir ou conserver son poids. Il vit en un mot plus activement. Cette considération est de première importance, au point de vue zootechnique. Les sécrétions, qu'il nous reste à examiner, vont nous en fournir une nouvelle preuve.

Ces sécrétions, comme les excrétions, sont, chez le mâle, plus concentrées et plus intenses en temps ordinaire, en faisant abstraction de celle du lait, particulière à la femelle et seulement temporaire, qui est plus abondante qu'aucune de celles du mâle, mais moins concentrée. Les autres sécrétions génitales, presque nulles chez la femelle, s'accusent chez le mâle par leur forte odeur spéciale, qui suffirait à le faire distinguer. Celles de la peau ne font pas exception. La laine du bélier mérinos, par exemple, a toujours poids pour poids une plus forte proportion de suint que celle de la brebis.

Enfin, sous le rapport du tempérament ou de ce que nous appelons le caractère moral, si l'on veut bien nous le permettre, il est connu que le mâle est en général aussi plus vif, plus sauvage ou moins sociable que la femelle, qui est ordinairement douce et d'un commerce facile. L'étalon, le taureau deviennent fréquemment dangereux quand ils ont atteint un certain âge, par la propension qu'ils ont à se servir de leurs armes offensives. C'est ce qui est très-exceptionnel chez les juments et chez les vaches, à moins qu'elles n'aient été l'objet de mauvais traitements.

Ces différences accentuées, qui sont la règle, s'atténuent chez un certain nombre d'individus des deux sexes. Certains mâles se rapprochent des caractères de leur femelle, certaines femelles de ceux de leur mâle. On dit des premiers qu'ils ont une finesse de type plus ou moins grande, ou que ce sont des types fins ; des secondes, que ce sont des types grossiers. Les deux sortes, en effet, représentent finement ou grossièrement le type naturel de leur race, par rapport à la généralité des individus de leur espèce et de leur sexe.

Les caractères masculins se développent manifestement sous l'influence de la fonction testiculaire ; leur développement est arrêté tout à fait, ou seulement entravé, lorsque l'individu mâle est privé de ses testicules, soit par un arrêt spontané du développement même de ceux-ci, soit par l'opération de la castration. Les mâles qualifiés d'anorchides ou mieux de cryptorchides, dont les testicules n'ont pas accompli leur migration normale et sont restés par conséquent dans l'abdomen ou sur un point quelconque de la cavité du bassin, se développent avec des caractères extérieurs qui ne les différencient point des femelles. Dans ce cas, les organes testiculaires étant dépourvus de leur aptitude fonctionnelle spéciale, puisqu'on sait que les cryptorchides sont radicalement inféconds, n'ont pas pu exercer leur influence générale sur la conformation.

Le même phénomène morphologique se fait observer quand, au lieu d'être due à cette malformation, l'absence de la fonction des testicules, au moment où elle devrait se manifester, résulte de leur mutilation. Les sujets qui, dans le courant de leur première jeunesse, ont été émasculés évoluent en leur qualité de neutres, sans qu'aucune des différences sexuelles plus haut indiquées ne s'accentue. En ce cas, le cheval hongre ressemble complètement, par sa conformation générale, à la jument, le bœuf à la vache, le mouton à la brebis, le porc à la truie. Il y a là pour la zootechnie, surtout au point de vue des aptitudes physiologiques des fonctions de nutrition, une indication essentielle dont nous aurons plus tard à tirer grand parti.

Il n'en est plus tout à fait ainsi lorsque la suppression de l'influence testiculaire ou sexuelle a lieu après qu'elle s'est déjà fait sentir depuis un certain temps. Les effets de cette suppression varient selon le temps qui s'est écoulé, et l'on peut dire en thèse générale, au point de vue zootechnique, qu'ils sont d'autant moins bons qu'elle a été plus tardive. Le cas que nous examinons en ce moment étant le plus commun, dans l'état actuel des choses, il nous faut signaler en détail les modifications produites dans la conformation des individus mâles par l'émasculation telle qu'elle se pratique généralement.

L'opération ne paraît pas exercer une influence bien sensible sur la taille et sur le volume du corps. Son action se fait sentir de la manière la plus évidente sur la tête et sur le col, et non pas seulement sur les parties molles ou musculaires de ces régions. Le squelette lui-même est influencé, lorsque l'émasculation a été pratiquée avant son complet achèvement, avant l'arrivée de l'âge ou de l'état adulte. C'est pourquoi il n'est pas possible d'étudier exactement la crâniologie ou la crâniométrie sur des individus neutres.

La tête de ces individus est rétrécie; elle semble allongée et conséquemment plus longue que celle des mâles complets de leur espèce. Les dolichocéphales ont acquis en réalité un indice céphalique plus grand, et les brachycéphales un moins petit. L'ensemble des os propres du nez ou le chanfrein est devenu moins large ou plus tranchant, plus aigu, et l'indice facial plus grand. Chez les ruminants à cornes frontales, celles-ci ont une base d'un diamètre moindre ; mais elles acquièrent une longueur beaucoup plus grande, et leur direction subit des modifications plus ou moins considérables. Le plus souvent elles restent rudimentaires ou tout à fait absentes chez les moutons. Ce dernier cas est celui qui se présente sans exception dans les espèces où la femelle en est naturellement dépourvue. Tous les muscles de la tête sont moins saillants et moins volumineux, relativement, chez les individus neutres. Cela est surtout frappant pour les masséters, et c'est ce qui fait que la tête de ces individus paraît décharnée, quand ils ont été neutralisés tardivement, alors que le squelette avait atteint son développement complet ou presque complet.

La nuque est moins large, en raison de la réduction corrélative subie par l'atlas ou première vertèbre cervicale. Cela est surtout évident chez le bœuf, par rapport au taureau. Les autres vertèbres de la même région, également moins volumineuses, sont entourées de muscles moins développés, ce qui diminue l'épaisseur du col. Son bord supérieur, beaucoup moins courbe, est dépourvu de ces masses adipeuses qui s'y accumulent toujours plus ou moins chez les mâles arrivés à un certain âge. En somme, la disproportion entre le train antérieur et le train postérieur n'existe plus, ou elle est tout au moins diminuée. Les poils sont plus grossiers, la laine est moins fine, les crins de la tête et du col sont moins abondants ou d'un diamètre plus petit.

La peau de tout le corps a moins d'épaisseur et de densité ; elle se plisse plus facilement. Les poils ont aussi moins d'éclat ; leur nuance est moins brillante, ce qui est dû à une moindre activité des glandes cutanées, qui entraîne des éliminations plus modérées. L'animal neutre, d'un tempérament beaucoup plus calme, d'une humeur plus facile, plus traitable, dépense ainsi proportionnellement moins pour son entretien, et c'est ce qui fait qu'à consommation égale, il est en général plus tôt gras que le mâle normal.

Dans les régions de notre pays où les bœufs sont depuis longtemps attelés au joug, les cultivateurs sont convaincus que leur aptitude au service est d'autant meilleure qu'ils ont été émasculés plus tardivement et moins complètement. Ils conservent alors une nuque et un front plus larges, pour l'application de l'appareil de traction. L'opération étant pratiquée par le procédé de torsion sous-cutanée du cordon testiculaire qui porte le nom de bistournage, on pense que le degré d'influence conservée est en raison inverse du nombre des tours effectués, ce qui revient à considérer que la métamorphose régressive subie par l'organe va plus ou moins loin, selon le nombre de ces tours.

Le fait certain est que le volume des testicules modifiés varie beaucoup chez les sujets bistournés, et que les engraisseurs donnent tous, sans exception, la préférence à ceux chez lesquels ils ont été réduits au plus petit volume. Quant à la question de savoir si les individus dont les restes de testicules demeurent relativement gros sont, comme on le pense, plus vigoureux et plus forts travailleurs que les autres, si leurs qualités s'éloignent moins de celles du taureau, elle n'a pas encore été résolue expérimentalement. L'induction ne suffit point pour la trancher. Tout ce qu'on peut dire, dans son état actuel, c'est que l'opinion répandue et fondée sur l'observation pure paraît avoir en sa faveur de fortes présomptions.

L'influence incontestable qu'exerce sur le développement du corps l'émasculation du mâle ne paraît se faire sentir en aucune façon chez la femelle. Les faits qui s'y rapportent, bien que fort nombreux, ne sont cependant pas assez variés pour qu'il soit permis de formuler à cet égard une conclusion définitive. L'opération n'a été pratiquée sur une grande échelle que chez les truies, et il est bien certain que celles-ci, quand elles ont subi l'ablation des ovaires et même d'une portion de l'utérus dans leur jeune âge, ne diffèrent ensuite de celles qui ont conservé ces organes intacts que par l'absence des manifestations périodiques de l'instinct génésique, qui mettent obstacle à leur facile engraissement. Quant à leurs formes, elles ne sont pas sensiblement modifiées; et en tous cas, s'il y a des modifications, elles ne sont certes pas dans le sens qui rapprocherait ces formes de celles du mâle; elles auraient plutôt pour conséquence d'accentuer davantage ce que nous appellerons le féminisme ou le femellisme, c'est-à-dire que les femelles neutralisées seraient d'un type encore plus fin, plus gracile que celui des femelles normales. Cela n'est du moins pas contestable pour ce qui concerne le tempérament, et c'est ce que l'on a observé aussi chez les vaches qui, lorsqu'elles ont été opérées peu de temps après la parturition, ont une période de lactation de beaucoup prolongée, en général, et au moins une tendance très-accentuée à l'engraissement.

Nous ne sommes pas, faute d'observations suffisantes, en mesure de dire si la stérilité naturelle, hors le cas où elle est due à l'envahissement graisseux du stroma des ovaires par le fait de la propension à l'obésité, a sur les formes du corps des conséquences autres que celles qui résultent de la stérilité artificielle. C'est une opinion répandue que, chez les Bovidés, dans les cas de gestation double où les jumeaux sont de sexe différent, la femelle est toujours inféconde, et quelques-uns des auteurs qui ont publié des observations de ce genre prétendent qu'en ce cas la femelle se rapproche du bœuf par ses formes. Il n'est pas rare de constater, chez les jumeaux d'espèce humaine, des malformations des organes génitaux, et notamment de ces hypospadias plus ou moins prononcés, dont certains ont été pris pour des cas d'hermaphrodisme réel ou vrai. Nous avons constaté qu'il en est le plus souvent ainsi, à des degrés divers, pour les génisses jumelles de taureaux. En tout cas, on voit assez souvent des vaches d'un type grossier qui, par le volume et la forme de leur tête, ainsi que par ceux de leur corps, ressemblent tout à fait à des bœufs et n'en sont pas pour cela moins fécondes que les autres. Nous en avons personnellement connu qui, ayant avec cela des mamelles volumineuses et puissantes, pouvaient être

considérées, dans leur race, comme d'excellentes laitières. Nos observations en ce genre ont porté particulièrement sur des bêtes de la variété suisse du canton de
Schwitz.

Il n'est pas exact que les femelles, ainsi que cela a été
dit, diffèrent moins entre elles que les mâles diffèrent
entre eux. Dans les deux cas, les différences sont de
même ordre et de même valeur, qu'on envisage les formes
extérieures ou les aptitudes fonctionnelles. L'individualité
s'accuse au même degré pour les deux sexes. Il n'est pas
probable qu'on soit en mesure de citer des faits précis
contraires à cette proposition, que nous sommes en droit
d'opposer purement et simplement à une affirmation sans
preuve.

Le trouble fonctionnel plus grand occasionné par la
suppression des organes essentiels du sexe mâle s'explique facilement par la permanence du fonctionnement
de ceux-ci, tandis que celui des organes du sexe femelle
est intermittent. L'instinct génésique, chez le mâle,
s'éveille en tout temps, sous l'influence de la seule odeur
qu'exhale une femelle en rut ; chez la femelle, il ne se
manifeste normalement qu'à des époques fixes et sous
l'influence intrinsèque du travail d'ovulation et de ponte
dont ses propres ovaires sont le siége. De plus, quand
elle a été fécondée, le même instinct sommeille durant
tout le temps de sa gestation et une partie de celui de
l'allaitement du jeune ou des jeunes, ce qui, chez la
plupart de nos femelles domestiques, équivaut à une
année. Il n'est donc pas surprenant que la suppression
de cet instinct ait moins d'importance chez la femelle
que chez le mâle.

Individualité. — Si la définition de l'individu et celle
du couple ont une grande importance pour la zoologie
générale, celle de l'individualité en a une toute particulière, ainsi que nous l'avons déjà dit, pour la zootechnie.
Elle n'a pas, jusqu'à présent, assez attiré l'attention des
zootechnistes, qui se sont trop exclusivement préoccupés de
l'influence abstraite des collectivités que nous détinirons
bientôt. Il est certain que la considération de l'indivi-

dualité est ce qui, économiquement, importe le plus. Qu'il s'agisse d'exploiter des animaux comme machines productives d'utilité, ou bien de fabriquer ou construire ces mêmes machines, c'est par l'appréciation ou la modification de l'individualité qu'il faut toujours commencer, pour arriver sûrement et promptement au but de l'entreprise zootechnique. Les preuves de cette proposition sont réservées ; elle n'est formulée ici que pour faire bien sentir l'importance pratique du fait sur lequel nous voulons insister, en établissant sa caractéristique.

Celle-ci, pour ce qui concerne les formes ou les apparences superficielles, n'a guère besoin d'être détaillée. Il est de connaissance vulgaire que dans chacune des variétés de la même race, il y a toujours des individus qui se distinguent des autres par une conformation qui s'éloigne moins ou se rapproche davantage du but assigné à la perfection possible de leur variété. L'aptitude laitière d'une variété ou seulement d'un groupe quelconque de vaches, par exemple, s'exprime toujours par un nombre moyen, ce qui indique par là même, dans le groupe, un maximum et un minimum, et presque autant d'intermédiaires entre les deux qu'il y a d'unités dans ce groupe. Les différences expriment autant d'individualités sous le rapport du volume et de l'activité des mamelles, étant entendu que toutes les vaches sont soumises aux mêmes conditions de régime général. Il est également de connaissance vulgaire que dans un troupeau de moutons mérinos, les toisons de même âge n'ont pas toutes ni le même poids, ni la même étendue, ni la même longueur, ni la même finesse de brin, non plus que la même proportion de suint. Les différences sont encore ici des expressions de l'individualité. Elles tiennent à l'abondance et à l'activité des glandes de la peau, ainsi qu'à l'abondance et à la capacité des follicules laineux, qui appartiennent à l'ordre des qualités individuelles.

Nous pourrions multiplier beaucoup les exemples du même genre ; mais ce serait évidemment superflu, ceux qui précèdent étant suffisants pour faire bien comprendre les attributs de l'individualité dont il s'agit. Il vaudra

mieux entrer dans plus de détails en ce qui concerne
ceux dont la manifestation ne se constate que par
l'expérience. Ceux-ci sont encore plus à considérer, eu
égard à leur valeur pratique, et l'acquisition de la connaissance de leur existence est une des conquêtes les
plus importantes de la zootechnie expérimentale moderne.
Ils avaient échappé à nos devanciers, ou du moins on ne
rencontre, dans leurs écrits, nulle trace bien nette de
l'impression ou de la notion qu'ils en ont pu avoir.

C'est surtout par ce que nous nommerons l'aptitude
nutritive ou faculté d'utiliser les matières alimentaires,
les principes immédiats et les sels nutritifs, que
l'individualité exerce son influence d'une manière non
douteuse. Et à cet égard elle a, au point de vue
zootechnique, une portée sur laquelle il ne sera sans
doute pas besoin d'insister. Il est évident de soi que la
recherche de l'individualité la plus puissante dans la
direction en question doit être la préoccupation constante
de l'exploitant d'animaux, la fonction principale, sinon
unique, des machines animales étant de transformer en
produits utiles les aliments qu'elles consomment, en ne
laissant que le minimum de résidus.

Gustave Kühn (1) a exécuté à la station de Moeckern,
avec le concours de plusieurs assistants, de longues
séries de recherches ayant pour objet de déterminer
l'influence de la composition de la ration alimentaire sur
a composition du lait produit par les vaches. De plus de
quarante expériences dans lesquelles le lait de chaque
jour a été analysé complètement durant quinze jours
pour chaque vache, il a été autorisè à conclure que les
proportions centésimales des divers éléments constituants
du lait restent sensiblement invariables, en tant que
matières sèches, quel que soit l'aliment complémentaire
ajouté, pour une même richesse en matières azotées, à la
ration normale. A ce titre, les résultats de ces expé-

(1) *Versuche über den Einfluss der Ernaehrung auf die Milch-
production des Rindes,* in *Journal für Landwirthschaft,* 2e et
3e trimestres 1874.

riences sont fort intéressants, et nous aurons occasion d'y revenir quand nous nous occuperons de la production du lait. En ce moment, c'est à un autre point de vue, qui n'a du reste point fixé l'attention de l'auteur, que nous allons extraire de ses tableaux analytiques des faits démonstratifs de l'individualité.

La première expérience a été faite avec deux vaches hollandaises, dont l'une pesait 504 et l'autre 506 kilog.; celle-ci avait vêlé le 7 et la première le 17 décembre 1869. Il n'eût été guère possible de se placer, sous le rapport des individus choisis, dans des conditions plus semblables. Chez la première, le minimum journalier de matière sèche dans le lait a été 10,59 p. 100, celui de beurre 2,69; le maximum de matière sèche, 11,35, celui de beurre 3,19. Chez la seconde, le minimum de matière sèche a été 10,43, celui de beurre 2,53; le maximum de matière sèche 11,18, celui de beurre 2,96. Le lait de la seconde vache s'est donc montré beaucoup moins riche que celui de la première, et cependant elles appartenaient toutes deux à la même variété, et, placées dans les mêmes conditions d'habitation, elles recevaient la même ration alimentaire, dont la composition avait été déterminée par l'analyse, comme dans les autres cas que nous allons examiner.

A une nouvelle série d'expériences exécutées durant les années 1872 et 1873 ont servi quatre vaches, dont deux de la variété de Voigtland et deux de celle de Dessau.

Des deux vaches de Voigtland, la première a montré dans son lait un minimum journalier de 11,15 de matière sèche p. 100 et de 2,21 de beurre; un maximum de 11,82 de matière sèche et de 3,44 de beurre; la seconde, un minimum de 12,44 de matière sèche et de 3,35 de beurre, et un maximum de 13,28 de matière sèche et de 4,38 de beurre. La différence entre ces deux vaches est encore plus grande que pour le premier cas rapporté plus haut.

Des deux vaches de Dessau, la première a donné un lait contenant au minimum 10,92 de matière sèche p. 100 et 2,81 de beurre; un maximum de 11,82 de matière sèche et de 3,44 de beurre ; la seconde, un minimum de 11,29 de matière sèche et de 2,92 de beurre, et un maximum de 12,04 de matière sèche et de 3,40 de beurre. Ici, la différence est faible.

Chez toutes les six vaches considérées, dans les cas que nous avons choisis, rien n'ayant différé que les individus, il est impossible de ne pas attribuer à l'individualité même les différences constatées dans la composition du lait produit ; il est clair qu'elles dépendent de l'aptitude individuelle des mamelles, ou pour mieux dire des propriétés mêmes des éléments glandulaires, des cellules épithéliales de celles-ci.

Il est depuis longtemps connu des agriculteurs praticiens que, parmi un grand nombre d'animaux de la même race, quelques individus se font toujours remarquer par la faculté qu'ils ont de tirer de leur alimentation un meilleur parti que celui qui en est tiré par la généralité, tandis que d'autres, au contraire, restent de beaucoup au-dessous de celle-ci, sous le même rapport. On dit vulgairement des premiers qu'ils sont « d'une bonne nature, » qu'ils sont « tendres, » et des autres, par opposition, qu'ils sont « durs » ou de « mauvaise nature. » C'est donc là un fait qui, dans son expression générale, n'aurait point de chances d'être contesté ; mais sa constatation ne peut qu'acquérir une valeur encore plus grande par les vérifications expérimentales nombreuses et précises dont il a été l'objet. Nous citerons d'abord celle qui est due à H. Weiske et qui a été exécutée à Proskau, avec le concours de E. Wildt, R. Pott et O. Pfeiffer, ses assistants (1).

« Dans le troupeau de béliers de notre domaine, dit Weiske, se trouvaient quelques individus qui se distinguaient des autres, malgré l'égalité de la nourriture, de l'âge et de la race, par un poids vif particulièrement élevé,

(1) *Versuche über die Ausnutzung ein und desselben Futters durch verschiedene Individuen gleichen Alters und gleichen Race*, in *Journal für Landwirthschaft*, Zweiter Heft, p. **147** et suiv., avril à juin **1874**.

tandis que quelques autres, qui durant l'allaitement n'avaient pas été nourris aussi fortement que les premiers, leur nourrice étant insuffisante, se montraient plus tard mauvais assimilateurs des aliments et restaient beaucoup en retard des autres animaux, malgré leur alimentation égale.

« Trois de ces béliers, appartenant tous à la variété southdown, âgés environ de sept à huit mois, et qui avaient été jusque-là nourris uniformément avec du foin de pré, du trèfle et de l'avoine, furent disposés pour entreprendre l'expérience que nous avions en vue. Le n⁰ 1 a pesé, le 6 mars 1873, 42,5 livres; le n⁰ 2, 72,5 livres, et le n⁰ 3, 90 livres. Le n⁰ 2 pouvait être considéré comme représentant la moyenne normale du troupeau, tandis que le n⁰ 1 se montrait incomparablement plus mauvais; le n⁰ 3, au contraire, se distinguait comme très-bon assimilateur.

« On chercha d'abord à déterminer le besoin journalier alimentaire des trois béliers, qui étaient placés dans trois stalles séparées, construites expressément pour des expériences telles que celles dont il s'agit. Chacun des animaux devait recevoir de la nourriture déjà consommée précédemment, et consistant en foin de pré, trèfle et avoine, autant qu'il lui serait possible d'en consommer. »

Après des essais plusieurs fois répétés, les rations individuelles furent fixées. L'auteur en calcule le quantum en matière sèche, pour 100 de poids vif, et il résulte de son calcul que ce quantum s'est trouvé proportionnellement le plus faible pour le n⁰ 2, le plus fort pour le n⁰ 1; le milieu était par conséquent tenu par le n⁰ 3.

Les trois animaux ont été ensuite nourris d'après ces données, durant tout le temps de l'expérience, qui a été commencée réellement le 23 mars et terminée le 31. Durant ce temps, on a fait, comme d'habitude dans ces sortes de recherches, le bilan journalier de chaque animal, et ce bilan a conduit aux conclusions suivantes, eu égard à ce que nous nommerons les coefficients individuels de puissance digestive :

Pour le n⁰ 1, ces coefficients ont été : 0,6071 quant à la substance organique totale ; 0,5591 quant à la protéine ;

0,6045 quant aux matières grasses ; 0,6831 quant aux extratifs non azotés ; et 0,4103 quant au ligneux.

Pour le n° 2, ils ont été : 0,6779 quant à la substance organique totale ; 0,5860 quant à la protéine ; 0,7271 quant aux matières grasses ; 0,7351 quant aux extractifs non azotés ; et 0,5575 quant au ligneux.

Pour le n° 3, ils ont été : 0,6275 quant à la substance organique totale ; 0,5702 quant à la protéine ; 0,7327 quant aux matières grasses ; 0,69 quant aux extractifs non azotés ; et 0,4832 quant au ligneux.

On voit que pour chacun des éléments nutritifs considérés, les trois coefficients individuels sont différents, et que par conséquent la puissance digestive a varié comme les individus.

En ce qui concerne maintenant la façon dont les éléments nutritifs digérés ont été utilisés, le n° 1 a gagné 147 grammes de poids vif par jour ; le n° 2, 176gr 5 ; le n° 3, 235gr 3. En rapportant ces gains divers à un poids initial uniforme de 50 kil., on arrive à obtenir, pour le n° 1, un produit de 337gr 9 par jour ; pour le n° 2, un produit de 243gr 4 ; et pour le n° 3, un produit de 260 grammes. Enfin, en calculant la substance sèche digestible employée pour obtenir les augmentations de poids vif indiquées, on constate qu'il en a fallu 939gr 5 chez le n° 1 ; 597gr 4 chez le n° 2, et 828 grammes chez le n° 3.

« Par conséquent, conclut Weiske, non seulement sous le rapport de l'aptitude digestive, mais aussi sous celui de l'aptitude productive, le bélier n° 2 occupe le premier rang. Par contre, la relation entre le bélier n° 1 et le bélier n° 3 se montre tout autre. Si nous considérons toutefois le temps un peu court de sept jours comme suffisant pour autoriser un jugement, nous arrivons à ce résultat que le bélier n° 1 a tiré d'une quantité égale de substance sèche digérée plus de poids vif que le bélier n° 3, et que dans ce cas, conséquemment, l'aptitude productive a été inversement proportionnelle à l'aptitude digestive. D'où il suit que le bélier n° 3 a montré l'aptitude productive relativement la plus faible. »

Dans le troupeau de Grignon, on pèse exactement chaque mois les agneaux, à partir de leur sevrage. Voici des résultats, pour l'année 1874-1875, qui ne seront pas moins significatifs que les précédents :

L'agneau n° 8, né le 20 mars, pesait le 20 mai 19 kil. ; le 20 janvier suivant, son poids a été de 58 kil. Le n° 1, né le 24 mars, a pesé aux mêmes dates 20 kil. et 72 kil. Avec un kilogramme de poids initial en plus, le second en a donc gagné dans le même temps et avec la même alimentation 50 kil., tandis que le premier n'en gagnait que 39, c'est-à-dire une différence de 13 kil. L'aptitude individuelle à utiliser les aliments, chez le n° 1, s'est ainsi montrée d'un tiers plus forte que chez le n° 8. Aussi ce dernier a-t-il été alors réformé comme insuffisant en qualité de reproducteur.

L'agneau n° 19, né le 24 mars, pesait le 20 mai 17 kil. ; le 20 janvier, il a pesé 60 kil. Le n° 3, né le 22, pesait aux mêmes dates 23k 5 et 79 kil. Pour une différence initiale de 6k 5, la différence finale a donc été ici de 19 kil. Le n° 17, né le 17 mars et qui pesait, lui aussi, le 20 mai 23k 5 comme le précédent, n'a pesé le 20 janvier que 62 kil. Il avait gagné par conséquent 17 kil. de moins dans le même temps et avec la même alimentation. Le 20 avril, date de leur dernier pesage, le dernier n'avait atteint que 80k 5, tandis que l'autre était arrivé à 94k 5.

Ces faits se rapportent à des mâles southdowns ; ceux qui concernent les shropshiredowns n'en diffèrent point. Des deux agneaux n°s 113 et 108, par exemple, qui pesaient l'un et l'autre 24 kil. le 20 mai, le premier a pesé 97 kil. le 20 avril suivant et le second 107 kil., soit une différence de 10 kil. en faveur du dernier. Il est curieux de suivre la progression de ces différences d'aptitude individuelle, en notant pour chacun la série des poids mensuels.

Pour le premier, n° 113, cette série est la suivante :

24 : 34,5 : 41 : 47 : 49,5 : 52 : 58 : 63,5 : 70 : 76 : 84 : 88 : 97.

Pour le n° 108, le second :

24 : 34 : 43 52 : 54 : 55 : 63 : 70 : 77 : 84 : 93 : 100 : 107.

On voit que dans les deux cas la progression est parfaitement régulière, et que par là même elle est bien l'expression de la loi naturelle de l'individualité, sous le rapport considéré.

Nous allons voir maintenant qu'elle ne se manifeste pas moins chez les femelles que chez les mâles.

L'agnelle southdown n° 77, née le 10 mars, pesait le 20 mai 21 kil. ; le 20 avril 1875, elle a pesé 55 kil. L'agnelle n° 97, née le 19 mars, neuf jours plus tard, pesait à la même date du 20 mai 23 kil., et à celle du 20 avril suivant 70 kil., soit une différence finale de 15 kil. pour une différence initiale de 2 kil. seulement.

Voici, pour ces deux jeunes femelles, la série des poids mensuels :

Agnelle n° 77.... 21 : 29 : 30 : 31,5 : 35 : 39 : 41 : 44 : 49 : 50 : 53 : 55.
Agnelle n° 97.... 23 : 27,5 : 31 : 37 : 42,5 : 48 : 50 : 53. 59 : 63 : 65 : 70.

Le n° 83, née le 10 mars, pesait le 20 mai 18 kil. et le 20 avril 56 kil. ; le n° 87, née treize jours plus tard, le 23, pesait le 20 mai 19ᵏ5 et le 20 avril 67 kil.

De même pour les agnelles shropshiredowns. Le n° 537, née le 21 mars, pesait au 20 mai 20 kil. ; le 20 avril, elle a pesé 54 kil. Le n° 531, née le 17 mars, pesait également 20 kil. le 20 mai ; le 20 avril, elle a pesé 65 kil., soit 11 kil. de gain en plus pour le même temps et la même alimentation.

La démonstration de l'individualité, à ces points de vue si importants pour la zootechnie, paraîtra sans doute absolument concluante. On y verra que dans la pratique il ne peut pas suffire de considérer la race ni même les antécédents de la famille, ainsi que l'ont préconisé nos devanciers les plus avancés, et que s'y conforment la plupart des éleveurs et des exploitants d'animaux réputés les plus progressistes. Pour opérer à coup sûr, il importe encore, évidemment, de ne point négliger de tenir compte de l'aptitude individuelle. Plus nous avançons dans nos études scientifiques et expérimentales, plus nous inclinons, pour notre compte, à lui accorder la prééminence sur toutes les autres considérations. Et c'est pourquoi nous insistons pour mettre en pleine lumière la réalité de la loi naturelle dont elle dépend.

Un point sur lequel il est très-important que l'on soit bien mis en garde par la notion précise de cette loi, c'est celui qui concerne le jugement à porter sur les résultats des recherches analytiques relatives à l'alimentation, dont la valeur générale est d'ailleurs si grande pour quiconque sait les interpréter et les approprier aux cas particuliers. Dans l'institution des expériences du genre de celles dont nous parlons, il peut être considéré comme à peu près impossible d'éliminer complètement l'influence qu'exerce, par la nature même des choses, l'individualité des sujets choisis. Bon nombre de résultats, devenus classiques en France et répétés comme tels par tous les auteurs, sont à rejeter purement et simplement pour ce motif.

Si les zootechnistes allemands contemporains ne s'y sont que peu ou point arrêtés, il n'est que juste de dire qu'il n'en a pas été ainsi des expérimentateurs. Henneberg, en particulier, a insisté à plusieurs reprises sur ce point délicat de l'expérimentation physiologique appliquée à la détermination des coefficients de digestibilité, par exemple; et tous se montrent convaincus que seules les valeurs moyennes tirées d'un grand nombre de recherches effectuées sur des individus différents méritent quelque confiance, parce qu'il y a probabilité suffisante pour la neutralisation des influences individuelles agissant dans des sens opposés. Nul ne présente ces valeurs comme absolues, et aucun savant n'a jamais prétendu qu'il puisse en être fait usage utilement sans avoir égard aux circonstances variables, dont l'individualité même du sujet de leur application est la principale.

Ainsi que nous avons eu l'occasion de le faire remarquer nous-même (1), ces valeurs ne sont rien autre chose que des points de repère pour guider dans la pratique de l'alimentation des animaux ; elles ne sauraient dispenser

(1) *Conférence sur les bases scientifiques de l'alimentation*, au concours régional de Nantes de 1874, p. 15.

des qualités qui font le praticien habile, du tact sensé qu
fait l'observateur attentif et judicieux.

Pour la digestibilité de la protéine du foin de pré par
les bœufs, Henneberg et Stohmann ont trouvé le coefficient 0,64; Henneberg, G. Kühn, H. Schultze et Arons-
tein, les coefficients 0,56, 0,70, 0,61 et 0,71 ; G. Kühn,
Aug. Schmidt et B.-E. Dietzel, les coefficients 0,602,
0,629, 0,587 et 0,632. Chez des vaches, G. Kühn et
M. Fleischer ont trouvé les coefficients 0,548, 0,549, 0,591.
Pour celle du ligneux, qui varie entre des limites encore
plus écartées, les mêmes auteurs ont trouvé, dans les
mêmes cas, les coefficients 0,57, 0,65, 0,60, 0,64, 0,68,
0,724, 0,715, 0,712, 0,701, 0,594, 0,606 et 0,644 (1). Il va
sans dire que les sujets en expérience avaient été choisis
aussi semblables que possible.

Pour la digestibilité de la protéine du trèfle rouge consommé aussi par des bœufs, Henneberg, Stohmann,
G. Kühn, H. Schultze et M. Maercker ont trouvé les coefficients 0,51, 0,50, 0,53, 0,51, 0,57, 0,53 ; G. Kühn, M. Fleischer et A. Striedter ont trouvé 0,703 et 0,692. Pour celle
du ligneux, les mêmes expérimentateurs ont trouvé 0,38,
0,40, 0,38, 0,39, 0,43, 0,41, 0,516 et 0,524. Chez les moutons, E. Wolff et C. Kreuzhage ont trouvé comme coefficients de la première 0,5894, 0,5970, 0,6028, 0,6462 et
0,6368 ; du second, 0,5097, 0,5148, 0,5255, 0,5239 et
0,5123 (2).

Il serait superflu de multiplier ici les exemples du
même genre. On en trouvera en abondance, pour toutes
les matières alimentaires qui ont été expérimentées, dans
l'ouvrage cité, qui offre l'avantage de rassembler les
résultats épars dans les diverses publications périodiques
ou autres. Ceux qui précèdent suffisent pour justifier
notre affirmation et nous faire atteindre notre but.

Différences d'âge. — En outre des variations relatives
aux individus comparés entre eux, et qui caractérisent ce

(1) Th. DIETRICH und J. KOENIG, *Zusammensetzung und Verdau-
lichkeit der Futterstoffe*, p. 57. Berlin, Julius Springer, 1874.
(2) *Ibid.*, p. 60.

que nous avons nommé l'individualité, il y a en a encore
d'autres relatives à l'individu lui-même, considéré aux
divers âges de sa vie. Il est connu que celle-ci se divise
en plusieurs périodes, qui sont celles de la jeunesse ou
période de croissance, de l'âge adulte ou période de maturité, et de la vieillesse ou période de décrépitude.

Les modifications que l'évolution de ces trois périodes
amène dans l'aspect extérieur de l'individu sont également bien connues. Tout le monde sait, par exemple, que
plus l'animal se rapproche du moment de sa naissance,
plus ses membres sont fortement développés en proportion de son corps. L'harmonie n'est complètement établie
que quand il a atteint l'état adulte. On sait aussi que
le jeune animal ne conserve pas au delà de la première
année de sa vie les poils ou parties pileuses avec lesquelles il est né ; que leur forme, leur diamètre et le plus
souvent leur couleur changent au moment de la première
mue. Les dents apparaissent successivement et sont ensuite successivement remplacées par des permanentes,
durant la jeunesse, comme nous l'avons vu, et il en est
de même pour l'apparition des cornes frontales qui, chez
certains genres, se manifestent à des époques diverses
de la période de jeunesse.

Nous avons vu également l'influence qu'exerce sur les
formes corporelles, ou plutôt sur leur mode de développement, la première manifestation de l'instinct génésique,
ayant pour effet de déterminer la différenciation sexuelle.
L'époque de cette première manifestation n'est point fixe
pour tous les genres d'animaux domestiques qui nous
intéressent. Elle dépend de la durée normale de la période
de jeunesse ou de croissance, qui varie elle-même selon
les genres. Cependant on peut dire, en thèse générale,
qu'elle ne dépasse guère la première année de l'existence,
et que chez les genres les plus tardifs c'est à partir de la
deuxième année que commencent à s'accuser les formes
individuelles.

L'étude des lois de leur évolution serait, à notre point
de vue spécial, d'une très-grande importance, car il y a
toujours un avantage considérable à prévoir l'avenir des

jeunes animaux, sous ce rapport, quand ils sont élevés en vue de la reproduction. Malheureusement, ces lois n'ont pas encore été dégagées assez nettement pour qu'elles puissent faire l'objet d'un enseignement didactique. Nous sommes réduits à nous efforcer d'en acquérir la notion synthétique, par l'observation directe du plus grand nombre possible de jeunes animaux en voie de croissance, c'est-à-dire par la pratique ou par l'apprentissage. Quant aux modifications qu'amène la décrépitude ou la période de vieillesse, elles n'ont pour nous aucun intérêt, l'exploitation des animaux dans cette période de leur vie étant bannie de la zootechnie scientifique.

Mais sur un autre point, non moins intéressant que le premier, de la période de jeunesse, nous avons des données aussi précises que possible, sur lesquelles nous allons entrer dans les détails. Il s'agit des variations de l'aptitude digestive, dont la connaissance importe au même degré pour tous les modes d'entreprises zootechniques. L'expérimentation est intervenue à leur égard dans la plus large mesure, et elle nous a fourni des résultats d'un caractère tout à fait scientifique et par conséquent d'une solidité inébranlable.

Les nombres représentant la marche de la croissance des agneaux du troupeau de l'École de Grignon, que nous avons donnés plus haut, peuvent nous servir d'abord à établir un premier fait. Prenons, par exemple, la progression de l'agnelle n° 97, pesée de mois en mois, la première fois le 20 mai 1874 et la dernière fois le 20 avril 1875. Cette progression est exprimée par les nombres suivants, qui ne sont pas ceux d'une progression arithmétique régulière, bien entendu :

20 mai.	20 juin.	20 juillet.	20 août.	20 septembre.	20 octobre.
23	27,5	34	37	42,5	48

20 novembre.	20 décembre.	20 janvier.	20 février.	20 mars.	20 avril.
50	53	59	63	65	70

Dans le premier mois, l'accroissement a été ainsi de....... $27,5 - 23 = 4^k 5$ ou 19,5 p. 100 du poids initial;

Dans le deuxiè-me, il a été de.	34	— 27,5 = 6^k 5 ou 23,6 p. 100 du poids initial;
Dans le troisième, il a été de.....	37	— 34 = 3^k ou 8,8 p. 100;
Dans le quatriè-me, il a été de.	42,5	— 37 = 5^k 5 ou 14,8 p. 100;
Dans le cinquiè-me, il a été de.	48	— 42,5 = 5^k 5 ou 12,9 p. 100 ·
Dans le sixième, il a été de.....	50	— 48 = 2^k ou 4,2 p. 100
Dans le septième, il a été de.....	53	— 50 = 3^k ou 6 p. 100
Dans le huitième, il a été de.....	59	— 53 = 6^k ou 11,3 p. 100;
Dans le neuviè-me, il a été de.	63	— 59 = 4^k ou 6,7 p. 100;
Dans le dixième, il a été de.....	65	— 63 = 2^k ou 4,1 p. 100;
Enfin dans le on-zième, il a été de...........	70	— 65 = 5^k ou 7,6 p. 100.

Le maximum de poids que puisse atteindre une brebis southdown à la fin de la seconde année étant d'environ 80 kil., il est clair que celle dont il s'agit ici n'a pu gagner que 10 kil. dans les dix mois suivants, soit une moyenne de 1 kil. par mois ou seulement environ 1,3 p. 100 de son poids.

La série des accroissements proportionnels que nous venons de calculer mois par mois, durant la période de jeunesse de la brebis considérée, n'est pas régulièrement décroissante ; la courbe qu'on en pourrait tracer présen-terait, de son point de départ à son point d'arrivée, des relèvements accidentels, dus évidemment à des circons-tances extrinsèques ou étrangères au phénomène que nous étudions ; un seul de ces relèvements, toutefois, atteindrait la hauteur de l'ordonnée du point de départ de la courbe. Celui-ci étant ici = 19,5 p. 100, la courbe se releverait tout de suite à 23,6, pour descendre ensuite en oscillant jusqu'à 1,3. Nous avons la série des nombres 19,5 — 23,6 — 8,8 — 14,8 — 12,9 — 4,2 — 6 — 11,3 — 6,7 — 4,1 — 7,6 — et enfin 1,3 comme représentant la **moyenne d'une nouvelle période annuelle.**

En négligeant les points intermédiaires qui peuvent avoir été troublés, nous avons pour la première série les nombres 19,5 — 14,8 — 12,9 — 11,3 — 7,6, qui est bien progressivement décroissante.

Le phénomène est ainsi nettement caractérisé, et il montre jusqu'à l'évidence ce fait, qui avait d'ailleurs plus besoin d'analyse que de démonstration, savoir que chez les jeunes animaux la puissance d'assimilation est à son maximum au moment de leur naissance et qu'elle décroît ensuite régulièrement jusqu'à l'âge adulte, où elle se maintient invariable durant un certain temps, pour décroître encore de nouveau pendant la vieillesse.

Cette plus grande puissance d'assimilation, chez les animaux jeunes, se manifeste particulièrement pour les matières azotées ou protéiques et pour l'acide phosphorique qui les accompagne toujours en proportion déterminée dans les aliments. Il en est ainsi évidemment parce que ces deux sortes de substances sont les matériaux essentiels de leur construction, squelette et parties molles.

Le squelette surtout les exige impérieusement pour acquérir, dans le temps normal, son complet achèvement. Chez le mouton adulte, par exemple, les analyses de Bibra ont fait voir qu'il était composé en moyenne de 29,68 p. 100 de matière organique azotée ou cartilagineuse et de 69,62 de matières minérales. Il n'y a que 0,70 de matière grasse. Chez le jeune bélier mérinos commun dont l'analyse figure dans notre mémoire sur la théorie de la précocité, et qui était âgé de quinze mois seulement, la proportion des matières organiques a été trouvée de 38,6 p. 100 et celle des matières minérales de 61,4. Cette différence de 8,92 p. 100 en plus dans la matière organique azotée des os jeunes indique assez le besoin, pour leur construction, d'une alimentation proportionnellement plus riche en protéine. Et à cet égard, l'ordre naturel même des choses, ainsi que nous l'avons déjà fait remarquer dans l'occasion rappelée tout à l'heure, suffit pour rendre évidente la relation sur laquelle nous appelons de nouveau l'attention. Les résultats de l'expérimentation ne font que la confirmer.

En effet, nul n'ignore que le lait maternel est, pour tous les jeunes mammifères sans exception, l'aliment complet par excellence. Il contient, dans les proportions les plus conformes aux nécessités physiologiques, tous les éléments qui entrent dans la constitution des tissus animaux, et ces éléments nutritifs atteignent, chez le jeune animal à la mamelle, leur coefficient maximum de digestibilité. Or, quelles que soient les variations qui se présentent entre les éléments solides que contient le lait, quant à leurs proportions relatives, ces variations se produisent dans un sens tel, que la relation entre les matières protéiques, d'une part, et les matières organiques non azotées, de l'autre, ne s'éloigne jamais guère de 1 : 2.

Les jeunes pousses des herbes de prairie, qui succèdent naturellement au lait maternel dans l'alimentation des animaux que nous avons en vue, contiennent au maximum 18,4 de protéine, 6,8 de matières grasses et 49,7 d'extractifs non azotés :

$$\frac{18,4}{6,8 + 49,7} = \frac{1}{3}$$

Cette relation s'abaisse progressivement jusqu'au moment où elles sont en fleurs, et alors elles contiennent au maximum 6 de protéine, 1,5 de matières grasses et 22,8 d'extractifs.

$$\frac{6}{1,5 + 22,8} = \frac{1}{4}$$

Enfin lorsqu'elles sont complètement mûres et desséchées, elles contiennent 8,5 de protéine, 3,0 de matières grasses et 38,3 d'extractifs non azotés.

$$\frac{8,5}{3,0 + 38,3} = \frac{1}{4,8} \text{ ou en nombre rond } \frac{1}{5}$$

Tout cela concorde pour montrer que naturellement les animaux ont besoin d'une proportion d'autant plus forte de protéine dans leur alimentation qu'ils sont plus jeunes, leur

coefficient digestif individuel croissant en raison inverse
de leur âge. Et la loi naturelle ainsi mise en évidence,
sur ce point comme sur tous les autres relatifs à l'individu, que nous avons déjà passés en revue, est pratiquement la plus importante, de toutes, parce qu'elle est
la plus générale. Aucun individu n'y échappe, et sa connaissance fait voir clairement que dans l'exploitation
agricole les sujets les plus jeunes sont toujours les plus
avantageux à entretenir, puisque ce sont ceux qui, pour
la même dépense de matières premières, donnent le plus
fort rendement, d'après ce que nous venons d'établir. Ce
sont ceux sur lesquels, comme nous le verrons plus tard,
les méthodes zootechniques ont le plus de puissance, et
que nous pourrons par conséquent le mieux diriger dans
le sens de notre plus grande utilité.

Des expériences directes de Wilckens (1) ont montré
les inconvénients qu'il y a à ne pas tenir compte de cette
loi dans le traitement des jeunes animaux.

Elles conduisent à la conclusion générale que le développement est d'autant plus favorisé qu'ils reçoivent
une alimentation plus conforme aux exigences de leur
âge, c'est-à-dire d'autant plus concentrée ou plus riche
en protéine qu'ils sont plus jeunes. C'est sur quoi
nous insisterons quand nous en serons à ce qui concerne la théorie des méthodes zootechniques. En ce moment il faut nous en tenir seulement à la constatation de
la loi naturelle qui nous impose l'obligation de classer les
individus selon la période de leur vie ou selon l'âge auquel
ils sont arrivés, pour les traiter conformément aux données de la science.

Définition de la famille. — Au sens le plus restreint,
le mot famille signifie, en langue française, un groupe composé d'un homme, d'une femme et de leurs enfants. Par
extension, il comprend aussi les collatéraux, c'est-à-dire
les oncles, tantes, neveux et nièces, c'est-à-dire toutes
les personnes unies entre elles par ce qu'on appelle les
liens du sang ou de la parenté. Mais en ce sens étendu, au

(1) *Journal für Landwirthschaft*, de Henneberg, 1865, p. 448.

delà d'un petit nombre de générations, il ne s'applique
qu'aux familles nobles ou illustres particulièrement, divisées en plusieurs branches, parce que son application
exige l'existence d'une généalogie conservée avec soin,
la parenté éloignée se perdant facilement lorsqu'elle ne
peut se conserver que par la tradition orale. C'est pourquoi la législation a fixé au douzième degré, ainsi que
nous l'avons mentionné déjà, la parenté ouvrant le droit
de succéder aux biens.

C'est en ce dernier sens surtout que la notion de famille
est comprise pour les animaux qui font l'objet de la
zootechnie. A la tête de chaque famille animale connue,
il y a un chef plus ou moins renommé, qui lui donne son
nom. Ce chef, ici où ne règne point la loi salique, peut
être aussi bien une femelle qu'un mâle. Ainsi, par
exemple, dans la variété des courtes-cornes de Durham,
on distingue les familles de *Duchess*, de *Clarissa*, etc.;
dans celle des chevaux de course, la famille d'*Éclipse*; et
l'on dit communément que les descendants de ces chefs
de famille sont de leur sang, ce que les livres généalogiques, *Stud-Book* ou *Herd-Book*, ont pour but de constater. Cependant la plupart des éleveurs trouvent plus
exact et plus commode pour la pratique la méthode qui
consiste à choisir la mère comme souche de famille, et
c'est d'après cette méthode que sont dressés les arbres
généalogiques ou *Pedigree* anglais.

Cette notion de la famille, ainsi définie, a une grande
importance au point de vue du fonctionnement des lois
de l'hérédité, en particulier à celui de la constance des
qualités ou propriétés physiologiques acquise, dont la
puissance héréditaire est, comme nous le savons, en raison
de leur ancienneté dans la famille à laquelle appartient le
reproducteur considéré. Elle précise le sens du mot
origine, dont il est fait un fréquent usage dans le langage
des éleveurs.

Il n'y a donc point, ainsi qu'on le voit, de différence
sensible entre la notion de famille telle que l'usage séculaire l'a fait adopter pour les sociétés humaines et celle
qui se rapporte aux sujets de la zootechnie. Dans les deux

cas, il s'agit de même de la descendance d'un individu déterminé et connu ; le terme se réfère exclusivement à la faculté propre aux êtres vivants de se reproduire par génération.

C'est par un abus regrettable de l'analogie que, dans la nomenclature des sciences naturelles, ce terme a été détourné de son sens exact. Au lieu de le maintenir aux individus issus les uns des autres depuis un nombre déterminé de générations, on l'a appliqué à ceux qui, sans être parents à aucun degré, présentent certaine communauté de formes ou de caractères, et même à des corps bruts qui ne peuvent avoir aucune parenté. Les plantes ont été ainsi divisées en familles botaniques et les roches en familles minéralogiques, par des considérations purement morphologiques.

Il convient de renoncer à un tel abus linguistique dans la classification zoologique, pour conserver au terme de famille le sens précis de sa notion définie. Celle-ci implique nécessairement, chez les sujets auxquels elle s'applique, l'idée de descendance par génération sexuelle et celle de commencement par un couple. La descendance est plus ou moins nombreuse, selon le temps écoulé et aussi selon la fécondité des femelles. Sa notoriété est plus ou moins grande selon les qualités reconnues ou attribuées aux ancêtres jusqu'auxquels on la fait remonter ; et la conservation de la mémoire de ces mêmes ancêtres par tradition orale, mais surtout par écrit, au moyen des livres généalogiques, est précisément ce qui marque d'une manière précise les limites des familles, car, sans cela, leur notion se confondrait avec une autre de même ordre, que nous allons maintenant définir.

Définition de la race. — Dans le langage usuel ou spontané de tous les peuples de l'ancien continent, la notion de race n'est pas autre chose que l'extension de celle de famille. Les traducteurs de la Bible, par exemple, parlent indifféremment de la famille ou de la race d'Abraham, selon qu'il s'agit des commencements ou de la fin de l'histoire des personnages engendrés par lui et par ses descendants.

La race est donc exactement le plus grand collectif naturel d'êtres organisés issus les uns des autres, ou la plus grande collection d'individus représentant, dans le temps, la descendance d'un couple, comme la famille représente la plus petite. Une mère, un père et un produit de leur accouplement forment à eux trois, à la rigueur, une famille. Dans l'espace et au moment actuel, le père et le fils ou la fille, la mère et le fils ou la fille, suffisent même pour constituer cette famille. La langue donne aux individus qui se sont ainsi reproduits les noms de père et mère de famille. La race est la plus grande possible de toutes les familles, ou la collection de toutes les familles qui se sont succédé dans le temps comme résultant d'un premier couple ou d'un couple primitif.

La seule définition véritablement exacte et en même temps la plus brève de la race est donc celle qui consiste à dire que c'est la descendance d'un couple primitif.

Tout individu appartient nécessairement à une famille, par cela seul qu'il a eu un père et une mère ; il n'appartient pas nécessairement de même à une race, car il peut appartenir à plusieurs ; il peut avoir des ancêtres de races différentes, et même des parents immédiats qui ne soient pas issus du même couple primitif.

La notion de race ainsi définie implique forcément qu'il ne peut plus se former des races nouvelles, dans le sens exact du mot qui nous est donné par la linguistique.

Ce sens a été arbitrairement détourné depuis le siècle dernier par les naturalistes, et cela sans aucun avantage pour la justesse et la précision du langage, bien au contraire. Purement abstrait et se rapportant à la succession du temps, il a été rapporté à l'espace et concrété. Les définitions qui en ont été données depuis lors sont nombreuses et presque toutes différentes. La plus commune, parmi ces définitions, c'est-à-dire celle qui paraît réunir le plus de partisans zoologistes, la seule dont nous nous occuperons pour ce motif, consiste à considérer la race ocmme une variété constante de l'espèce, conséquemment

comme une catégorie morphologique du règne animal.
C'est, dit-on, une collection d'individus de même espèce,
se reproduisant entre eux avec certains caractères constants sous certaines conditions de milieu.

Il n'y a évidemment rien à gagner, ni pour la clarté, ni
pour la précision du langage scientifique, à admettre une
telle innovation. Pour faire juger de ses inconvénients, il
suffirait de passer en revue les énormes abus qui en ont
été faits. Nous les rencontrerons plus tard en décrivant
les populations animales qui nous intéressent. Conten-
tons-nous, quant à présent, de constater qu'il ne peut y
avoir aucun motif valable de substituer la notion de race
à celle de variété, qui servirait à en définir le sens
nouveau. Une race est une race, et une variété étant une
variété ne peut être une race. Si elle est douée de constance, elle sera qualifiée de constante, mais ne cessera
point pour cela d'être une variété. Par là, elle se distin-
guera des variétés accidentelles ou fortuites, par lesquelles
commencent du reste toujours nécessairement les variétés
constantes.

On voit par ces simples considérations, qui deviendront
encore plus frappantes quand nous aurons défini la
variété d'une façon précise, que les efforts pour substituer à l'ancienne et vulgaire notion de race une notion
prétendue scientifique n'ont abouti qu'à une véritable
confusion, dont les descriptions les plus répandues des
races animales nous donnent la parfaite image. On peut
hardiment défier quiconque de reconnaître, d'après ces
descriptions, les objets auxquels elles s'appliquent. Et il
ne pouvait guère en être autrement, du moment que la
notion de race a été ainsi détournée de son sens exact.

Le terme de race n'exprime et ne peut en réalité
exprimer que la loi naturelle en vertu de laquelle les
animaux jouissent de la faculté de se reproduire indéfiniment en perpétuant leur type. Ce terme se réfère exclusivement à la notion de temps ou de durée ; il embrasse,
ainsi que nous l'avons déjà dit, toute la série des générations successives issues d'un couple pris à un moment
indéterminé, admis comme celui de son commencement,

et dont l'origine nous est et nous sera peut-être toujours inconnue. La descendance actuelle de ce couple, qui représente la race dans l'espace, se rattache à lui par un nombre indéterminé de générations intermédiaires. Pour les races qui n'ont pas cessé d'être prospères ou en voie d'extension, la population de chacune de ces générations va régulièrement en diminuant à mesure que l'on remonte le cours des âges ; pour celles qui sont en décadence, elle va, au contraire, en augmentant dans le même sens jusqu'au point où elles avaient atteint leur état culminant.

Les hybrides, ou individus normalement inféconds entre eux, n'ont point de race. Il n'y a point, par exemple, de races de mulets, bien que parfois l'expression ait été employée par quelques écrivains inattentifs, prenant trop à la lettre la définition discutée plus haut, pour désigner les diverses variétés de ces animaux artificiellement produits. C'est en ce cas comme si l'on parlait de races de granites ou de races de chapeaux.

Il y a, dans le règne animal, plusieurs, et pour mieux dire, un grand nombre d'espèces de race, car chaque race, comme tous les objets naturels, est d'une espèce ou d'une sorte particulière. La définition classique nouvelle que nous venons de repousser, par des raisons que nous nous permettons de considérer comme péremptoires, conduit à admettre au contraire que dans chaque espèce animale il devrait y avoir plusieurs races, comme il y a, en effet, le plus souvent plusieurs variétés. Cette conception arbitraire donne une image fausse de l'ordre naturel des choses, que la classification des objets zoologiques a pour but de représenter et qui nous apparaîtra' en ce qui concerne la catégorie en question, d'une façon plus nette encore quand nous aurons dégagé complètement, par la définition de l'espèce, la loi fondamentale de la classification des êtres organisés.

Définition de l'espèce. — Isidore Geoffroy Saint-Hilaire (1) a présenté le tableau le plus complet qui

(1) I. Geoffroy Saint-Hilaire, *Histoire naturelle générale des règnes organiques*, t. II. chap. vi, p. 365. Paris, 1859

existe, à notre connaissance, des définitions diverses qui ont été données de l'espèce organique. Il a résumé les vues émises par les auteurs de tous les temps sur ce qu'il appelle les rapports des êtres actuels avec ceux des temps antérieurs. « On ne s'étonnera pas, dit-il en commençant, de voir la définition de l'espèce placée par les maîtres de la science au nombre des plus grands problèmes dont l'esprit humain ait à se préoccuper. Aussi n'en est-il pas un seul, en histoire naturelle, dont la solution ait été plus souvent, plus laborieusement cherchée. Depuis un siècle surtout, de Linné et de Buffon à Lamarck, à Cuvier, à Geoffroy Saint-Hilaire et à leurs disciples actuels, c'est une chaîne continue d'efforts toujours renouvelés, si bien que nous pourrions à peine citer une seule année qui n'ait eu, sinon son succès, du moins sa tentative de succès. »

Nous n'avons pas l'intention de profiter de la vaste érudition de cet auteur en étalant ici les faits historiques qu'elle lui a permis d'accumuler. Nous nous bornerons à choisir, parmi les nombreuses définitions qu'il a exposées, celles auxquelles les naturalistes contemporains se sont ralliés pour la plupart. Mais, auparavant, il faut remarquer, comme particularité des plus curieuses, l'exception qui caractérise, entre ces derniers, ceux qui ont la prétention de nous donner des éclaircissements sur l'origine des espèces. Dans l'ouvrage consacré à ce sujet par le principal d'entre eux (1), on chercherait en vain une définition de l'objet de ses dissertations. Les autres ont à cet égard parfaitement suivi son exemple, en sorte qu'on ne saurait point s'ils possèdent ou non une notion nette de ce dont ils parlent, s'il ne ressortait clairement des faits sur lesquels s'appuient leurs argumentations que cette notion est aussi vague que possible dans leur esprit.

---

(1) Ch. DARWIN, *On the origin of species by means of natural selection or the preservation of favoured races in the struggle for life.* London, 1866. Il en existe deux traductions françaises, dont une de Clémence Royer, Paris, G. Masson, et l'autre de J. Moulinié, Paris, Reinwald.

Les deux ordres de définitions auxquels se rapportent toutes celles aujourd'hui le plus généralement admises se rattachent d'une part à celle de Linné, d'autre part à celle de Buffon et de Lamarck.

La définition de Linné (1) se fonde sur la loi des semblables. *Simile semper parit sui simile* (« le semblable engendre toujours son semblable »), dit-il. Toute espèce est pour lui une suite (*series*) ayant pour origine un des couples ou des individus créés à l'origine des choses. *Species tot numeramus quot diversæ formæ in principio sunt creatæ* (« nous comptons autant d'espèces qu'il y a eu de formes créées à l'origine »). Donc, pour Linné, l'espèce est la suite des individus nés les uns des autres, toujours semblables, et seulement de plus en plus nombreux, conclut Isidore Geoffroy. Laissant de côté l'idée de création, qui est en dehors de la science, ne serait-il pas plus précis et plus exact de tirer des formules du grand naturaliste que pour lui l'espèce se définit par la diversité des formes originelles, *in principio*?

Avec Buffon apparaît une autre manière de l'envisager et de la définir. Nous prendrons la dernière expression de sa pensée sur ce sujet, à la date de 1765 : « L'espèce, dit-il, est une collection ou une suite d'individus semblables (2). » L'idée qui domine dans cette définition, de l'avis unanime des commentateurs de Buffon, est celle de la fecondité continue ou indéfinie des individus de même espèce.

Cuvier, dans une définition dont sa propre illustration a fait la fortune, a réuni en les conciliant, les idées de Linné et de Buffon. « L'espéce, a-t-il dit (3), est la collection de tous les corps organisés nés les uns des autres ou de parents communs, et de ceux qui leur ressemblent autant qu'ils se ressemblent entre eux. »

Enfin Lamarck (4) définit l'espèce une « collection d'in-

---

(1) *Systema naturæ*, 1735. — *Fundamenta botanica*, 1736.

(2) *Histoire naturelle*, t. XIII, p. j.

(3) *Tableau élémentaire de l'histoire naturelle*. Paris, in-8°, 1798, p. 11.

(4) *Discours d'ouverture d'un cours de zoologie pour l'an XI*. Paris, in-8°, 1803.

dividus semblables, que la génération perpétue dans le
même état tant que les circonstances de leur situation
ne changent pas assez pour faire varier leurs habitudes,
leur caractère et leur forme. »

Sans manquer au respect qui est dû à ces grands
génies, il sera permis de dire que toutes leurs définitions de l'espèce sont fautives par un point fondamental.
Elles ont été conçues comme si la notion en était particulière aux êtres organisés, végétaux et animaux, tandis
qu'elle est en réalité beaucoup plus générale, qu'elle
embrasse à la fois tous les corps, auxquels elle se
rapporte au même titre absolument. Elle se lie à la
notion d'être ou d'existence, dont elle est contempo-
raine dans l'esprit humain, car dès que celui-ci a constaté l'existence des corps, qu'ils fussent bruts ou organisés, son premier besoin n'a pu manquer d'être de les
distinguer et de les nommer ou de les désigner. Et du
reste, avec un peu de réflexion, on s'aperçoit qu'il n'en
est pas, dans le temps actuel, autrement à cet égard
qu'il en a toujours été. La tâche des naturalistes n'était
donc point de définir la notion d'espèce pour chacun
des ordres de corps existants, mais bien de la caractériser.

Cette notion se définit par l'usage même qui en est fait
chaque jour, à chaque heure et à chaque minute, pour
tout le monde, au sujet de tous les corps dont les formes
sont suffisamment différentes pour que leurs caractères
différentiels soient immédiatement saisis sans éducation
spéciale préalable de l'organe de la vision. Nul ne
manque de distinguer le silex du calcaire, le noyer du
pommier ou du cerisier, l'âne du cheval, le mouton du
bœuf; et pour établir les dernières distinctions, il ne
s'inquiète point de la question de savoir si les animaux
dont il s'agit sont ou non nés les uns des autres ou
de parents communs, ou s'ils resteront semblables entre
eux tant que les circonstances de leur situation ne chan-
geront pas.

La notion d'espèce est donc en elle-même parfaitement
définie. C'est purement et simplement une notion de

forme, qui, par conséquent, se rapporte à l'espace et non
point au temps. La notion d'espèce est la plus strictement objective de toutes celles que notre esprit peut concevoir, attendu qu'elle y éveille toujours l'idée de deux objets visibles au moins, qu'il s'agit de comparer pour les
distinguer.

C'est à ce titre, et pas à un autre quelconque, que le
mot qui l'exprime est dans toutes les langues qui nous
sont connues ; et il en est ainsi parce qu'elle est inhérente et adéquate à l'esprit humain, au lieu que son
dégagement soit, comme celui de beaucoup d'autres
notions, le résultat des efforts successifs des générations.
Elle est fixe ou invariable pour ce motif, et elle subsistera
autant que durera l'humanité, parce que, encore une
fois, le premier besoin de l'homme est de comparer ses
sensations, comme sa première faculté est de recevoir et
de percevoir les impressions que lui causent les objets
extérieurs à lui.

Pour les corps ou objets matériels, qu'ils soient bruts
ou organisés, la notion d'espèce correspond en conséquence à celle de forme typique ou distinctive, ou simplement à celle de type, qui n'aurait pas besoin d'être
définie (du grec τύπος, modèle, forme). Ces corps ou
objets sont reconnus comme étant de la même espèce,
lorsqu'ils se présentent avec les mêmes caractères essentiels de forme, lorsqu'ils sont construits sur le même
modèle, en un mot quand ils sont d'un même type. Par
exemple, toutes les monnaies frappées au même coin
sont de même espèce, ainsi que toutes les lettres imprimées avec le même caractère. Leur valeur relative peut
différer, parce qu'elle dépend de la valeur intrinsèque de
la matière même sur laquelle leur type a été frappé ou
imprimé ; mais elles ne changent point pour cela de
qualité spécifique : la monnaie reste française, alle-
mande, américaine, anglaise, italienne, russe ou suisse,
selon son type ; la lettre conserve son rang ou sa
place dans l'alphabet de la langue à laquelle elle appartient.

Ce sont les meilleures comparaisons que l'on puisse

choisir pour préciser la notion d'espèce en général, c'est-à-dire pour en faire saisir nettement la définition, attendu que dans les cas considérés, les deux corps bruts, coin ou type de monnaie et type d'imprimerie, ont avec les corps organisés la propriété commune de se reproduire. Le mode de reproduction diffère évidemment; mais peu importe, le phénomène n'en subsiste pas moins : les pièces de monnaie sont issues du coin, comme les individus d'une espèce végétale ou animale sont issus eux-mêmes du couple ou de l'individu fondateur de leur race. Il n'y a donc point de différence fondamentale, de différence essentielle, en tant qu'espèces, entre les espèces minérales, végétales ou animales, pas plus d'ailleurs qu'entre les espèces des ordres quelconques d'objets naturels ou artificiels : la notion se ramène toujours à une question de type différenciel ou spécifique, ou, en d'autres termes, de caractères exclusivement propres aux objets considérés.

Si maintenant, après avoir établi cette définition générale, nous voulons en formuler une qui soit particulièrement applicable aux animaux, si nous voulons. définir exactement et complètement l'espèce zoologique, nous dirons :

L'espèce est le type d'après lequel sont **construits tous les** *individus de la même race.*

Nos connaissances antérieures nous autorisent à parler ainsi, parce qu'il n'y a dans cette définition aucun terme qui n'ait été lui-même préalablement défini. Nous connaissons la signification exacte et précise de ceux d'individu, de race et de type, par les attributs ou les qualités des objets auxquels ils se rapportent. Il ne nous reste, pour nous mettre en mesure de faire de la définition une application immédiate aux objets spéciaux de nos études, qu'à caractériser le type spécifique de race chez les animaux vertébrés, dont nous avons seulement à nous occuper. Il nous faut déterminer les caractères morphologiques qui, chez ces animaux, se conservent sans variation durable dans la suite des générations, laissant à ceux qui voudront de même l'appliquer aux autres embranchements du règne animal le soin d'accomplir, en suivant aussi la voie expérimentale, un travail analogue pour chacun. Nous osons affirmer, parce que c'est une conséquence nécessaire de la notion d'espèce, universellement admise, qu'il y a ainsi dans tous les genres d'animaux un certain nombre de formes fondamentales et invariables, dont la détermination peut seule fournir une base solide pour leur classification et l'étude ultérieure des lois naturelles de leurs fonctions.

Caractéristique de l'espèce chez les vertébr. s. — Les animaux dont l'ensemble forme l'embranchement des vertébrés, dans l'un des trois règnes en lesquels se divisent les corps naturels, sont fondamentalement caractérisés, comme on sait, par la présence d'un axe nerveux cérébro-spinal enfermé dans un étui osseux qui le protège et qui est composé de vertèbres. C'est à cela qu'ils doivent leur nom, à cet étui osseux ou rachis terminé antérieurement par un crâne.

Dans le squelette des vertébrés, considéré pour la série entière composée de plusieurs classes, les autres parties peuvent être absentes. Les côtes, le sternun, les membres antérieurs ou les postérieurs, ou les deux à la fois peuvent être rudimentaires ou manquer complètement. L'un ou plusieurs de ces cas se font observer dans des classes entières. Le rachis et le crâne sont toujours présents. Nous savons en outre que dans le développement de l'embryon, chez les genres les plus élevés ou les plus complets de la série, ils apparaissent les premiers (t. I, p. 432). Cela suffirait pour faire admettre, sans plus ample informé, que les caractères différentiels tirés du rachis et du crâne osseux doivent être nécessairement fondamentaux, et que les autres parties du squelette leur sont non moins nécessairement subordonnées. Le principe de la subordination des caractères est du reste classique en zoologie.

Ces autres parties du squelette, même quand elles existent toutes, sont susceptibles d'adaptation, dans une mesure plus ou moins grande, au genre de vie des animaux. En relation constante avec le monde extérieur, aux nécessités duquel elles se plient, elles subissent des modifications de forme plus ou moins étendues. L'observation et l'expérience n'autorisent point à admettre, avec les transformistes, que ces modifications puissent aller jusqu'à des différences dans le nombre des pièces osseuses ou dans la caractéristique du type général, jusqu'à faire, par exemple, d'un poisson un reptile, et d'un reptile **un** oiseau. Non! leurs limites sont très-restreintes, et il est même extrêmement probable que ces pièces osseuses secondaires conservent dans tous les cas néanmoins des caractères spécifiques qui seulement, dans l'état actuel de la science, n'ont pas encore pu être déterminés.

Nous ne sommes point présentement **en** mesure de distinguer sûrement le fémur ou le tibia d'un individu de telle espèce du fémur ou du tibia d'un autre individu d'espèce différente, de même taille et de même volume; à plus forte raison pour ceux de deux individus de même espèce. Rien **n'est** plus facile, au contraire, que de saisir les différences qui existent naturellement dans les formes du crâne et du rachis, parties fondamentales du squelette des vertébrés.

Chacun des os qui les composent a, dans chaque espèce, des formes et des dimensions proportionnelles qui lui sont exclusivement propres. Le nombre des pièces du rachis ou des vertèbres est à peu près toujours différent chez les sujets qui n'appartiennent pas au même genre naturel; il l'est parfois, sinon souvent, chez ceux qui ne sont pas de même espèce. Pour les animaux de même genre, le nombre des os du crâne (cérébral et facial) est toujours le même; mais leurs formes et leurs dimensions absolues ou relatives sont également toujours différentes entre individus qui ne sont **point de même** race.

Ce sont ces différences de formes et de dimensions, immédiatement saisissables dans leur expression synthétique, qui impriment à la tête son type propre, et qui servent, depuis un temps immémorial et d'une façon inconsciente, à ceux qui ont acquis une certaine habileté pratique dans l'art de distinguer les espèces, surtout aux artistes peintres et sculpteurs, pour la distinction des types dans laquelle ils excellent.

Telle est la caractéristique essentielle de l'espèce chez les vertébrés. On voit qu'elle se réduit à une question de crâniologie et de crâniométrie. Pour les besoins de la classification zoologique, surtout pour ceux de la zoologie industrielle ou de la zootechnie, elle suffit amplement. Pour ceux de la zoologie paléontologique, il serait bien désirable qu'elle pût être poussée plus loin et qu'elle embrassât le squelette tout entier. Les études de ce genre ne peuvent porter, le plus souvent, que sur des pièces osseuses isolées ou même sur de simples fragments. Il faudrait être en possession d'une caractéristique spécifique de ces pièces ou de ces fragments, s'il en existe réellement une. Pour les diagnostiquer, on en est réduit à s'inspirer de considérations étrangères souvent à l'anatomie, et les diagnoses, le plus ordinairement même, n'ont pour base que l'appréciation personnelle d'un savant autorisé; de sorte que le contrôle en est rendu impossible quand on n'a pas la pièce sous les yeux. Il ne nous appartiendrait pas de recommander une plus grande prudence aux paléontologistes. Nous nous bornerons à signaler aux jeunes travailleurs de la zoologie le champ d'études qui leur est ouvert dans cette direction.

Le type morphologique de l'espèce étant ainsi délimité et ramené à l'analyse crâniologique et crâniométrique, nous avons maintenant à montrer expérimentalement qu'il n'est pas autre chose que l'expression d'une loi naturelle ou plutôt des lois naturelles que nous connaissons déjà. Ceci nous conduira au développement des attributs complets de l'espèce zoologique, dont la connaissance ne saurait être indifférente pour la zootechnie. Il nous faut faire voir que les individus que nous rangeons dans une même espèce, parce qu'ils ont le rachis et le crâne construits d'après le même modèle ou le même type, les ont ainsi par cela seul qu'ils sont de la même race, et que par cela même il n'est pas possible qu'ils les aient autrement. A cette tâche suffira l'exposé de faits acquis à la science et de lois précédemment démontrées.

Ce type morphologique des parties fondamentales du squelette est aux animaux vertébrés ce que la forme cristallographique est aux minéraux. De même que les éléments des cristalloïdes, quand ceux-ci abandonnent leurs dissolutions saturées, se groupent toujours selon une figure déterminée et unique, dont les angles ne varient point pour chacune des espèces minéralogiques, de même les éléments anatomiques, dont les combinaisons entrent dans la constitution des corps organisés, s'y groupent également, toujours d'après un plan déterminé et toujours le même pour chacune des espèces de ces corps. Ce plan préexiste naturellement dans leur germe, en vertu de la loi même de l'espèce.

Nos moyens actuels d'investigation ne nous permettent pas de constater si les formes de la cellule mère de l'ovule et celles de la cellule séminale diffèrent entre les espèces. Nous savons seulement que cette cellule mère, une fois fécondée ou imprégnée par la cellule séminale, attire à elle les matériaux nécessaires au développement de l'être nouveau, et que ce développement s'effectue d'après un certain type invariable ou sur lequel les influences de milieu n'ont aucune action (1).

La loi biologique qui préside à l'évolution du germe est diversement exprimée, selon la doctrine philosophique à laquelle on se rattache. Pour Claude Bernard, c'est l'idée directrice. Pour Agassiz, c'est la manifestation de l'intelligence créatrice. Les transformistes ou évolutionnistes la nient, les formes distinctives des êtres organisés n'étant pour eux hypothétiquement que des états transitoires et sans cesse modifiés par les influences extérieures ou extrinsèques. En tout cas, idée directrice, intelligence créatrice, permanente ou passagère, la loi naturelle n'en existe pas moins. L'observation et l'expé-

(1) A. SANSON et F. BASTIAN, *Expériences sur la transposition des œufs d'abeille, au point de vue des conditions déterminantes des sexes. Comptes-rendus*, t. LXVII, p. 51, 1868.

rience montrent qu'elle est permanente, et qu'elle est la condition déterminante de l'ordre qui s'observe et se maintient dans les règnes organiques.

En effet, aussi loin qu'aient pu remonter les recherches en ce qui concerne les vertébrés, la comparaison des pièces osseuses essentielles n'a encore fait découvrir aucune différence de quelque importance entre les espèces actuellement vivantes et les restes paléontologiques laissés dans le sol par leurs ancêtres. Si, depuis la fin de la période tertiaire, des races se sont éteintes, celles qui ont persisté se présentent à nous exactement avec le type qu'elle avaient alors. Quelques-unes se sont déplacées ou ont émigré, durant la période quaternaire et depuis. Le type naturel d'aucune n'a varié sensiblement sous l'influence des circonstances extérieures.

L'argument que les évolutionnistes ou transformistes trouvent, en faveur de leur thèse de la mutabilité, dans ce fait, qui n'est d'ailleurs pas constant, d'une apparence de progrès dans l'organisation des êtres composant les faunes des périodes géologiques successives, s'applique aussi bien à l'idée de la série naturelle, universellement admise, qu'à celle de la mutabilité des espèces, indémontrable expérimentalement, à cause de la période indéfinie de temps qu'elle exige de leur propre aveu. La série naturelle des êtres organisés, caractérisée dans l'ordre abstrait par des formes transitoires ou des passages, est une vérité incontestable. Les genres actuellement vivants nous la montrent clairement. Mais rien ne nous autorise à l'attribuer à des relations de filiation entre les espèces voisines. L'expérience, au contraire, s'y oppose formellement. Nous constatons cette vérité d'observation, laissant de côté sa raison déterminante qui, dans l'état actuel des connaissances, nous échappe absolument.

Pour ce qui est des espèces actuellement vivantes, nous avons fait voir surabondamment (1) que tous les

_____

(1) A. SANSON, *Des types naturels en zoologie. Journal de l'anatomie et de la physiologie de l'homme et des animaux*, de Ch. Robin, 1867, p. 337.

efforts si assidus et si multipliés en tout pays pour les modifier en vue de l'utilité sociale ont laissé partout intact leur type naturel, qui s'est toujours montré indépendant des influences de milieu. Sous ces influences, qu'elles soient naturelles ou artificielles, le type subit des amplifications ou des réductions ; mais amplifications ou réductions sont toujours totales ou absolues, et laissent par conséquent subsister le type avec les proportions relatives de ses parties.

Une comparaison, que nous avons souvent employée dans les discussions sur ce sujet et dans notre enseignement, parce qu'elle exprime le fait d'une manière frappante, est celle que nous fournissent, dans les arts plastiques, ce qu'on appelle les réductions. On change, par des procédés connus, les dimensions d'une statue ou d'un buste antique, le module d'une médaille, pour les besoins du commerce des œuvres d'art. La Vénus de Milo, par exemple, n'en conserve pas moins son type en devenant une statuette en plâtre ; le bas-relief de la frise du Parthénon ne cesse point d'être reconnaissable sous un module réduit au vingtième. De même le portrait-carte photographique d'un personnage ne cesse point de reproduire exactement les traits de ce personnage, parce qu'il a été grandi jusqu'aux proportions naturelles par les procédés optiques dont l'art dispose maintenant.

Parmi tous les faits de variations réelles chez les animaux domestiques, entremêlés d'observations plus que suspectes, qui ont été accumulés (1) en faveur de la thèse de la mutabilité, il n'en est pas un seul qui se rapporte à la caractéristique du type spécifique, ou aux formes du rachis et du crâne. Ceux relatifs aux pigeons, qui concernent le squelette, sont purement supposés, comme il est facile de le constater en lisant le texte même de l'auteur. Nous leur avons consacré un commentaire détaillé (2),

(1) Ch. DARWIN, *De la variation des animaux et des plantes sous l'action de la domestication.* Traduction française de J.-J. Moulinié, t. I.

(2) A. SANSON, *Les expériences de Darwin sur les pigeons. La philosophie positive,* numéro de janvier-février 1873.

où cela est mis en évidence d'une manière qui défie toute contestation. Tous ces faits de variation concernent les parties superficielles ou accessoires du corps, ou celles qui sont naturellement sujettes, isolément ou ensemble, à atteindre un développement plus ou moins grand comme dépendant de leur fonctionnement physiologique. Ce sont celles auxquelles s'appliquent nos méthodes zootechniques les plus puissantes, et dont les modifications, déterminées par l'influence des milieux naturels ou artificiels, caractérisent dans chaque race les variétés que nous définirons plus loin et dont nous indiquerons les divers modes de production ou de formation. Aucune, répétons-le, ne porte la moindre atteinte au type naturel ou spécifique.

Chez les mérinos de la variété à laine soyeuse, que nous avons plusieurs fois cités dans le chapitre précédent, par exemple, le rachis et le crâne ne diffèrent point de ce qu'ils sont chez tous les autres mérinos. Chez les courtes-cornes de la variété de Durham, sur lesquels le génie modificateur de l'homme a exercé, de l'avis unanime, sa puissance au plus haut degré, ces mêmes parties essentielles du squelette ne diffèrent pas davantage de celles que l'on peut étudier dans les variétés hollandaises de la même race, auxquelles l'action de l'homme est, dans le même sens, restée à peu près étrangère. On en peut dire autant pour toutes les variétés animales qu'on qualifie de perfectionnées, en se plaçant au point de vue industriel.

Que ce type naturel invariable de chaque espèce se soit transmis de génération en génération jusqu'à nous et qu'il se conserve, cela s'explique de la manière la plus simple par les lois connues de l'hérédité. La loi des semblables et la loi de reversion en ont garanti et en garantissent la conservation. Le couple primitif de chaque espèce était nécessairement composé de deux individus de même type. La transmission de celui-ci à la descendance directe de ces individus était infaillible. Et il en a été ainsi pour tous les couples nouveaux de leur descendance jusqu'à l'heure actuelle

Toutes les fois qu'accidentellement il est arrivé (si tant est que cela soit arrivé dans les conditions naturelles) que le couple reproducteur étant de deux types différents, ceux-ci ont été altérés, la loi de reversion s'est chargée de les rétablir bientôt dans leur intégrité, comme nous avons vu qu'elle les rétablit maintenant lorsque, dans notre industrie, nous faisons reproduire des individus résultant de ces accouplements croisés. L'atavisme, ainsi que nous l'avons fait remarquer en le définissant et en le décrivant, est la loi de conservation du type spécifique, comme de toutes les qualités constantes des races ou des familles, et d'autant plus pour le type spécifique qu'il est davantage soustrait aux influences troublantes qui peuvent atteindre les autres qualités. Le type n'est donc modifiable que temporairement, par des actions anormales se faisant sentir sur l'embryon, et produisant des troubles qui l'empêchent d'être viable, ou qui, lorsqu'il est viable, ne se reproduisent point par la génération.

Un expérimentateur, qui a beaucoup étudié l'embryologie des poulets, avait eu l'idée d'attribuer une origine tératologique aux races animales domestiques (1). Nous lui avons montré (2) le peu de valeur de son étrange conception.

L'un des attributs de l'espèce zoologique est donc sa fixité ou la constance inébranlable de ses caractères à travers les générations qui se sont succédé depuis l'apparition de ses premiers représentants. C'est ce que tous les faits connus autorisent à affirmer. On peut dire encore aujourd'hui avec Linné (3) : *Species tot numeramus, quot diversæ formæ in principio sunt creatæ.*

(1) C. DARESTE, *Mémoire sur le mode de production de certaines races d'animaux domestiques. Comptes rendus,* t. LXIV, p. 423, 1867, et *Archives du comice de Lille,* 1867.

(2) A. SANSON, *Note sur l'origine tératologique attribuée à certaines races d'animaux domestiques. Comptes-rendus,* t. LXIV, p. 669, 1867, et *Sur l'origine tératologique attribuée à quelques races chez les animaux domestiques,* brochure in-8º. Paris, 1867.

(3) *Fundamenta botanica,* aphor. 155, p. 18, édit. origin. Amsterdam, 1736, in-12.

Si les espèces ont été créées ou non, scientifiquement nous n'en savons rien, et nous n'avons même pas à nous en occuper. L'origine première des choses nous échappe absolument, et nous ne sommes point nécessairement enfermés dans le dilemme qui consisterait à opter à cet égard entre l'idée d'une création de toutes pièces et celle de l'apparition successive des espèces par dérivation progressive des unes en les autres. Il reste une troisième alternative, consistant à reconnaître et à avouer sur le sujet notre complète ignorance. L'option nous est d'autant moins imposée d'ailleurs, que dans le cas où nous nous prononcerions pour le second plutôt que pour le premier terme du dilemme, nous n'en serions point pour cela plus avancés. Ainsi que nous l'avons, pour notre compte, déjà fait remarquer (1), il resterait toujours à expliquer l'apparition de la forme vivante la plus simple, d'où toutes les autres seraient dérivées, et ce serait au fond aussi difficile que pour chacune de celles que nous voyons actuellement. Reculer une difficulté de ce genre, ce n'est point la faire disparaître, à moins qu'on ne soit disposé à se payer de mots ou d'hypothèses gratuites. Or, en science on ne peut prendre pour point de départ solide que les faits, et les faits ici s'arrêtent au moment où nous constatons, dans les couches géologiques, les premiers restes des formes qui ont vécu, et qui, pour toutes celles dont les races ne sont pas encore éteintes, se montrent semblables à celles que nous observons actuellement.

S'il en sera toujours ainsi dans la suite des temps à venir, c'est ce que personne n'a le droit de préjuger. Scientifiquement on ne conclut que sur les faits passés ou actuels ; l'avenir est réservé ; on ne peut faire à son sujet que des conjectures appuyées sur les probabilités ; et en la matière qui nous occupe, ce qui semble le plus probable, c'est que les choses se passeront dans l'avenir comme elles se sont passées jusqu'à présent.

Maintenant, nous ajouterons en terminant, pour ré-

---

(1) A. SANSON, *La notion philosophique de l'espèce. La philosophie positive*, janvier-février 1868.

pondre d'avance à une objection qui pourrait être opposée à la caractéristique de l'espèce telle qu'elle vient d'être décrite, que nous ne proclamons point la fixité ou la constance indéfinie des formes fondamentales, rachidiennes et crâniennes, parce que nous les admettons comme spécifiques, mais qu'au contraire ces formes sont reconnues par nous comme caractéristiques en raison même de leur fixité expérimentalement démontrée. La notion d'espèce et celle de mutabilité étant contradictoires, s'il n'y avait pas ainsi, chez les êtres organisés, des formes fixes, il faudrait purement et simplement renoncer à leur appliquer la première de ces notions. Il n'y aurait point, dans les séries animales, des espèces, mais seulement des individus.

Méthode de détermination des caractères spécifiques. — Les espèces de même genre sont naturellement disposées en série. Leurs caractères distinctifs offrent l'image d'une certaine hiérarchie ou de passages ménagés entre elles, de telle sorte que la première et la dernière d'une série diffèrent plus que celles qui, parmi les inter médiaires, sont immédiatement voisines. Plusieurs, dans chaque genre, ont des caractères rachidiens qui ne sont que peu ou point différents. Il en est de même pour les formes du crâne cérébral et aussi pour celles du crâne facial considérées isolément ou os par os. Cependant, la combinaison de toutes ces formes caractérise toujours, dans les conditions naturelles, un type crâniologique déterminé ou spécifique. Pour arriver facilement à la détermination de celui-ci, il faut donc procéder par la méthode analytique ou méthode d'élimination.

Nous allons tracer le plan de cette méthode, dans son application au cas particulier, en la considérant au point de vue du travail de laboratoire, qui est la meilleure éducation ou la meilleure préparation pour les applications plus simples de la pratique industrielle. C'est à force d'avoir mesuré et comparé avec précision les pièces osseuses fondamentales d'un grand nombre de squelettes que l'œil acquiert la faculté de saisir, à première vue,

les moindres différences de forme ou de relations sur les
individus vivants; c'est en outre l'analyse minutieuse de
ces différences qui a permis de mettre en relief celles
qui, à la rigueur, suffisent à la caractéristique et **que**
nous indiquerons ensuite.

La détermination doit commencer par le rachis, et en
particulier par le nombre des pièces ou des vertèbres qui
le composent. En général, les différences de nombre se
montrent indifféremment dans l'une ou l'autre des régions
en lesquelles on le divise, à l'exception de celle dite cervicale, où, du moins chez les mammifères, ce nombre
paraît fixe.

Normalement, la différence dans le nombre total des vertèbres cervicales, dorsales, lombaires et sacrées, implique
nécessairement une différence d'espèce. Le nombre des
coccygiennes est variable individuellement. Mais le même
nombre total de pièces dans le rachis n'implique point
de même l'identité spécifique. Ce même nombre se
montre le plus souvent chez la plupart des espèces d'un
même genre. Les formes du rachis ne peuvent donc
pas suffire toutes seules pour déterminer l'espèce. Lorsque les vertèbres d'une région diffèrent par leur nombre,
elles diffèrent aussi généralement par leurs formes individuelles.

Nous **avons** vu (t. I, p. 58) que les formes de la boîte
cérébrale se rapportent à deux types naturels, le *bra-*
chycéphale et le *dolichocéphale*, dont les noms sont dus
à l'antrhopologiste suédois Retzius. Nous avons vu aussi
que les nuances de la brachycéphalie et de la dolichocé-
phalie s'expriment par *l'indice céphalique*, qui est le rapport entre le diamètre transversal de cette cavité ramené
à 100 et son diamètre longitudinal. L'indice céphalique
= 110 indique un crâne dolichocéphale, d'une dolichocé-
phalie moins prononcée que celle d'une autre dont l'indice
serait = 115, et plus que celle d'un troisième d'un
indice = 105. L'indice céphalique = 95 indique au contraire la brachycéphalie, comme l'indice = 90 où elle
est seulement plus accusée.

Pas plus que le même nombre des vertèbres, le même

indice céphalique n'implique l'identité d'espèce. Bien que,
chez les animaux quadrupèdes, la détermination de
l'indice céphalique présente un caractère de netteté
qu'elle n'a point chez l'homme, où la mensuration du
diamètre longitudinal de la tête est souvent troublée par
la nécessité d'y comprendre l'épaisseur des sinus frontaux, et bien que cette détermination n'y puisse laisser
aucun doute entre les deux types crâniologiques, les
différences entre les valeurs de l'indice, dans chacun de
ces types, ne paraissent pas suffisantes pour caractériser
à elles seules les espèces.

C'est d'ailleurs cette netteté de distinction, plus grande
chez les animaux que chez l'homme, qui nous a permis
de donner au terme une signification différente de celle
avec laquelle il a été proposé par Broca en anthropologie,
où l'incertitude d'origine des crânes mesurés comporte
souvent une certaine nuance d'arbitraire dans la classification. La preuve en est dans l'admission, par le même
auteur, d'un troisième type nommé *mésaticéphale* et intermédiaire aux deux autres.

Ce type, si nous nous en rapportons à ce qui se passe
chez les animaux domestiques, doit appartenir à des
individus métis et ne paraît en conséquence point naturel. Chez les sujets dont la race est restée pure de
tout mélange, nous ne l'avons jamais rencontré. Chez
eux il y a toujours entre les longueurs des deux diamètres une différence d'au moins 1 centimètre. Le
longitudinal du dolichocéphale est toujours plus grand
que le transversal, d'une quantité égale au moins à celle-
là, celui du brachycéphale toujours plus petit d'autant.
Seulement chez les métis, dont les origines paternelle et
maternelle nous sont toujours facilement connues, les
deux diamètres se montrent égaux parfois ou sensiblement peu différents, lorsque l'une des hérédités individuelles de leurs procréateurs de type différent n'a pas
prévalu.

Et en ce cas on observe chez les Équidés en particulier une disposition qui accompagne à peu près sans
exception le phénomène. Elle consiste en ce que les

crêtes pariétales, au lieu de se réunir au niveau de la suture occipitale, pour former un angle aigu dont la pointe se continue par la crête occipitale, comme cela existe toujours dans les types naturels, restent séparées et se prolongeant de chaque côté de celle-ci. C'est là une irrégularité qui indique, ainsi que nous aurons occasion de le voir pour beaucoup d'autres, un conflit d'hérédité.

L'indice céphalique nettement défini comme on vient de le constater ne permet donc point à lui seul de déterminer les espèces ; il permet seulement de les classer en deux catégories ou groupes très-tranchés dans chaque genre. L'un de ces groupes est celui des brachycéphales, l'autre celui des dolichocéphales. Et le premier classement ainsi opéré, le champ de la recherche se restreint par l'élimination de toutes les espèces de l'un des deux groupes. Si par exemple le genre auquel appartient l'individu considéré se compose de huit espèces, dont quatre brachycéphales et quatre dolichocéphales, et si cet individu doit être rangé, d'après son indice céphalique, dans la première ou dans la seconde catégorie, l'investigation, pour déterminer son espèce, n'a plus à porter que sur la caractéristique différentielle de quatre espèces au lieu de huit. La difficulté de la tâche est dès lors diminuée de moitié.

Cette caractéristique se bornera désormais exclusivement aux os de la face. Leur figure ou leur forme, les dimensions de chacun d'eux et leurs rapports réciproques ou leurs connexions, dans le détail et dans l'ensemble, impriment à la physionomie de l'espèce son caractère propre, dont l'œil exercé saisit à première vue le type, confirmé par l'analyse. Les connexions de ces os sont telles qu'aucun ne peut être considéré comme étranger à la caractéristique générale; mais parmi eux il en est dont la figure particulière est plus facile à saisir, parce que les différences entre les espèces diverses y sont plus tranchées.

Au premier rang se montrent à cet égard les frontaux et les sus-naseaux ou os propres du nez. Leurs dispositions donnent au profil de la face son caractère, qui est tout à fait spécifique dans chaque groupe crânio-logique. Celle de l'apophyse orbitaire du frontal; celle du prolongement appelé cheville osseuse ou vulgaire-ment cornillon chez les espèces à cornes ; celles du lacrymal, du zygomatique ou os jugal, du grand et du petit sus-maxillaire ou os incisif, dont dépendent les arcades dentaires, et surtout la direction du dernier, par rapport à l'axe longitudinal de la tête; la situation, la proéminence et l'étendue de l'épine sus-maxillaire ; et enfin celles du maxillaire inférieur ou mandibule, eu égard surtout à la forme de ses branches descendantes ; toutes ces dispositions sont également toujours les mêmes dans la même race.

Il y a aussi un rapport nécessaire, et par conséquent normal, entre l'étendue longitudinale de la face et son étendue en largeur ou en épaisseur, mesurée au niveau des crêtes jugales ou zygomatiques. C'est ce rapport qui donne l'*indice facial*, déterminé par le même procédé que celui indiqué pour l'indice céphalique. Il n'est sans doute pas besoin d'insister pour faire comprendre son impor-tance dans la caractéristique générale. La face, selon qu'elle est relativement courte ou allongée, donne à l'ensemble du type un aspect bien différent. Il en est sous ce rapport d'elle comme de la partie cérébrale.

Mais c'est à son sujet surtout qu'il importe de rappeler l'influence qu'exerce sur le développement du squelette de la tête l'émasculation ou la castration des mâles opérée durant la période de la croissance, influence sur laquelle nous avons insisté, dans le présent chapitre, en nous occupant des différences sexuelles entre les indi-vidus, et qui trouble toujours la caractéristique naturelle. Il ne faut pas oublier qu'elle se manifeste principalement en allongeant ou en rétrécissant tout l'ensemble de la tête.

En somme, le type spécifique résulte des formes, des dimensions et des rapports réciproques des os du crâne cérébral et du crâne facial, dont nous percevons, avant toute analyse, une notion vague, mais souvent très-sûre.

pour peu que nous soyons doués de l'aptitude artistique ou de la faculté d'observation plastique. C'est cette faculté qu'il convient de cultiver le plus possible, quand on s'occupe de notre science. C'est elle qui fait distinguer les types naturels différents par ceux-là même qui sont le plus étrangers aux études crâniologiques et crâniométriques, sans qu'ils soient en mesure de se rendre compte des motifs de leurs justes appréciations.

De ces études complètes et approfondies il résulte que, pour les besoins de la pratique zootechnique, une méthode très-simplifiée peut suffire, dans la plupart des cas, pour assigner à l'individu vivant la place qui lui appartient dans la classification naturelle de son genre, c'est-à-dire pour le rattacher à sa race par ses caractères spéfiques.

Il est évident que si un tel résultat ne pouvait être obtenu sans l'intervention des procédés de précision qui composent la technique des études de laboratoire, celles-ci perdraient beaucoup de leur utilité pratique, tout en conservant leur grande valeur au point de vue de la science pure. Mais elle ont conduit à mettre en relief un petit nombre de caractères différentiels facilement saisissables sur l'individu vivant, parce que les pièces osseuses auxquelles ils se rapportent ne sont recouvertes que par la peau seulement et ses dépendances. Ces caractères, par leurs combinaisons, fournissent un moyen suffisant de détermination, quand il est appliqué par un œil exercé ou préparé par une éducation préalable. Et c'est leur principal mérite, qu'elles partagent du reste avec toutes les études de science pure.

D'abord nous avons vérifié et fait vérifier bien des fois par nos élèves que le type céphalique se détermine d'une façon suffisamment exacte en comparant la distance qui sépare la base de l'oreille de l'angle externe de l'œil avec celle qu'il y a entre les deux bases des oreilles. Pour apprécier celle-ci, on peut se placer soit en face de la tête, soit en arrière, et mesurer à vue d'œil la largeur de la nuque. La différence entre les deux grandeurs est toujours assez forte, chez les sujets purs, soit en faveur de l'une, soit en faveur de l'autre, pour ne point être méconnue. La première distance donne le diamètre longitudinal approximatif du crâne, la seconde son diamètre transversal. En examinant comparativement un brachycéphale et un dolichocéphale du même genre, on est immédiatement frappé de la grande différence qui existe entre eux par l'écartement des oreilles.

Ensuite, il est certain que dans chacun des deux groupes en lesquels se divisent actuellement tous les genres d'animaux par leur type céphalique, il n'y a pas deux espèces dans lesquelles les os frontaux lacrymaux et sus-naseaux soient semblables. Les mêmes formes de ces os ou des formes assez voisines pour n'être pas facilement distinguées à première vue ne se rencontrent chez les espèces différentes qu'avec des types céphaliques également différents.

Deux individus de la même espèce ont donc à la fois le même type céphalique et le même profil facial, et notamment ce qu'on appelle vulgairement le même chanfrein. Leur front est également plat, ou déprimé, ou bombé, leur chanfrein également droit ou busqué, en voûte surbaissée, ou plein cintre, ou en ogive, leurs lacrymaux également déprimés ou convexes. S'il en est autrement, ils sont à coup sûr de deux espèces différentes.

On voit en conséquence que les applications pratiques de la crâniologie ne présentent point de difficultés réelles, du moins en ce qui concerne les genres d'animaux dont s'occupe la zootechnie. L'expérience, dans notre enseignement, nous l'a d'ailleurs surabondamment démontré.

Technique crâniométrique. — Pour mesurer les diverses dimensions des crânes humains, il a été imaginé un grand nombre d'instruments dont la plupart sont dus à Broca. Nous lui en avons emprunté deux, et nous en avons fait construire un troisième par Mathieu, sur nos propres indications. Ces trois instruments suffisent amplement pour tous les besoins de la technique crâniométrique des animaux. Aucun autre d'ailleurs, parmi ceux qui composent l'arsenal de l'anthropologiste, ne serait applicable dans cette technique. Le premier est le

compas d'épaisseur gradué, le deuxième le compas à
pointe glissante, et le troisième un appareil composé de
plusieurs pièces, auquel le constructeur a donné le nom
de crâniomètre de Sanson.

Le compas d'épaisseur gradué (fig. 21) sert principale-

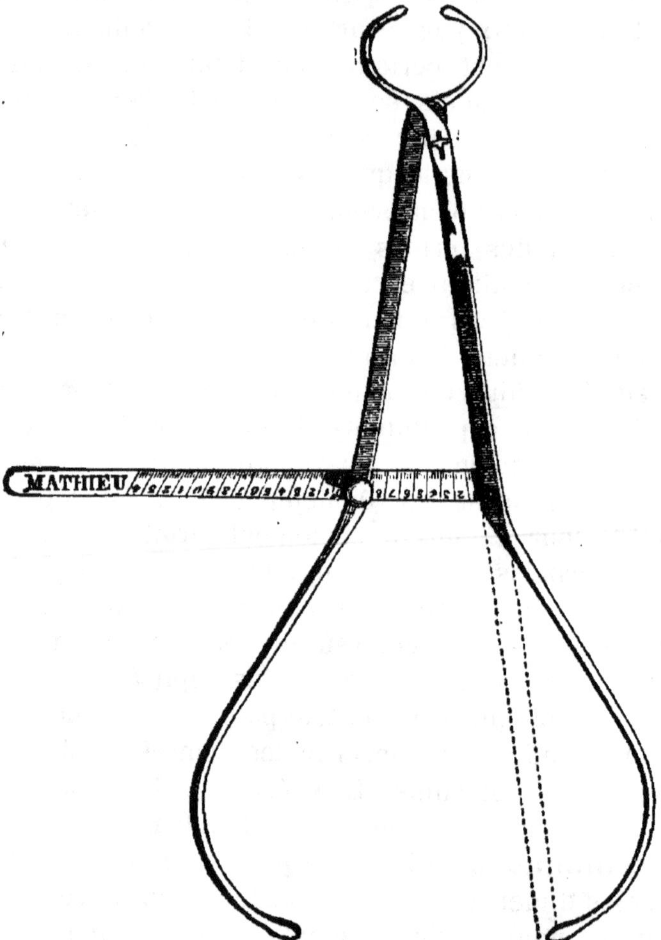

Fig. 21. — Compas d'épaisseur gradué de Broca.

ment pour mesurer le diamètre transverse du crâne et
l'épaisseur de la face chez les petits animaux, tels que les
Ovidés et les Suidés.

Le compas à pointe glissante (fig. 22) est le plus commode de tous les instruments pour obtenir les dimen-

sions diverses de chacun des os de la face considéré en
particulier. Pour s'en servir, il suffit d'appliquer la pointe
fixe sur l'un des bords de l'os à mesurer, dans la sature
qui l'unit à celui avec lequel il est en connexion, de faire
glisser la pointe mobile à l'aide du pouce de la main qui
tient l'instrument, appuyé sur le mentonnet de sa glis-
sière, jusqu'à la rencontre de l'autre bord, puis de lire sur
sa tige graduée le nombre de millimètres compris entre

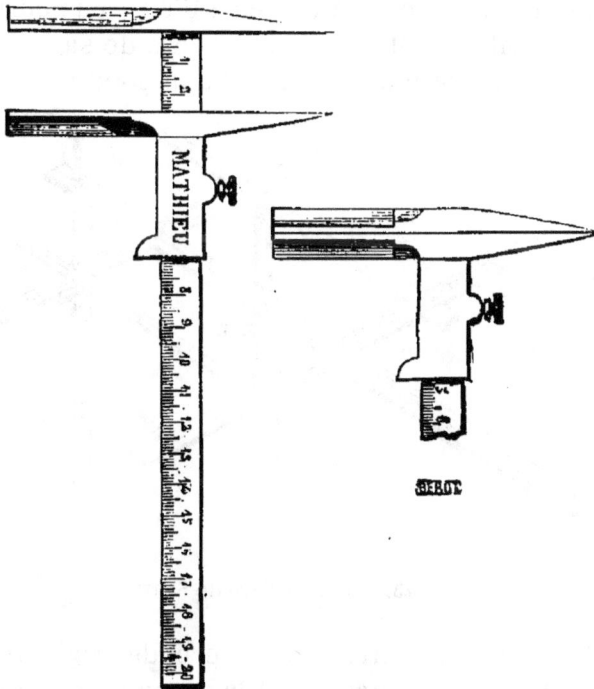

Fig. 22 — Compas à pointe glissante de Broca.

les deux pointes. La même lecture se fait aussi, bien
entendu, sur la tige transversale du compas d'épaisseur
de Broca (fig. 21), pourvue à cet effet d'une graduation
calculée d'après l'écartement de ses pointes mousses.

Le crâniomètre (fig. 23) est composé de plusieurs pièces,
dont quelques-unes agencées séparément peuvent servir
au besoin de compas d'épaisseur. Ces pièces glissent à
frottement les unes sur les autres, et la plupart sont gra-

duées en millimètres. Elles sont construites en bois de buis.

Les deux pointes AA, glissant sur les petits montants BB, s'enfoncent dans les conduits auditifs au moyen du glissement de ces montants eux-mêmes sur la règle transversale CC. Celle-ci porte, au milieu de sa longueur un petit tenon en laiton, muni d'un écrou à oreilles. Ce tenon est engagé dans une fenêtre allongée de la grande règle D, disposée perpendiculairement à la première. Cette grande règle est percée en *d* d'un trou pourvu d'une douille métallique et marquant le zéro de sa graduation, dans lequel glisse une tige métallique pointue G, graduée

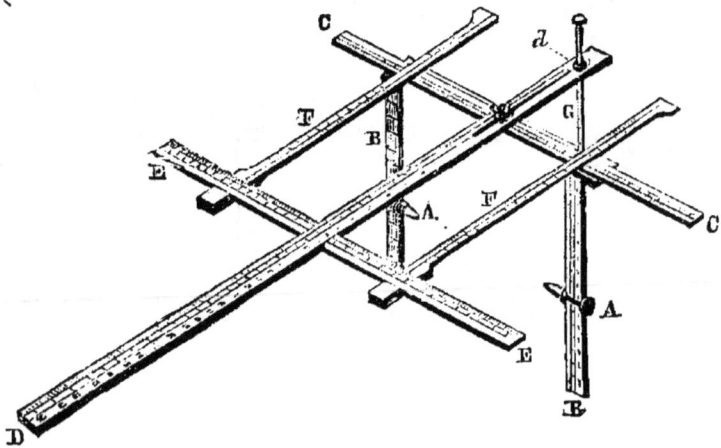

Fig. 23. — Crâniomètre de Sanson.

elle-même en millimètres. Une seconde règle transversale EE glisse à frottement sur la grande règle longitudinale, et à chacune de ses extrémités elle reçoit les règles FF glissant aussi sur elle, de façon à pouvoir être rapprochées ou éloignées à volonté l'une de l'autre, en formant des équerres.

Voici maintenant comment on se sert de l'instrument ainsi décrit, pour obtenir les mesures crâniométriques :

On introduit d'abord les pointes AA dans les conduits auditifs, en les faisant glisser elles-mêmes sur les montants et ceux-ci sur la règle CC, des quantités nécessaires pour qu'elles atteignent les hauteurs et le rapprochement

voulus. Ces pointes étant fixées solidement ainsi, on fait
arriver la grande règle D au niveau qui permet de tou-
cher, avec la tige métallique abaissée, la limite supérieure
de la boîte cérébrale, indiquée (t. I, p. 54) pour chaque
genre d'animaux, puis on fixe cette règle en serrant
l'écrou du tenon qui la maintient en place. Ensuite on
fait glisser la règle EE sur la grande, jusqu'à ce que son
bord interne atteigne la limite inférieure de la boîte crânienne; et en lisant, lorsqu'elle y est arrivée, la ligne que
ce bord affleure sur la graduation de la grande règle, on
a ainsi le diamètre longitudinal de cette boîte.

Pour avoir le transverse, on ne peut pas procéder de la
même façon chez les deux genres de grands animaux en
vue desquels l'appareil a été construit. Chez les Équidés,
il suffit de rapprocher les règles FF de la ligne médiane
jusqu'à ce que leur bord interne soit tangent aux points
les plus saillants des temporaux. L'ellipsoïde cérébral se
trouve inscrit ainsi dans un rectangle dont les grands
côtés sont parallèles à l'axe longitudinal du corps, s'il
appartient au type dolichocéphale, et au contraire à son
axe transversal, si c'est au brachycéphale. Sur la
règle EE il y a deux graduations dont le zéro commun
est placé à son milieu. Il suffit donc, pour avoir en millimètres la mesure du diamètre transversal, d'additionner
les nombres lus aux points d'affleurement de chacune
des deux règles FF.

Chez les Bovidés, les dispositions des frontaux, par
rapport à la boîte crânienne, s'opposent à ce qu'on puisse
mesurer, par le même procédé, le diamètre cérébral
transverse. On ne peut l'obtenir qu'en traçant d'abord,
sur le frontal, les points qui paraissent correspondre, de
chaque côté, aux parties les plus saillantes des pariétaux,
mais il est plus facile et plus sûrement exact de se servir
pour cela du compas d'épaisseur ou de la double équerre
formée à l'aide de la règle E et des règles FF réunies
entre elles isolément. L'un des bords de chacune de ces
dernières a été évidé en vue de cet usage. En embrassant
par le sommet du crâne la boîte crânienne jusqu'à ce
que la saillie latérale interne de l'extrémité libre de cha-

que règle soit **ar**rivée au contact de la partie la plus saillante, on lit ensuite sur la règle E les longueurs qu'on additionne comme précédemment.

La lecture sur la tige métallique graduée donne la mesure relative de l'angle que forme chez les Équidés le plan du frontal avec celui de l'occipital, ou de la situation du trou occipital, ce qui est le véritable angle facial des animaux quadrupèdes.

Chez tous les grands animaux, les dimensions de la face entière, des os du nez, de la voûte du palais, des rangées dentaires, du maxillaire inférieur, s'obtiennent avec la grande règle ou avec la double équerre, ainsi que les épaisseurs de la face au niveau des crètes zygomatique et au niveau des trous sus-maxillaires. Pour toutes les autres mesures, le compas à pointe glissante est le meilleur et le plus commode des instruments. Il suffit à peu près tout seul aussi pour mesurer les diverses dimensions du crâne et de la face des petits animaux, Ovidés, Suidés, etc.

Avec un peu d'exercice, on arrive très-promptement à manier sans difficulté ces instruments crâniométriques, dont l'utilité scientifique ne saurait être contestée.

Nous allons maintenant énumérer les éléments de crâniométrie complète à la détermination desquels ils doivent être employés dans les recherches de laboratoire, en tirant de notre propre registre d'observations des exemples se rapportant autant que possible à des pièces conservées dans les musées publics.

1º *Crâne du* RIMBOW, *cheval de course dont le squelette appartient au musée de l'école d'Alfort.*

Millim.

1. Diamètre cérébral longitudinal........................ 100
2. Diamètre cérébral transverse....................... 111
3. Angle fronto-pariétal ou facial..................... 10
4. Distance entre les extrémités des crètes pariéto-frontales. 95
5. Distance entre les deux orbites.................... 170
6. Largeur de l'apophyse orbitaire du frontal.......... 26
7. Largeur de l'arcade zygomatique.................. 26
8. Largeur du pont temporal (apophyse zygomatique)....... 45
9. Longueur de l'occipital........................... 53

Millim.

10. Longueur de la protubérance occipitale................. 55
11. Distance de la protubérance au trou occipital.......:.... 60
12. Distance du trou occipital à l'angle vidien.............. 115
13. Largeur du sphénoïde, corps et ailes.................. 75
14. Largeur aux ponts temporaux...................... 200
15. Diamètre vertical de l'orbite..................... 63
16. Diamètre horizontal de l'orbite................... 57
17. Distance de l'orbite à l'angle inférieur du zygomatique.... 57
18. Distance de l'orbite à l'angle naso-maxillaire du lacrymal. 43
19. Distance de l'angle interne du zygomatique à sa crête..... 27
20. Distance de l'angle naso-maxillaire à l'angle zygomatique du lacrymal........................... 34
21. Distance de l'angle supérieur interne au supérieur externe du lacrymal........................... 39
22. Largeur du sus-nasal au niveau de l'angle interne du lacrymal........................... 67
23. Épaisseur de la face aux crêtes zygomatiques 185
24. Épaisseur de la face aux trous sus-maxillaires........... 79
25. Distance perpendiculaire de la pointe du sus-nasal à la branche incisive..................... 40
26. Distance de la pointe du sus-nasal au trou incisif........ 63
27. Distance de la pointe du sus-nasal à l'angle naso-maxillaire. 100
28. Longueur du sus-nasal......................... 245
29. Longueur totale de la face (à partir de la limite inférieure de la boîte crânienne)................... 410
30. Longueur de l'espace interdentaire supérieure.......... 105
31. Distance du bord guttural du palatin à l'arcade incisive... 270
32. Longueur de la rangée molaire...................... 190
33. Distance entre les rangées au niveau de la dernière molaire. 115
34. Distance entre les rangées au niveau de la première molaire. 72
35. Corde de l'arc incisif......................... 54
36. Plus grande largeur de la branche montante du maxillaire. 125
37. Distance du bord refoulé au fond de l'espace intercondylo-coronoïde................... 230
38. Longueur de la branche descendante, corps compris.... 285
39. Écartement extérieur des branches montantes pris en haut. 162
40. Écartement extérieur des branches montantes pris en bas. 110
41. Distance entre les rangées molaires prise extérieurement en haut........................... 85
42. Distance entre les rangées molaires prise extérieurement en bas........................... 60
43. Longueur de l'espace interdentaire inférieur............ 104

Indice céphalique = 90,1

Indice facial..... = 45,1

2° *Crâne de Bœuf*, XI, 130 *de la collection de Gall.* Muséum
de Paris.

(La mandibule manque.)

	Millim.
1. Diamètre cérébral longitudinal............................	106
2. Diamètre cérébral transverse...........................	95
3. Distance du point le plus saillant du sommet frontal à la racine du nez..	230
4. Corde de l'arc du repli supérieur du frontal.............	70
5. Distance de la base de la cheville osseuse à l'extrémité de l'arc frontal..	45
6. Moindre largeur du front...............................	180
7. Distance entre les orbites..............................	240
8. Largeur de l'apophyse orbitaire.........................	28
9. Longueur de la cheville osseuse	146
10. Diamètre vertical de l'orbite............................	75
11. Diamètre horizontal de l'orbite..........................	70
12. Longueur du lacrymal...................................	104
13. Distance du bord interne du lacrymal à son angle maxillo-zygomatique..	64
14. Épaisseur de l'apophyse zygomatique....................	20
15. Épaisseur de la face aux épines sus-maxillaires	165
16. Épaisseur de la face aux trous sus-maxillaires...........	104
17. Distance du bord interne du grand sus-maxillaire à son épine...	104
18. Longueur du sus-nasal	183
19. Distance du bord guttural du palatin à l'extrémité de l'incisif.	270
20. Distance du trou occipital au bord frontal supérieur	92
21. Longueur de la rangée molaire..........................	125
22. Distance extérieure entre les rangées molaires en haut...	130
23. Distance extérieure entre les rangées molaires du bas....	100
24. Distance entre les bords tranchants du maxillaire........	52

3° *Crâne de Suidé* n° 2504 *de la galerie du Muséum de Paris.*
Trouvé par M. Boucher de Perthes dans les tourbières de la
Somme, à Abbeville, à un mètre de profondeur sous le lit de la
Somme, et à cinq mètres du niveau de l'eau. — 1860.

(La mandibule manque.)

	Millim.
1. Diamètre cérébral longitudinal...........................	82
2. Diamètre cérébral transverse...........................	62
3. Largeur de la protubérance occipitale...................	59
4. Distance de l'angle de la protubérance à l'angle des frontaux.	40

Millim.

5. Distance de l'angle de la protubérance au bord du trou occipital 61
6. Distance entre les crêtes frontales en haut............... 27
7. Distance entre les crêtes en bas........................ 65
8. Distance entre les orbites............................. 60
9. Diamètre transverse de l'orbite........................ 36
10. Longueur du frontal 100
11. Largeur de l'arcade zygomatique...................... 27
12. Distance du bord de l'orbite à l'angle inférieur du zygomatique.. 28
13. Distance de l'angle maxillo-lacrymal à l'angle inférieur du zygomatique.. 28
14. Largeur du lacrymal à sa sortie de l'orbite.............. 21
15. Largeur du lacrymal au niveau de l'angle maxillo-zygomatique.. 22
16. Longueur du côté interne du lacrymal.................. 50
17. Longueur du côté externe du lacrymal................. 25
18. Largeur du sus-nasal à la racine du nez............... 19
19. Longueur du sus-nasal................................ 150
20. Largeur du grand sus-maxillaire au niveau de l'épine.... 50
21. Épaisseur de la face au niveau des épines sus-maxillaires. 92
22. Épaisseur de la face au niveau des trous sus-maxillaires. 32
23. Longueur de l'os incisif............................... 114
24. Distance du bord guttural du palatin au bord incisif...... 190
25. Longueur de la rangée molaire......................... 109
26. Distance entre les rangées molaires extérieurement en haut.. 55
27. Distance entre les rangées molaires extérieurement en bas. 43

Ces éléments fournissent, par la comparaison, des documents fort utiles et souvent décisifs pour les déterminations spécifiques; mais ils ne sauraient toujours suffire tout seuls. Il y faut joindre l'étude directe des surfaces et des lignes, dont le dessin surtout donne l'aperçu le plus exact et le plus précis; enfin tout ce qui a contribué à constituer cette branche nouvelle de la science anatomique qui porte maintenant le nom de crâniologie, et dont nous nous permettons de recommander la culture aux jeunes zootechnistes désireux de faire avancer leur propre science, en même temps que de fournir, par les résultats de leurs recherches, des contributions à l'anthropologie générale ou zoologique.

Définition de la variété. — Parmi les auteurs zoologistes contemporains, ceux qui ne sont pas décidément transformistes admettent néanmoins que l'espèce varie ; mais ils admettent, en outre, avec Geoffroy Saint-Hilaire, que ses variations se maintiennent dans les limites déterminées.

Si l'on a bien voulu suivre avec attention des développements que nous avons précédemment consacrés à la définition et à la caractéristique de l'espèce, chez les animaux vertébrés, il ne sera pas nécessaire d'insister beaucoup pour faire saisir la confusion qui est ainsi commise par ces auteurs, non plus que pour exposer la réalité des choses dans ses véritables termes. Il sera évident, en effet, que les variations reconnues ne touchent en aucune façon aux caractères de l'espèce, dont nous avons démontré l'inébranlable fixité par des preuves expérimentales inattaquables. Ces variations concernent exclusivement les parties superficielles de l'individu et celles qui, en vertu de ses aptitudes physiologiques, sont susceptibles de se plier plus ou moins aux influences du milieu qu'il subit, pour s'y adapter sous des conditions déterminantes que nous aurons à étudier plus loin.

Dans la descendance d'un couple primitif ou dans une race, certains individus, sous des influences naturelles indéterminées ou sous des influences artificielles et par conséquent connues, tout en conservant les caractères de leur espèce, en manifestent des secondaires par lesquels ils diffèrent plus ou moins de la généralité des individus de leur race. Ces individus ont ainsi subi des variations dont la manifestation est, de son côté, l'expression d'une loi naturelle tout aussi incontestable que l'est celle de l'espèce même.

L'erreur de la doctrine transformiste ou darwinienne, comme on l'appelle encore, ne consiste point à reconnaître et à proclamer cette loi de variation qui est, nous le répétons, une vérité évidente et d'une importance pratique considérable; elle consiste à l'appliquer faussement et à en tirer des conséquences qui n'y sont nullement contenues. Il y a pour sûr chez les êtres vivants tout un

ensemble d'attributs ou de propriétés qui sont, par leur
nature même, en relations nécessaires avec les circonstances de milieu. Toutes les fois que ces circonstances
changent ou varient, les attributs ou propriétés en question changent ou varient eux-mêmes, jusqu'aux limites
de leur propre élasticité. Celles-ci étant dépassées par un
changement trop brusque ou trop étendu des circonstances, l'individu succombe. Mais en deçà, la variation est
la loi.

Lorsque deux individus de sexe différent qui ont varié
ainsi dans le même sens s'accouplent ou sont accouplés
ensemble, ils donnent naissance à une nouvelle famille
dans laquelle, en vertu de la loi des semblables, les caractères qui les distinguent se reproduisent ou se multiplient. Cette nouvelle collection d'individus, distincte des
autres familles de sa race par un certain nombre de
caractères communs ou même par un seul caractère
commun, constitue une variété.

*La variété est donc une collection ou un groupe d'individus
de même race ayant un ou plusieurs caractères secondaires
communs.*

Ces caractères secondaires embrassent, comme nous
le savons, la couleur, la taille ou le volume total, la conformation générale du corps, le développement plus ou
moins grand de l'une ou de plusieurs de ses parties par
rapport aux autres, celui d'une ou de plusieurs de ses
aptitudes physiologiques. Toutes ces choses n'ont rien de
commun avec le type naturel ou spécifique de la race, et
peuvent se présenter exactement semblables chez des
individus d'espèce différente.

Il y ainsi des variétés de couleur, de taille, de conformation et d'aptitude dans toutes les races.

Sous la variété, l'individualité subsiste. Ce qui a commencé par être caractère individuel devient caractère de
variété en se multipliant, et fait place à un ou plusieurs
autres caractères individuels; car, ainsi que nous l'avons
dit en définissant l'individu, l'individualité est irréductible. Sous l'uniformité apparente il subsiste toujours des
particularités de couleur, de taille, de forme et d'apti-

tude, qui suffisent à caractériser l'individu, à le distinguer entre toutes les autres unités de son espèce et de sa variété.

Maintenant que celle-ci est définie et que sa caractéristique est bien nettement distincte de celle de l'espèce, il ne sera pas difficile de faire voir la double erreur dans laquelle sont tombés ceux qui, d'une part, veulent faire admettre la mutabilité de l'espèce en prenant pour base de raisonnement la loi de variation des individus, et, d'autre part, ceux qui ont adopté pour la race la définition visée précédemment, consistant à faire de la race une variété constante de l'espèce.

D'abord, dans le sens exact des mots, nous savons qu'il ne peut pas y avoir plusieurs races d'une même espèce, puisque chaque race est seulement d'une espèce particulière, et rien de plus. Dans l'ordre naturel, il y a donc tout juste autant de races que d'espèces, ni une de plus, ni une de moins. Ensuite, l'espèce ne variant point, puisque son attribut essentiel est la fixité, il serait contradictoire d'admettre des variétés de l'espèce.

Ce qui varie, comme nous venons de le constater, ce sont les individus composant la race d'une espèce ou représentant celle-ci dans la suite du temps; ce sont les attributs individuels des êtres qui la perpétuent. Une fois qu'ils ont varié en un sens quelconque, ces attributs deviennent constants sous des conditions que nous aurons à étudier et tant que ces conditions persistent; mais de même que leur constance ne peut point leur faire acquérir la valeur de caractères spécifiques, puisqu'ils sont en dehors de la caractéristique de l'espèce, pour la même raison ils sont impuissants à constituer une race, du moment que l'espèce seule jouit d'un tel attribut.

La variété, qui d'ailleurs n'existe point sans une certaine constance de ses caractères, est donc simplement une division ou un groupe secondaire dans la race de chaque espèce; elle ne saurait logiquement être autre chose. Chez les êtres organisés, il y a des individus, des espèces d'individus ou des individus de diverses espèces, et des variétés d'individus. Ces trois divisions ou distinctions des groupes d'individus se rapportent à leurs formes ou à leurs couleurs, et s'y rapportent exclusivement. Elles sont objectives et non point particulières aux êtres organisés. La race, au contraire, embrasse tous les individus passés, présents et futurs d'une même espèce, sans distinction ou division secondaire, parce que tous ont au même titre la faculté de se reproduire par la génération et qu'ils sont tous issus du même couple primitif. Il n'y a donc pas de confusion possible entre la variété et la race.

Du reste, ce n'est guère ailleurs que dans les écrits de quelques naturalistes français qu'on la recontre. En décrivant le bétail d'un pays ou d'une région quelconque, les auteurs allemands ne la commettent point. Ils ne font pas toujours une application juste des termes correspondants de leur langue; mais ils maintiennent toujours la distinction entre la race (*Rasse*) et la variété (*Schlag*).

Ainsi Wilckens, par exemple, dans les remarques qu'il a publiées sur les bêtes bovines autrichiennes (1), y admet trois races ou trois formes fondamentales, d'après les déterminations de Rütimeyer, et dans chacune de ces races un certain nombre de variétés. Il distingue notamment, dans la race grise à longues cornes, les variétés hongroise, transylvanienne, podolienne et moldave.

Ces mêmes auteurs allemands admettent en outre d'autres subdivisions de la race, dont il n'est pas toujours facile de saisir nettement la signification, et sur lesquelles ils ne sont pas tous d'accord; mais leurs dissidences laissent toujours subsister une place pour la variété distincte de la race.

Weckherlin, dans son traité didactique, avait adopté, pour la gradation de ces subdivisions, l'ordre suivant: *Rasse, Stamm, Schlag, Familie, Mitelrasse, Spielart, Individuum.* Settegast lui substitue celui-ci : *Rasse, Schlag, Spielart, Stamm, Zucht, Familie, Individuum.*

---

(1) M. WILCKENS, *Bemerkungen über osterreischische Rindviehrassen. Fühling's landwirthschaftliche Zeitung*, 6 Heft, XXIV Jahrg, p. 401, juin 1875.

H. von Nathusius fait remarquer qu'une telle terminologie n'étant point nécessaire pour se comprendre, est selon lui non seulement superflue, mais encore nuisible, et que le langage ordinaire adopté par l'usage suffit complètement. Les différences de définition, nécessairement impliquées par les places différentes qu'occupent les mêmes termes dans les deux séries de Weckherlin et de Settegast, ne peuvent que produire des confusions dans une matière où la clarté et la précision sont surtout indispensables.

Entre la variété (*Schlag* des Allemands) et l'individu, il n'y a de place, à notre avis, pour aucun terme pouvant avoir la moindre utilité dans une classification des animaux sujets de la zootechnie. Chacun des termes admis doit correspondre à une loi naturelle dont il est l'expression et qu'il nous rappelle constamment. Dès qu'il n'en est plus ainsi, ce terme devient encombrant et par conséquent nuisible. Il faut le rejeter. Linné, qui en cela est le maître des maîtres, a dit : *genus, species, varietas,* et s'en est tenu là. Il n'y a pas de raison valable pour ne point s'y tenir avec lui.

Définition du genre. — Nous n'avons point à nous étendre longuement ici sur la définition du genre, pas plus que sur sa caractérisque. Il n'existe, au sujet des animaux dont nous avons à nous occuper, qu'une seule difficulté à résoudre, quant au nombre des genres dans lesquels ils doivent être classés.

Le genre est lui-même formé par le groupe des espèces d'une même classe qui ont de commun entre elles un ou plusieurs caractères d'un ordre plus général que celui auquel appartiennent les caractères spécifiques.

Chez les vertébrés mammifères, c'est la forme et le nombre des dents qui fournissent les meilleurs caractères génériques ; mais la forme générale de la tête sert aussi pour déterminer la caractéristique. Toutes les espèces dans lesquelles les individus ont en même nombre des dents de même forme ou de même type sont de même genre ou appartiennent à une même série générique naturelle.

Nous ne croyons point qu'il y ait à cela aucune exception dans les genres universellement admis. Par conséquent, nous sommes autorisé à y voir l'expression d'une loi. La dentition des chèvres ne diffère pas plus de celle des brebis que celle des ânes ne diffère de la dentition des chevaux. Les chèvres et les brebis, comme les ânes et les chevaux, sont donc d'un seul et même genre. Cuvier, du reste, dont l'autorité est bien de quelque poids en telle matière, dit lui-même (1) qu'il n'y a pas de raisons suffisantes pour les séparer.

Flourens a donné du genre une caractéristique physiologique tirée de la faculté de fécondation. Sont de même genre, d'après lui, tous les individus qui sont capables de se féconder entre eux par l'accouplement; mais sont de la même espèce seulement ceux dont les suites sont indéfiniment fécondes.

Cette caractéristique, outre qu'elle a le grave inconvénient de ne pouvoir s'appliquer qu'aux sujets vivants et par la voie expérimentale, ce qui équivaudrait à une parfaite inutilité pratique, n'est pas d'accord avec la réalité. Il est notoire que la fécondation est impossible entre individus de genres différents. Les histoires d'hybrides bigénères, dont il faut d'abord éliminer ceux de brebis et de chèvres pour la raison tout à l'heure indiquée, ne s'appuient que sur des on dit ou sur des affirmations non vérifiées, ainsi qu'Isidore Geoffroy Saint-Hilaire l'a parfaitement établi (2). Elles sont purement apocryphes.

Mais il est également notoire maintenant que l'accouplement d'individus d'espèces différentes dans un même genre donne lieu le plus souvent à des suites indéfiniment fécondes, contrairement à ce que croyait Flourens. Les produits du bouc et de la brebis, industriellement exploités au Chili, ceux du lièvre et de la lapine, dont nous avons déjà parlé, en fournissent des preuves non douteuses et que nous citons seulement parce que per-

----

(1) *Règne animal,* 1ʳᵉ édition, t. I, p. 277.
(2) *Histoire naturelle générale des règnes organiques,* t. III, chap. x, p. 135.

sonne ne considère ces sujets-là comme étant de la même espèce.

Si donc la possibilité de fécondation réciproque n'appartient véritablement qu'aux espèces d'un même genre, il n'est pas exact que son caractère distinctif soit de donner naissance à des hybrides, c'est-à-dire à des sujets eux-mêmes inféconds entre eux.

La caractérisique de Flourens, qui était aussi celle de Frédéric Cuvier, ne pourrait donc à aucun titre être acceptée. Il convient de lui préférer, comme pour l'espèce, la caractéristique anatomique, incontestablement exacte et facile à appliquer.

Classification. — Nous sommes maintenant en possession de tous les éléments de classification naturelle, de toutes les lois qui régissent les formes fondamentales et secondaires des animaux domestiques et qui, seules, peuvent servir de bases solides pour la constitution des méthodes de reproduction zootechnique de ces animaux.

Nous pouvons donc résumer ces lois naturelles de la classification zoologique, dégagées par l'analyse des faits et vérifiées expérimentalement. Le simple énoncé des expressions qui les rappellent à l'esprit suffira, en commençant par les plus générales ou dans l'ordre inverse de celui que nous avons suivi pour nos études. Ainsi nous aurons, comme premier terme, celui de l'embranchement du règne animal auquel appartiennent les sujets qui nous intéressent et qui est l'embranchement des vertébrés ; comme deuxième terme, celui de leur classe, qui est la classe des mammifères ; comme troisième, celui de leur genre ; comme quatrième, celui de leur espèce ; et enfin comme cinquième, celui de leur variété.

Tous nos sujets étant à la fois de la même classe et partant du même embranchement, il serait sans intérêt aussi bien que sans utilité pratique de répéter ultérieurement, dans nos études, ces deux termes devenus ainsi superflus. Nous pourrons par conséquent les laisser de côté sans aucun inconvénient, et ne tenir compte que de leur genre dans nos classifications.

Dans chaque genre nous désignerons indifféremment

par les termes d'espèce ou de race la division taxonomique placée immédiatement après celle que constitue le genre lui-même, parce qu'on sait que ces termes se rapportent au même objet envisagé à deux points de vue différents. Nous emploierons celui de l'espèce quand il s'agira de désigner le type morphologique ou la forme spécifique des individus ; celui de race, pour indiquer la collectivité des individus construits sur ce type ou qui le représentent.

Il importe beaucoup qu'aucune confusion ne subsiste à cet égard, et que ceux qui ont sur le sujet des habitudes vicieuses de langage fassent des efforts pour s'en débarrasser. La confusion dans les termes entretient celle des idées. Le langage scientifique ne saurait jamais être trop précis. On doit se défier de la rectitude d'esprit de ceux qui n'accordent, dans les choses de la science, aucune importance aux mots ou expressions. Les mots n'ont pas d'autre fonction que celle de représenter des idées. Les idées claires ne s'expriment que par des mots justes ou propres. Le mot race et le mot espèce s'appliquent à un seul et même objet; mais ils expriment sur cet objet deux idées ou notions différentes.

On ne dira point, par exemple, indifféremment aussi variété de l'espèce ou variété de la race, parce que nous savons que ce n'est point l'espèce qui se divise en variétés, mais bien la race, qui seule est un collectif. L'espèce peut être représentée par un seul individu, et un individu ne se divise point chez les animaux mammifères, sans cesser d'exister. Le genre se divise en espèces, dont chacune est dans notre cas représentée par sa race, qui se divise à son tour en variétés, qui elles-mêmes se divisent en individus.

C'est ainsi, et pas autrement, que se doit comprendre la classification zoologique, en tant qu'elle intéresse le zootechniste. Nous croyons, en cette mesure, avoir exposé ses bases clairement.

De graves erreurs ont été commises par les auteurs qui les ont méconnues, en tirant de leurs observations des conclusions fautives pour n'avoir pas mis à leur place naturelle les sujets de ces observations. Bon nombre d'éleveurs, de leur côté, s'épuisent en vains efforts, perdent leur temps et leurs capitaux à la poursuite de résultats en contradiction avec les lois naturelles, parce que celles-ci ne leur sont point connues. Ils ont l'ambition de créer des races, c'est-à-dire des espèces animales nouvelles. Mieux instruits sur les bases de la classification naturelle, ils comprendront qu'ils font fausse route et ne viseront plus que des buts accessibles à leur industrie, par conséquent pratiques.

CHAPITRE III

LOIS DE L'EXTENSION DES RACES

Aire géographique. — Les représentants de chacun des types spécifiques occupent naturellement, à la surface du globe terrestre, un certain espace qu'on a nommé l'aire géographique de leur race ou de leur espèce.

La constatation d'un tel fait est d'une importance énorme pour la zootechnie. Il a été pendant trop longtemps méconnu, et il l'est encore trop souvent. La loi qui le régit assigne à chaque race, abandonnée à ses seuls instincts, un habitat particulier, en dehors duquel ceux-ci ne peuvent pas être satisfaits. Déterminer les conditions de cet habitat, afin de ne pas transgresser la loi dans nos combinaisons artificielles, est donc une obligation impérieuse pour éviter leur échec. Bacon a dit depuis longtemps, sous une forme qui, pour n'être pas irréprochable, n'en exprime pas moins une vérité, qu'on commande à la nature seulement en lui obéissant.

La notion de l'aire géographique a fait naître, dans beaucoup de bons esprits, l'idée d'un rapport nécessaire entre les formes typiques ou spécifiques des êtres organisés et la constitution même du sol qu'ils habitent et dont ils seraient ainsi le produit direct. Mais les objections se présentent en foule contre une semblable hypothèse, et c'est à peine si elle peut seulement être prise en considération. Il est de connaissance vulgaire, notamment, qu'un nombre plus ou moins grand de races appartenant même à des genres divers occupent, le plus souvent en même temps, une aire géographique qui leur est également naturelle. La constitution géologique se montre même parfois très-variée dans son étendue. Cela suffirait, sans plus ample examen, pour faire rejeter l'hypothèse. Agassiz (1), de son côté, s'est appuyé sur ce dernier fait pour admettre la nécessité d'une intelligence créatrice.

La vérité est que nous ignorons absolument et la loi d'apparition des types naturels organisés à la surface de notre globe, et celle du déterminisme de leurs formes diverses. On est même autorisé à dire, dans l'état actuel de la méthode d'investigation qui s'impose à nos recherches, que toute conclusion à leur égard sort du domaine dans lequel la science doit se maintenir pour cheminer sur un terrain solide. Elle ne peut appartenir qu'à celui de l'imagination pure, n'étant point vérifiable expérimentalement. Chacun, pour la satisfaction de son propre esprit, a le droit d'en adopter une, si le doute lui pèse sur ce grave sujet ; mais il n'a pas celui de la présenter comme la meilleure de toutes, et surtout celui de se montrer intolérant.

La stratification régulière, dans les couches terrestres, des restes osseux ou fossiles de ces formes naturelles diverses, qui nous porte à les considérer comme appartenant à des faunes successives, n'est peut-être qu'une simple apparence. Nous ne connaissons encore, en ce sens, qu'une partie relativement bien faible de la surface de notre globe. La plus grande d'ailleurs, étant recouverte par les mers, nous cache sans doute des faits importants, dont la connaissance viendrait probablement modifier beaucoup nos appréciations. Toutefois, comme on ne peut raisonner solidement que d'après l'état actuel de la science, nous sommes obligés d'admettre, au moins provisoirement, que chacune des espèces animales connues a commencé de se manifester à l'une des époques déterminées par les connaissances géologiques, et qu'elle appartient à la faune de cette époque, ses restes ayant été trouvés pour la première fois dans l'un des terrains qui la constituent et qu'ils caractérisent par leur présence.

(1) L. Agassiz, De l'espèce et de la classification en zoologie, traduction de l'anglais par Félix Vogely. Paris, 1869.

Et cela nous fournit un moyen facile de déterminer, dans l'aire géographique actuelle de chaque race, le lieu d'apparition de son espèce, son centre de rayonnement, ou ce qu'on appelle encore communément son *berceau*, c'est-à-dire son origine ethnique.

Origine ethnique des espèces. — Lorsque, dans l'étendue de l'aire géographique actuelle d'une race, il existe plusieurs formations géologiques distinctes, il est clair, d'après ce qui vient d'être dit, que les premiers représentants de son espèce ne peuvent être apparus que sur l'un des points de celle à la faune de laquelle cette espèce appartient. Que l'apparition ait lieu par un seul individu, par un couple ou par plusieurs, et quelle que soit la cause première de cette apparition, dont nous avons déclaré ne point nous occuper, peu importe. Dans tous les cas possibles, le fait est impérieusement nécessaire.

Ainsi, par exemple, aucun représentant fossile des genres auxquels appartiennent les animaux domestiques dont nous nous ocuupons n'ayant été rencontré avant la formation des terrains de l'époque tertiaire, et proprement avant la période dite pliocène, il est évident que nous ne pourrions pas sans erreur placer l'origine ethnique de l'une quelconque de leurs espèces sur une formation géologique antérieure à cette époque ou à cette période. Les populations qui s'y trouvent actuellement s'y sont étendues ou y ont été introduites dans les temps postérieurs. Cela s'est produit en vertu du fonctionnement d'autres lois que nous verrons plus loin. Il paraît certain que sur les terrains dont la formation est antérieure à celle du pliocène ou du tertiaire supérieur, les conditions de vie n'existaient point encore pour les espèces dont il s'agit.

Ce premier fait, incontestable, croyons-nous, dans l'état présent de la science, est une des données principales du problème que nous examinons en ce moment, et il en fournit une solution satisfaisante, dans le cas où l'aire géographique de la race est continue. En ce cas, le point radiant de celle-ci est facile à déterminer. sans recourir à d'autres considérations que celles relatives à la configuration du sol, dont nous verrons l'influence.

Mais lorsque les représentants de l'espèce se trouvent, en populations à peu près égales ou même différentes, sur des points de l'espace plus ou moins éloignés les uns des autres et séparés par des populations appartenant à d'autres races, l'aire géographique naturelle de cette espèce peut être aussi bien, *a priori*, placée autour de l'un que de l'autre de ces points, à la condition que la formation tertiaire existe partout. Contrairement à l'opinion d'Agassiz, due évidemment à l'insuffisance des déterminations spécifiques, l'espèce ne peut pas s'être manifestée en même temps sur les deux points à la fois. Nous le démontrerons bientôt. Il y a eu nécessairement transport; la question est de savoir dans quel sens ce transport a eu lieu.

Lorsque, d'un côté, les terrains tertiaires font défaut, ainsi que nous en verrons des exemples, la solution ne présente pas de difficulté. Il suffit de constater leur absence pour s'assurer que le berceau de la race n'a pas pu être là; et dans la plupart des cas de ce genre, les notions historiques ou préhistoriques acquises à la science fournissent l'explication du fait, ainsi que nous en avons donné des exemples, et notamment un bien remarquable relatif aux populations chevalines du centre de la Bretagne (1).

Parfois même il s'agit d'un phénomène contemporain ou peu éloigné. Presque toujours, le concours de la géologie, de la paléontologie, de l'archéologie préhistorique et historique, appuyé sur la loi même de l'espèce en vertu de laquelle tous les individus d'un même type naturel ont nécessairement une origine commune, comme il y a non moins nécessairement une origine distincte pour chacun des types spécifiques; presque toujours, disons-nous, ce concours conduit à des concordances qui ne laissent pas de doute sur la solution cherchée.

(1) A. Sanson, *Les migrations des animaux domestiques. La philosophie positive*, mai-juin 1872.

L'histoire traditionnelle ou écrite des migrations et des invasions des populations humaines se confirme par la présence, sur les lieux de leur passage ou de leur arrivée, des types d'animaux domestiques qu'elles ont dû entraîner à leur suite ou qui leur ont servi de monture.

Dans le cas contraire, de l'existence à la fois sur les deux points éloignés de la formation tertiaire, la solution est moins simple à trouver. Il faut choisir en prenant pour base les considérations de mouvement dont nous venons de parler, et, en leur absence, une autre qui d'ailleurs concorde à peu près toujours avec elles, quand on a des documents sur ce qui les concerne. Cette autre considération est celle même des conditions de vie de la race dont l'origine ethnique est en question. Les plus fortes probabilités sont évidemment pour que l'espèce soit apparue sur le lieu même où, actuellement, se montrent pour sa race les meilleures conditions naturelles d'existence ou de vie, sur celui où elle atteint naturellement son maximum de vitalité.

Cette dernière considération soulève un autre problème dont la solution, tout à fait satisfaisante, n'a pas pu encore être donnée. Est-il permis d'admettre qu'une espèce dont les congénères les plus voisines continuent de vivre sur son lieu d'origine, où elles rencontrent les meilleures conditions d'existence, ait pu s'y éteindre elle-même entièrement? Nous verrons tout à l'heure que l'extinction des races paléontologiques n'a pu se produire, d'après toutes les probabilités, qu'à la suite d'un complet changement de climat, et que sur le sol dans lequel leurs restes se trouvent, leurs voisines de série congénère ne se rencontrent plus à l'état vivant.

On en peut par conséquent conclure, sans chances d'erreur grave, que le berceau de la race, le point radiant de son espèce ou le lieu d'apparition de celle-ci est situé là où se trouvent actuellement pour ses représentants les conditions naturelles de vie ou d'existence les plus complètes. S'il s'agit, par exemple, d'une espèce chevaline, ce sera le lieu de la formation tertiaire, pliocène ou postpliocène, où poussent les gazons naturels

les plus planturaux et les plus succulents, en même
temps que les moins humides ; si d'une espèce bovine,
les rivages des lacs tertiaires, couverts d'une végétation
herbacée plus ou moins marécageuse ; d'une espèce
d'Ovidés, les plateaux élevés couverts d'herbes fines et
courtes ; d'une espèce de Suidés, les sols forestiers producteurs de glands, de faînes, de racines charnues et
de tubercules, en même temps que d'une population de
petits rongeurs terrestres.

Formation de la race. — La doctrine dite des
causes actuelles ou de la continuité, maintenant admise en
géologie à peu près universellement, nous autorise à penser que les lois biologiques auxquelles obéissent présentement les êtres organisés sont celles qui les ont toujours
régis depuis le commencement de leur existence. Il suffit donc d'observer, par exemple, la dépendance étroite
qui se manifeste entre une population quelconque et la
somme des subsistances nécessaires à l'entretien de sa
vie, entre la qualité de ces mêmes subsistances et cet
entretien, pour être sûr qu'une telle dépendance n'a jamais cessé d'exister.

D'un autre côté, il suffit aussi de constater, par l'observation actuelle, que sous la réserve des influences
extrinsèques, dont celle de l'alimentation n'est qu'une
des principales, les êtres vivants se multiplient avec le
temps d'après une certaine progression, pour être autorisé à conclure que les groupes naturels ont commencé
par un nombre quelconque, plus faible que le nombre
actuel, qui représente un maximum, à moins que le
groupe ne soit en décadence visible.

Quel a dû être ce nombre primitif? Ce qui se passe
sous nos yeux permet, croyons-nous, de le déterminer
sans difficulté. Eu égard aux espèces dont nous nous
occupons, il n'est guère possible de douter que chacune
d'elles ait débuté par le couple qui est nécessaire pour
constituer la famille primitive.

Agassiz (1) n'est cependant point de cet avis. Il pense

1) *Loc. cit.*, p. 54 et suiv.

au contraire que l'espèce est apparue (d'après lui elle a été créée) simultanément sur des lieux très-divers par un grand nombre d'individus à la fois. Il résume à cet égard sa pensée de la manière suivante : « Donc, dit-il (p. 59), du jour même de leur apparition, les pins ont été des forêts ; les bruyères, des landes ; les abeilles, des essaims ; le harengs, des bancs de harengs ; les buffles, des troupeaux ; les hommes, des nations. »

Malgré le respect qu'inspire le génie d'un tel maître, **il** n'est guère possible de se dispenser de faire remarquer qu'il ne fournit point d'arguments valables à l'appui de son opinion, opposée à celle qui prédomine parmi les naturalistes et qu'il rappelle ainsi : « La croyance générale est aujourd'hui que chacune d'elles (les espèces) a eu originellement un point de départ d'où elle s'est répandue ensuite sur toute l'étendue qu'elle occupe actuellement. Ce point de départ serait même encore indiqué par la prédominance ou la concentration plus grande de l'espèce, en un certain point de son aire naturelle, qu'on appelle, en conséquence, le centre de distribution ou le centre de création. A la périphérie de son territoire, l'espèce serait plus éparpillée, plus clair-semée pour ainsi dire, et quelquefois les représentants en seraient très-réduits. »

On ne peut évidemment pas être convaincu que c'est là une erreur, lorsque l'auteur se borne à ajouter ceci : « La zoologie, dit-il, a fait un grand pas le jour où, grâce à une connaissance plus étendue et plus précise de la distribution géographique des êtres organisés, les naturalistes durent se convaincre que pas un animal ou une plante n'a pu prendre origine sur un point unique de la surface du globe et s'étendre ensuite de plus en plus jusqu'à ce que la terre fût peuplée. Ce fut réellement un progrès immense et qui affranchit la science des entraves d'antiques préjugés. Maintenant, en effet, que nous avons sous les yeux toutes les données de la question, on a peine à concevoir que cette progressive irradiation autour d'un centre primitif ait pu sembler une explication suffisante de la diversité qui, partout, se montre sur la terre. Car admettre des centres distincts de distribution pour

chaque espèce dans ses limites naturelles, c'est véritablement couper les faits en deux. Il y a entre les animaux
et les plantes, que partout nous trouvons dans un certain
état de mélange, des rapports innombrables qu'il est
impossible de ne pas regarder comme primitifs et qui ne
peuvent pas être le résultat d'une adaptation successive.
Or, s'il en est ainsi, il s'ensuit forcément que tous les
animaux et les plantes ont occupé, dès l'origine, ces
circonscriptions naturelles dans lesquelles on les voit
établis, et entretenant les uns avec les autres des rapports
si profondément harmoniques. »

A ces affirmations générales Agassiz ajoute seulement,
après la conclusion que nous avons citée plus haut, une
preuve qui est frappante pour lui. Elle consiste en ce que
des espèces qui ont dû avoir à l'origine une répartition
géographique différente et distincte occupent fréquemment des sections de surface habitées en même temps
par d'autres espèces qui, dans toutes ces aires partielles,
sont, selon lui, parfaitement identiques. On peut lui opposer les nombreux faits rassemblés par Alphonse Milne
Edwards (1), et ces faits ne pourront manquer de paraître
tout à fait démonstratifs.

Laissant de côté toutes les considérations si discuta-
bles sur lesquelles s'appuie l'illustre naturaliste, il reste
ce fait incontestable que dans les conditions naturelles,
les êtres organisés jouissent de la faculté d'accroître leur
nombre suivant une progression géométrique, c'est-à-dire
de se multiplier par génération, selon la locution commune.
L'expression la plus simple de cette progression serait
$:: 2 : 4 : 8 : 16 : 32 : 64 :... n$, dont la raison est 2 ; ou en
d'autres termes, les êtres organisés se multiplieraient
suivant la série indéfinie des puissances de 2 ($2, 2^2, 2^3,$
$2^4..., 2^n$).

Il est clair que cette série ascendante étant admise
comme résultant nécessairement des propriétés physiologiques de l'individu, le nombre actuel de la population

---

(1) *Recherches sur la faune des terres australes.* Couronnées
par l'**Académie des** sciences en 1873 (prix Bordin).

d'une espèce représente le dernier terme de la progression au moment où on la considère, et que, partant de là, il est facile de retrouver inversement le premier terme en descendant la même série.

Mais les choses ne se présentent point avec ce degré de simplicité. Indépendamment des nombreuses perturbations dont la plupart sont encore inconnues, nous savons fort bien que la raison de la progression n'est point toujours la même, qu'elle diffère entre les espèces et même entre les individus de chaque espèce. Il y a des espèces unipares et des espèces multipares. Tel couple ne peut produire, dans le cours de son existence, que vingt jeunes au maximum, tandis que tel autre en produira cent. Dans la même espèce tous les individus ne sont pas également féconds. Le phénomène ne se prête donc point à un calcul rigoureux.

Prétendre à déterminer, comme la tentative en a été faite, le temps qu'il a fallu, par exemple, à un couple humain primitif pour engendrer la population actuelle du globe, c'est poursuivre une pure chimère. En un calcul semblable, il y a des chances de se tromper aussi bien de millions que de milliers d'années. Le seul qui soit possible, c'est celui qui se fait en admettant à la progression nécessaire une raison quelconque, arbitrairement choisie. Quelle que soit celle-ci, ce calcul conduit toujours et dans tous les cas au même résultat, qui est l'unité individuelle chez les espèces à génération scissipare, et le couple ou le nombre 2 chez celles à génération bisexuée, comme premier terme de la progression. La conclusion est inéluctable, du moment qu'on admet pour la race un commencement, sans se préoccuper d'ailleurs de la cause première à laquelle peut être due l'apparition du prototype de l'espèce.

En vertu de la loi physique de l'impénétrabilité de la matière, ou de ce que deux corps ne peuvent pas en même temps occuper la même partie de l'espace, les individus d'une espèce, en se multipliant selon leur loi de progression, ont dû nécessairement s'étendre de plus en plus dans cet espace à la surface du sol.

Et c'est ainsi que s'est formée leur race, en tant qu'on la considère seulement comme la collection des individus d'une même espèce, conformément à notre définition qui est, croyons-nous, la seule exacte.

Les limites de son extension naturelle ont été déterminées par des conditions dont nous nous occuperons dans un instant, et qui n'importent point pour notre objet présent. Qu'une race occupe une aire étendue ou restreinte, cela ne change rien à sa qualité propre de race : elle est nombreuse ou rare voilà tout. Quant au sens de cette extension ou de l'irradiation, à partir du centre d'apparition, en étudiant les faits tels qu'ils se présentent sur les aires géographiques accessibles à nos observations, nous constatons toujours qu'il est conforme à la loi de moindre résistance, infaillible dans les phénomènes naturels. Dans nos combinaisons artificielles relatives à l'extension des races, nous avons tout intérêt à nous soumettre à cette loi, ainsi que cela sera démontré par de nombreuses preuves expérimentales.

Quoi qu'il en soit, nous voyons par ce qui précède que la race est une catégorie naturelle des êtres organisés, formée depuis l'origine des choses auxquelles elle se rapporte, une catégorie que nous devons accepter, en renonçant à la prétention d'en créer nous-mêmes des nouvelles du même genre, et comme elle se présente à nous. Notre action sur les individus ne peut viser utilement que le développement de leurs aptitudes variables, en dedans des conditions naturelles d'adaptation au milieu ambiant, que nous devons étudier.

Loi d'accommodation. — Un penseur dont le nom est devenu populaire en France, surtout par les attaques inconsidérées dont il a été l'objet en vue de le rendre odieux, a mis depuis longtemps en lumière une loi naturelle qui a dans nos études présentes une importance de premier ordre. Cette loi est celle du rapport nécessaire entre la population et les subsistances. On l'appelle, dans les écrits des économistes, *loi de population*, ou simplement *loi de Malthus*, du nom du penseur anglais qui l'a découverte et constatée. Observant que la population croît suivant une progression géométrique, ainsi que nous l'avons montré plus haut, tandis que les subsistances ne peuvent croître que suivant une progression arithmétique, en d'autres termes que celles-ci s'additionnent, tandis que les autres se multiplient, Malthus en a conclu qu'il arrive fatalement un moment où la population doit être réduite par la guerre et par la famine, afin que l'équilibre rompu soit rétabli.

C'est de la loi de Malthus que Darwin, de son propre aveu, s'est inspiré pour concevoir son principe de la lutte pour la vie (*Struggle for life*), auquel il a fait jouer, avec celui de la sélection naturelle (*Natural selection*) et celui de la variation dont nous avons déjà parlé, un si grand rôle dans son hypothèse sur l'origine des espèces par voie de transformation.

Comme celle des deux derniers, la réalité du principe de lutte est incontestable. L'instinct de la conservation individuelle étant inhérent à l'organisme même, il est certain que dans toute population où les subsistances deviennent rares, les individus sont fatalement entraînés à se les disputer pour satisfaire le plus impérieux de tous leurs besoins, et qu'ils ne reculent devant aucun moyen pour se les approprier. Dans la lutte, il est naturel que les plus faibles succombent; mais il est naturel aussi que cette lutte s'engage partout à un moment donné, puisque la venue de ce moment est inévitable, par le seul fait de la différence entre les deux modes de progression auxquels obéissent la population et les subsistances qui lui sont indispensables.

Cependant, on constate de plus en plus, chez les économistes de l'époque actuelle, la tendance à considérer la loi de Malthus comme au moins douteuse, sinon tout à fait fausse, en ce qui concerne les populations humaines. Cédant à une illusion de la nature de celles qui ne sont pas précisément rares dans leur esprit, trop peu habitué aux choses expérimentales, ils croient que l'intervention du génie humain et de ses inventions ou combinaisons pour approprier de plus en plus les agents naturels à nos besoins, aura pour effet nécessaire de faire prendre les devants à l'accroissement des subsistances sur celui de la population.

Ainsi que j'ai déjà eu l'occasion de le faire remarquer, en présence d'une nouvelle affirmation de cette erreur (1), ceux qui la formulent ne prennent pas garde que la puissance productive du sol a des limites déterminées, la création de la matière étant en dehors du pouvoir du génie humain, tandis que la reproduction des espèces vivantes est indéfinie. Il y a, par exemple, dans le sol une quantité déterminée d'acide phosphorique. Il en faut, pour constituer le squelette d'un individu d'un certain poids, un minimum connu. Le nombre d'individus que ce sol peut faire subsister est représenté par le quotient de la division du premier nombre par le second. L'intervention de l'invention du génie industriel de l'homme n'y saurait rien changer, pour la raison excellente que ni l'invention ni l'industrie n'ont la puissance d'augmenter la quantité de matière, la quantité d'acide phosphorique qui existe dans le sol ; elles ne peuvent qu'en changer la répartition ou l'exploitation. Plus elles en font utiliser au bénéfice de la subsistance des populations, plus elles rapprochent celles-ci du moment où elles auront atteint leur maximum possible. Or, ce maximum atteint, les populations n'auront pas perdu pour cela cette faculté physiologique de se reproduire, de se multiplier, qui est propre aux espèces vivantes. Et comme alors il n'y aura plus de matériaux disponibles pour les nouveaux arrivants, ils devront mourir.

Telle est la loi dans sa signification absolue. C'est elle qui a imposé aux premiers représentants de toutes les races l'obligation de quitter le lieu de leur naissance, d'émigrer pour conquérir leur subsistance sur un territoire nouveau, à mesure que celui de l'habitation de leurs parents devenait insuffisant pour subvenir à leurs propres besoins. Et c'est ainsi que s'est effectuée l'extension des générations nouvelles en superficie, jusqu'aux limites

(1) *Bulletins de la Société d'anthropologie de Paris,* t. IX, 2ᵉ série, p. 582.

actuelles de l'aire géographique de la race, sous l'aiguillon impérieux de la nécessité ou de la fatalité biologique exprimée par la loi en question.

Chacune des races, considérée à part, se serait ainsi étendue indéfiniment, pour échapper à cette fatalité, si son extension n'avait été bornée par des circonstances dépendant de deux ordres de considérations. L'un de ces ordres de considérations concerne les races voisines, s'irradiant elles-mêmes en vertu de la même loi ; l'autre touche la relation nécessaire entre les conditions générales de milieu et les aptitudes naturelles des individus.

Au premier point de vue, il est évident qu'un moment a dû arriver où les deux races s'étendant ou s'irradiant en sens inverse se sont rencontrées. Alors n'a pu manquer de s'engager entre leurs représentants la lutte pour la vie, la concurrence pour se disputer les subsistances, et cette lutte a duré jusqu'à ce qu'intervînt une sorte de traité de paix, par la délimitation des territoires respectifs. Et à partir de ce moment aussi, l'extension superficielle ne pouvant plus se faire, la mortalité a dû compenser la natalité, dès que la densité de la population s'est trouvée en un état d'équilibre avec la puissance productive du sol occupé.

Au sujet du rapport nécessaire entre les aptitudes naturelles des individus de la race et les conditions de milieu dans lesquelles ils doivent subsister, la question est plus complexe. D'abord on se demande si ces aptitudes sont l'expression ou le résultat du milieu même dans lequel a eu lieu l'apparition du type naturel, et si elles peuvent ou non se plier aux conditions d'un autre milieu plus ou moins différent de celui-là. Eu égard à nos études pratiques, la réponse sur ce premier point est d'une importance capitale. Il convient donc de rechercher dans l'observation et l'expérience ce que nous en devons penser.

L'analyse des faits naturels relatifs à l'extension des races nous fait voir que les fonctions physiologiques de la vie de relation se prêtent sans trop de difficultés aux variations des circonstances extérieures, pour s'y accommoder. L'exercice de ces fonctions, ainsi que nous l'expliquerons plus tard, imprime aux organes qui les accomplissent des modifications dont la signification et la portée ont été beaucoup exagérées, mais qui n'en sont pas moins réelles. On en pourrait citer de très-nombreux exemples, dont les partisans de l'hypothèse transformiste n'ont point manqué de se prévaloir. L'un des plus remarquables, parce qu'il est à la fois psychologique et physique, en quelque sorte, est celui que nous ont fourni les castors des bords du Rhône, qui de constructeurs qu'ils étaient se sont faits mineurs, lorsqu'ils n'ont plus été en possession de la sécurité dont ils jouissaient auparavant sur les rivages qu'ils habitaient.

Mais si l'appropriation ou l'accommodation des organes de relation aux nécessités d'une fonction nouvelle, nécessités amenées par un changement dans les conditions d'existence, se produit avec une facilité plus ou moins grande, il n'en est plus de même pour ce qui concerne les fonctions de nutrition, dont dépend la conservation de la vie même des individus.

A cet égard toutefois, il y a encore des degrés. La conservation de l'individu, la reproduction de son espèce, qui sont les conditions nécessaires de l'extension de sa race, résistent plus ou moins à l'influence des changements survenus dans le milieu ambiant, dont les éléments réunis constituent ce qu'on est convenu de nommer le climat. Les modifications subies ainsi, sous cette influence, ont été souvent invoquées à l'appui de l'hypothèse transformiste, en exagérant considérablement leur portée. Il importe donc beaucoup de les analyser, afin d'en déterminer les limites d'une manière exacte.

Le climat agit directement sur la vie organique par les propriétés de l'atmosphère, et indirectement par celles des aliments qui, pour les vertébrés dont nous nous occupons, sont des végétaux sur lesquels son action est de même directe. Cette action s'exerce ainsi sur les deux grandes fonctions nutritives de la respiration et de la digestion, qui fournissent au sang les matériaux à l'aide desquels il entretient les éléments des tissus vivants, qui dégagent l'énergie nécessaire au mouvement biologique.

Les animaux ont, comme nous le savons, des aptitudes digestives déterminées par les dispositions naturelles de leurs organes. Cependant ils peuvent se plier, jusqu'à un certain point, à des variations assez étendues dans leur alimentation, en raison de ce que la constitution des matières alimentaires varie plus par les proportions relatives des nutriments ou principes immédiats nutritifs que par leur nombre. On le comprend facilement, quand on se rappelle que quatre éléments fondamentaux, l'oxygène, l'hydrogène, le carbone et l'azote, groupés d'une multitude de façons, suffisent, avec quelques substances minérales, pour constituer toutes les matières organiques. Pour le simple entretien de la vie, la quantité des aliments peut donc, en une certaine mesure, suppléer leur qualité, à la condition que les organes de l'appareil digestif s'accommodent aux nécessités de leur fonction, se développent ou se restreignent, suivant que les ressources de l'alimentation deviennent moins riches ou plus riches.

On conçoit donc fort bien, en général, qu'il n'y ait point de ce chef obstacle infranchissable à l'extension naturelle des races. Et c'est ainsi qu'en considérant en particulier une espèce animale sur toute l'étendue de l'aire géographique de sa race, on y observe, chez les familles qui la représentent, des différences souvent très-considérables dans le développement de la taille et du volume du corps. On leur a trop souvent accordé à tort la valeur de différences spécifiques. Ce développement, dans les conditions naturelles, est en rapport nécessaire avec les ressources de l'alimentation, c'est-à-dire avec la puissance productive ou la fertilité du sol. Par des transitions ménagées, il descend jusqu'à des limites dont l'exiguité nous étonnerait, si nous ne considérions que les deux termes extrêmes de la série qu'il présente dans presque toutes les races observées.

Sous le rapport de l'aptitude digestive, les espèces jouissent d'une faculté d'accommodation très-étendue.

A cet égard, l'extension de l'aire géographique de bon nombre d'entre elles n'est limitée que par l'absence à peu près complète des moyens de subsistance, par la stérilité du sol, dépendant, non du climat proprement dit, mais bien de la constitution géologique. Il en est du moins ainsi théoriquement. Sans la concurrence de premiers occupants, les races auraient en général pu s'étendre en rayonnant dans tous les sens presque indéfiniment, s'il n'y avait pas eu à cela d'autre obstacle que celui des besoins digestifs. Les conquêtes des herbivores n'eussent été arrêtées que par les déserts stériles, et celles des carnassières, beaucoup moins nombreuses et d'une existence plus précaire, quoiqu'elles soient en général plus fécondes, que par le nombre des premières, qu'elles contribuent à restreindre.

Mais si nous ne sommes pas en mesure de résoudre la question de savoir à quoi doivent être attribuées les aptitudes naturelles de chaque race, il n'en faut pas moins faire remarquer, comme résultant de l'observation, qu'il y a pour les individus de chacune un maximum et un minimum de taille qui ne peuvent point être dépassés. Soit que cela résulte d'une longue accoutumance aux conditions du milieu naturel de la race ou qu'on doive l'attribuer à tout autre motif qui nous échappe, le fait est certain. Il y a dans chaque race une taille moyenne qui ne varie point sensiblement, et le minimum, pour chacune, n'est franchi qu'au péril de l'existence de ses représentants. C'est ce phénomène qu'on veut exprimer en disant vulgairement que la race dégénère ou qu'elle a dégénéré.

Les races qui ont monté jusque dans les latitudes élevées, comme dans le nord de la Suède et de la Norwége, le nord de l'Écosse et les îles Shetland, nous en fournissent des exemples que nous retrouverons quand nous les décrirons; de même que celles qui se sont étendues aux steppes de l'Asie et de l'Europe, ainsi qu'à quelques-unes des îles de la Méditerranée, comme la Corse et la Sardaigne. Leurs représentants en ces lieux nous montrent les plus petites tailles qui s'observent dans leurs genres ; mais il faut remarquer en même temps que le maximum auquel ils arrivent ailleurs atteint tout au plus la taille moyenne des autres races.

On ne peut cependant pas accepter cela comme un caractère distinctif entre les races, pour la raison péremptoire que le même maximum et le même minimum, par conséquent la même moyenne, se font, dans tous les genres, observer chez plusieurs races à la fois. Le fait toutefois conserve une grande valeur, en marquant pour chacune les limites entre lesquelles l'accommodation au milieu alimentaire est possible.

L'accommodation au milieu, dans le sens de la dégratdation et dans la limite que nous venons de voir, essans doute une loi naturelle. Nous répétons qu'elle se fait observer dans toutes les races considérées sur l'étendue entière de leur aire géographique. Mais la question pratique est de savoir s'il convient, dans nos opérations industrielles, d'utiliser la connaissance que nous avons de cette loi, de savoir si elle peut fonctionner à notre profit. A peine sera-t-il besoin maintenant d'insister pour faire admettre la réponse négative que nous n'hésitons point à formuler.

Une erreur fort répandue consiste à croire que l'on peut, par des procédés artificiels, combler la distance qui existe ainsi entre les conditions des milieux naturels des races. Sans doute il est possible, par une culture perfectionnée produisant des matières alimentaires en abondance, d'effacer en apparence le contraste, de ralentir la dégradation, au point qu'elle passe inaperçue, d'obtenir même un bon entretien des animaux envisagés individuellement.

Beaucoup d'éleveurs sont dupes d'une telle illusion. Mais il n'en est pas moins certain que, s'ils soumettaient leurs opérations au contrôle d'une comptabilité rigoureuse et comparative, ils verraient aussitôt qu'en déployant la même somme d'efforts, ils fussent arrivés à des résultats meilleurs, c'est-à-dire plus rémunérateurs, en prenant pour base d'opération des individus bien choisis dans leur race locale. C'est qu'au lieu d'avoir à dépenser une partie plus ou moins considérable de leurs efforts en luttes contre les conditions naturelles, celles-ci les eussent secondés, sans compter le moindre capital engagé dans l'opération. Le rendement proportionnel des machines exploitées eût été plus considérable, et par conséquent le produit net ou le bénéfice plus grand. Jamais, pour notre compte, nous n'avons fait le calcul comparatif d'opérations semblables, dont malheureusement les occasions d'observation se sont trop souvent présentées, sans que le résultat n'en fût une vérification pleine et entière de l'exactitude de la proposition qui vient d'être formulée.

Nous conclurons donc, sur ce premier point, en disant que s'il y a toujours avantage pratique à exploiter les individus ou les sujets d'une race dans un milieu supérieur, sous le rapport de la fertilité ou de la puissance alimentaire, au milieu naturel ou à l'aire de cette race, il y a de même toujours inconvénient à les exploiter dans un milieu inférieur. L'inconvénient croît en raison directe de la différence, mais non pas l'avantage : celui-ci croît au contraire en raison inverse, parce que l'accommodation est d'autant plus prompte que la différence est moins grande. Les machines les plus avantageuses à exploiter sont toujours celles qui sont le mieux en état de mettre immédiatement en valeur toutes les matières premières dont on dispose. Dans le premier cas, ce sont les machines qui chôment et se dégradent, en consommant leur capital; dans le second, ce sont les matières premières qui manquent d'emploi si les machines ne sont point d'un assez grand travail pour les utiliser.

Les rapports des êtres vivants avec l'atmosphère qui les entoure et les pénètre sont de tous les instants, au lieu d'être intermittents, comme ceux qu'ils ont avec leurs aliments solides ou liquides. L'aliment gazeux qu'elle leur fournit est indispensable, comme les autres, mais pas davantage. S'il ne s'agissait que de son introduction dans l'économie, la fonction respiratoire pourrait être, sans inconvénient, intermittente comme la digestive. Ce qui fait qu'elle est continue et qu'elle ne peut pas être suspendue au delà d'un petit nombre de minutes, sans mettre la vie en grand péril, du moins chez les vertébrés supérieurs, mammifères et oiseaux, c'est la nécessité d'éliminer sans cesse, à mesure qu'ils se produisent, les résidus gazeux des échanges nutritifs, ayant pour but physiologique le dégagement de l'énergie nécessaire au mouvement vital. Dès qu'ils s'accumulent dans le sang au delà d'un certain taux, ces résidus, et notamment l'acide carbonique, deviennent des poisons pour le système nerveux qui anime le cœur, et produisent le phénomène connu sous le nom d'asphyxie.

Cette nouvelle manière d'envisager la fonction respiratoire, qui diffère essentiellement de celle qui consistait, depuis l'immortelle découverte de notre Lavoisier, à considérer le poumon comme un foyer de combustion devant être sans interruption alimenté d'oxygène ou de gaz comburant, a des conséquences pratiques de l'importance la plus considérable. Pour l'étude des actions ou des influences de milieu, eu égard à l'atmosphère, elle va nous fournir des éclaircissements qui nous permettront de donner aux faits observés leur interprétation réelle, en vue de laquelle a été du reste entreprise la longue série des recherches expérimentales qui nous les ont fournis (1).

Nous verrons que, contrairement à l'opinion qui prédomine encore dans les ouvrages des physiologistes et des hygiénistes, la considération du taux de l'oxygène dans l'atmosphère respirable est celle qui importe le moins. Hormis des cas très-rares et tout à fait exceptionnels de confinement de l'air ou de dégagement de gaz étrangers qui le chassent en prenant sa place, ce taux ne descend point au-dessous de la quantité qui est encore suffisante pour les besoins de l'alimentation respiratoire. Ce qu'il faut surtout étudier dans l'atmosphère, eu égard aux influences qu'elle exerce sur les êtres organisés, c'est sa pression, la quantité de lumière par la-

(1) A. SANSON, *Recherches expérimentales sur la respiration pulmonaire des grands mammifères. Journal de l'anatomie et de la physiologie*, de Ch. Robin, mars-avril et mai-juin 1876.

quelle elle se laisse traverser, la proportion d'humidité qu'elle contient, sa température et sa capacité de diffusion pour l'acide carbonique, dépendant à la fois de cette même température et de la proportion d'acide carbonique qui entre déjà dans sa constitution. Les faits vont nous montrer qu'il en est bien ainsi.

Les divers éléments qui viennent d'être énumérés sont ceux dont l'ensemble constitue à proprement parler le climat, agissant directement et d'une façon permanente sur toutes les parties de l'organisme vivant. Il ne semble pas douteux que l'extinction des races dont les débris osseux se trouvent déposés dans l'épaisseur des terrains des âges géologiques antérieurs à la période actuelle doive être attribuée à des changements de climat auxquels ces races n'ont pas pu s'accommoder. Elles sont beaucoup moins nombreuses qu'on ne l'avait cru, et les recherches modernes ont fait découvrir des représentants vivants de la plupart de celles des derniers âges, que l'on considérait comme éteintes depuis la formation des terrains de ces âges; mais quelques-unes paraissent cependant avoir bien décidément disparu pour toujours.

Ce que nous observons, par exemple, au sujet du renne et de l'aurochs, qui n'existent plus qu'au nord de l'Europe et de l'Amérique, tandis qu'ils étaient abondants au centre et jusqu'au midi des Gaules durant l'époque quaternaire et jusqu'au moment de la conquête romaine, quant à l'aurochs, nous montre l'un des effets du phénomène. Il est évident que ces animaux ont émigré du sud vers le nord à mesure que le climat des Gaules est devenu moins froid, après avoir été assez chaud pour permettre l'existence des nombreux éléphants dont on ne retrouve plus maintenant les espèces que dans l'Inde et au centre de l'Afrique, puis celle des mammouths, tout à fait disparus de la surface du globe. « Le renne, dit Alexandre Bertrand (1), que l'on ne rencontre nulle part,

(1) *Rapport sur les questions archéologiques discutées au congrès de Stockholm. Archives des missions scientifiques et littéraires*, t. III, 1re partie, p. 19 du tirage à part.

ni en Dannemark, ni en Suède, et très-rarement en Norwége, au-dessous du 65e degré, à l'époque de la pierre polie, avait existé dans ces contrées durant la période glaciaire, c'est-à-dire bien avant que l'homme y eût établi sa demeure. » C'est aussi pendant la période glaciaire que sa race a existé chez nous, mais concurremment avec celle de l'homme, ainsi qu'en témoignent les nombreux dessins et sculptures dont ses bois portent la trace, ainsi que les pointes de flèche en silex encore engagées dans l'épaisseur de ses ossements, qui ont donné à l'animal le coup mortel lancé par la main du chasseur quaternaire.

A ce moment, le climat des Gaules était donc, selon toutes les probabilités, ce qu'est aujourd'hui celui de la Laponie. La race du renne, ne pouvant pas s'accommoder au climat tempéré d'aujourd'hui, y a péri la première. Celle de l'aurochs a résisté plus longtemps, par suite sans doute d'une différence d'aptitude. On ne saurait opposer à la conclusion le fait de quelques individualités qu'il est possible d'entretenir en captivité dans nos ménageries durant un certain temps et avec toute sorte de précautions. Ce fait est d'un tout autre ordre, sur lequel il n'est sans doute pas besoin d'insister. Nous pouvons prendre les cas ainsi indiqués pour point de départ, comme représentant l'image la plus accentuée du phénomène complexe que nous voulons examiner.

Dans l'état actuel des choses, nous constatons partout qu'une limite naturelle est nettement tracée à l'extension des races, par les degrés moyens de température, de pression et d'humidité de l'atmosphère, c'est-à-dire par le climat. Il y a une relation nécessaire entre les conditions de celui-ci, telles qu'elles se présentent dans l'aire géographique naturelle de la race, et l'aptitude normale de cette dernière. Que cette relation existe en vertu d'une longue accoutumance, ainsi que nous l'avons déjà dit au sujet de l'aptitude alimentaire, ou qu'elle soit native, c'est ce que nous ne sommes pas davantage en mesure de décider. L'important est d'ailleurs de constater le fait. Tout être vivant, par exemple, a besoin, pour

subsister, de disposer d'une certaine somme déterminée
de chaleur. Les résultats des expériences de Claude
Bernard (1) ont fait voir qu'au-dessus de cette somme
toutes les fonctions commencent à se troubler. Ce qui
arrive lorsqu'elle s'abaisse est de connaissance vulgaire.
Dans les deux cas l'animal se consume. Les belles
recherches de Paul Bert (2) nous ont appris, d'un autre
côté, comment agissent les variations de pression, en
diminuant la tension de l'oxygène atmosphérique et en
exagérant, comme nous l'avons constaté nous-même, la
diffusion de l'acide carbonique, lorsqu'elle s'abaisse,
tandis qu'en s'élevant elle agit inversement dans les
deux sens, jusqu'à devenir mortelle comme dans le
premier cas. Il y a donc aussi, pour chaque race, des
limites normales de pression. Les faits exposés dans
l'ouvrage de Jourdanet (3), et relatifs aux populations
des hautes altitudes de l'Amérique méridionale, du
Mexique en particulier, ne laissent aucun doute à cet
égard. Sous l'influence de la diminution de pression, les
races européennes succombent après avoir périclité progressivement, là où la race autochthone reste vigoureuse
et prospère.

L'influence de la lumière n'a pas encore été, par des
recherches expérimentales suffisantes, bien démêlée de
la chaleur qui l'accompagne toujours, dans les conditions
normales. Nous ne savons donc à son sujet que bien peu
de choses précises. Mais ce qui n'est pas douteux, c'est
l'action directe qu'elle exerce sur l'étendue des échanges
nutritifs. L'attention des physiologistes est en ce moment
vivement attirée sur le sujet. Malgré les difficultés
inhérentes à l'expérimentation, il y a lieu d'être convaincu
qu'aux quelques résultats de détail dont nous sommes

(1) *Leçons sur la chaleur animale*, vol. in-8°. Paris, 1875.
(2) *Recherches expérimentales sur l'influence que les modifications dans la pression barométrique exercent sur les phénomènes
de la vie. Annales des sciences naturelles, zoologie*, avril 1874.
(3) *Influence de la pression de l'air sur la vie de l'homme,*
2ᵉ édit. Paris, 1875.

en possession s'en joindront bientôt d'autres qui
mettront en évidence l'importance considérable des
actions qu'exercent les phénomènes lumineux sur les
êtres vivants. Dès à présent, nous pouvons être convaincus, surtout d'après l'observation des faits zootechniques relatifs à l'engraissement et à la sécrétion du lait,
qu'une lumière vive active les pertes de l'économie, et
qu'il y a aussi pour chaque race, à cet égard, une moyenne
normale a laquelle elle est accoutumée.

L'action de l'humidité a été encore moins soumise à la
vérification expérimentale. Mais nous avons à son sujet
des observations si nombreuses, si variées, si étendues,
que c'est à peine si elles pourraient avoir besoin de cette
vérification. Il suffira de quelques exemples, pris parmi
ces observations, pour montrer qu'aucune race ne peut
impunément sortir des conditions extrêmes de son aire
naturelle, eu égard aux qualités hygrométriques de
l'atmosphère, pas plus que pour les autres qualités. Il n'y
a pas dans la science un seul fait bien constaté qui
permette d'admettre que l'aptitude respiratoire des
animaux supérieurs soit capable de se plier à des variations étendues dans le climat, composé des divers
éléments qui viennent d'être passés en revue. Les faits
abondent, au contraire, pour prouver leurs effets nuisibles à la conservation de la vie, et tout au moins à son
fonctionnement régulier. Citons-en seulement quelques-
uns.

Il est de connaissance vulgaire que les animaux
de la zone tropicale meurent de phthisie dans notre
zone tempérée. Quand ils s'y reproduisent, ils ne donnent qu'une progéniture chétive, qui bientôt s'éteint.
Ceux de chez nous ne font pas non plus souche sous les
tropiques. Dans ces limites extrêmes, le fait est évident.

Un exemple très-frappant pour un moindre écart nous
a été fourni par la tentative faite, il y a environ trente
ans, pour introduire dans le climat des montagnes de
l'Auvergne des animaux venant du comté de Devon, en
Angleterre. Notre administration de l'agriculture avait eu
l'idée d'améliorer la race bovine de ces montagnes en la

croisant avec des taureaux anglais qui, mieux conformés
que les bêtes auvergnates, ont le pelage de la même couleur rouge. A cet effet, une vacherie expérimentale fut
fondée à Saint-Angeau, dans l'arrondissement de Mau-
riac, où les hivers sont longs et rigoureux, en raison de
l'altitude élevée. Habilement conduite au point de vue
technique, l'opération réussit en ce sens qu'on put voir
bientôt à l'établissement un troupeau de vaches magnifi-
ques. Mais quelques années s'étaient à peines écoulées,
lorsque dans ce beau troupeau éclata une véritable
épidémie de tuberculose. La mortalité devint effrayante,
et en 1868, lorsque nous visitâmes Saint-Angeau, on ne
put nous montrer qu'une seule survivante qui, par grâce
spéciale apparemment, avait échappé à la phthisie
résultant de l'influence nocive de la rudesse du climat
hivernal. Cette rudesse bien connue, à laquelle résiste
avec le succès que nous savons la population locale, si
vigoureuse, si énergique, contraste singulièrement, en
vérité, avec la douceur relative du climat des comtés
anglais de l'ouest. Elle contrastait surtout, dans le cas
particulier, avec les habitudes longuement acquises des
sujets améliorés qui durent la subir.

Ce qui s'est passé longtemps auparavant, pour la race
des mérinos introduite d'Espagne chez nous au siècle
dernier, et ce qui était resté inaperçu de nos devanciers,
n'est pas moins significatif, relativement à l'un des éléments du climat autre que la chaleur.

Sous le Consulat, alors que les moutons à laine fine
s'étaient déjà répandus en Bourgogne, en Champagne,
en Brie, en Beauce, etc., et que les avantages économiques de leur exploitation étaient devenus évidents, le
despote régnant conçut la pensée de l'étendre à toute la
France. Il fit venir d'Espagne quelques milliers de brebis et béliers mérinos, avec lesquels ils institua des
bergeries nationales, notamment sur plusieurs points
du littoral ouest du pays, en dedans de la zone météorologique à laquelle on donne le nom de climat océanien.

La visée, qui était d'obtenir la transformation des troupeaux, comme elle s'était produite dans les provinces

plus haut nommées sous la seule pression de ses avantages évidents, échoua complètement, malgré les ressources de la volonté souveraine dont les décrets faisaient trembler l'Europe. Jamais les mérinos, ni alors ni depuis, ne purent s'établir là. Tous ceux qu'on tenta d'y élever succombèrent à la cachexie, après avoir végété durant quelques générations, et aujourd'hui on n'en rencontre plus aucun troupeau en deçà des limites où finit de se montrer la caractéristique météorologique de ce climat océanien qui leur est évidemment funeste.

La race des mérinos est originaire du nord de l'Afrique; de là elle s'est étendue à l'Espagne et à l'Italie, où elle y a été introduite. Son aire naturelle appartient au climat méditerranéen, beaucoup moins humide, comme on sait, que l'océanien. Son aptitude native ou son accoutumance s'oppose à ce qu'elle puisse s'accommoder à un degré d'humidité de l'atmosphère dépassant une certaine limite. C'est ce que l'expérience démontre partout. Même en dedans des régions qu'elle habite en France et où elle prospère, on observe des faits confirmatifs. En Bourgogne, par exemple, dans le département de la Côte-d'Or, il y a certaines vallées humides, en forme de cuvette, à fonds imperméables, où il n'a jamais été possible de l'exploiter. Elle ne peut s'y entretenir en santé. Bientôt la proportion d'eau dépasse dans son sang les limites normales. Les pertes par les perspirations ne peuvent pas compenser les acquisitions, à cause de la saturation de l'air. La cachexie aqueuse est infaillible.

En sens inverse, les faits ne sont pas moins concluants. Les vaches de la race des Pays-Bas, généralement connues sous le nom de vaches hollandaises, si remarquablement laitières, fonctionnent péniblement dès qu'elles quittent leur climat natal pour passer dans un autre moins humide. Si celui-ci est décidément sec, elles se consument à lutter contre les conditions nouvelles pour elles, et leurs mamelles se tarissent. Est-il très-sec, alors leur race s'éteint bientôt. Un agriculteur de l'une des rives du Rhône nous signalait, il y a quelques années, cette particularité en apparence incompréhensible, que chez lui une vacherie hollandaise s'entretenait très-bien et donnait beaucoup de lait, tandis qu'une autre établie en imitation de la sienne de l'autre côté du fleuve, à une altitude sensiblement égale, était en train de péricliter et ne donnait que de très-faibles produits. Les conditions d'alimentation et de conduite ne paraissaient point différer. A quoi devaient être attribués des résultats si opposés ? c'est ce qui nous était demandé. Inspiré par les considérations scientifiques que nous exposons en ce moment, nous appelâmes l'attention du consultant sur la question de savoir si, en raison des dispositions orographiques, les vents habituels de la seconde localité n'étaient point tels qu'ils dussent avoir pour conséquence d'y entretenir une sécheresse relative de l'atmosphère. La réponse fut affirmative, et des observations hygrométriques régulières vinrent confirmer la justesse de la prévision.

Les difficultés d'accommodation au milieu atmosphérique sont encore beaucoup plus grandes que celles sur lesquelles nous avons insisté pour ce qui concerne la puissance alimentaire du sol. Pratiquement, elles équivalent à de véritables impossibilités ; et c'est ce qui doit faire bien sentir l'impérieuse nécessité de tenir compte des moindres différences dans tous les sens, avant de résoudre les problèmes que posent les déplacements de races. C'est là chose facile à comprendre, quand on songe aux conditions normales de la fonction respiratoire.

Les organes par lesquels l'air atmosphérique s'introduit dans l'économie animale, pour y échanger son oxygène contre l'acide carbonique et la vapeur d'eau qui en doivent être sans cesse éliminés, ne remplissent dans l'exécution de cette fonction qu'un rôle purement passif. Ce sont des dialyseurs au travers desquels s'opère, par diffusion, l'échange gazeux. Ils cèdent seulement de leur chaleur propre à l'air inspiré, pour établir l'équilibre de température entre eux et celui-ci; et nous savons que c'est là pour l'économie animale une occasion constante de dépense. Ils sont impuissants à modifier ses autres propriétés ; ils les subissent dans toute leur étendue. L'estomac, lui, qui sécrète un suc dont le contact avec les matières alimentaires imprime à ces matières des modifications qui rendent diffusibles celles qui ne le sont point naturellement, peut mesurer, jusqu'à un certain point, son action aux efforts qu'elles exigent; le poumon et la peau doivent livrer passage au gaz atmosphérique et ne peuvent rien contre les obstacles opposés par la constitution de l'atmosphère à la diffusion de ceux dont le sang doit se débarrasser. Au-dessus de 3 p. 1,000 d'acide carbonique dans l'air ambiant, la diffusion de celui qui résulte des échanges nutritifs devient difficile et bientôt impossible, d'où il résulte l'asphyxie et la mort. De même pour l'eau, à partir du point de saturation de l'atmosphère, qui se fait beaucoup plus souvent observer.

Sans doute, par un redoublement d'activité des puissances mécaniques de l'appareil respiratoire, il est possible à l'individu, en précipitant la circulation de son sang, de dégager plus de chaleur et de réagir ainsi contre le refroidissement atmosphérique. Mais pour subvenir à un tel surcroît de dépense, il puise à une source qu'il n'est pas également en son pouvoir d'alimenter suffisamment et qui finit toujours par se tarir. L'épuisement est plus ou moins lent à venir ou plus ou moins rapide, selon l'étendue de la dépense nécessaire, qui est déterminée par l'écart existant entre la température moyenne du milieu natal et celle du milieu nouveau. Il n'en est pas moins infaillible dans tous les cas. Ainsi s'engendre la phthisie.

Contre l'excès de chaleur ou de sécheresse de l'atmosphère, l'économie animale n'a même aucune ressource de ce genre pour retarder la décadence ou prolonger l'agonie de la race, pas plus que contre l'excès d'humidité. Ici, pas d'accommodation possible, même momentanée. Le climat agit brutalement, si l'on peut ainsi dire, sur les sources mêmes de la vie. L'organisme, sorti de ses aptitudes normales, ne pouvant pas plier, se rompt.

Et c'est ainsi que l'aire géographique des races serait peut-être mieux nommée aire climatérique, en raison de

l'influence prépondérante que les éléments du climat
proprement dit ont exercée sur leur extension naturelle.
Cela fait bien sentir en outre l'importance considérable
qu'il y a, pour nos opérations zootechniques, à ce que
nous soyons, par les études météorologiques, complètement éclairés sur les climats locaux, afin de pouvoir les
conformer toujours aux lois d'accommodation dont il vient
d'être donné, en ce qui les concerne, un aperçu suffisant.

Acclimatement et acclimatation. — L'acclimatement, dans le sens exact du mot, est le résultat de
l'accommodation à un nouveau climat. L'acclimatation est
cette accommodation même ou l'action de se plier aux nouvelles conditions climatériques. Par une extension peut-
être abusive de ce sens, on emploie souvent les deux
termes en les appliquant aux phénomènes plus ou moins
importants qui se produisent toutes les fois qu'un être
vivant, surtout dans sa jeunesse, doit changer d'habitudes
en changeant de lieu.

Cette dernière acception est évidemment vicieuse,
attendu que dans la production des phénomènes dont il
s'agit, le climat n'a aucune action. Nous devons donc la
laisser de côté ici, pour ne nous occuper que du sens
exact défini plus haut, en prenant pour base les faits
résultant de l'analyse des phénomènes d'accommodation
au milieu nouveau. Ces phénomènes se rapportent, quand
on les considère dans toute leur étendue, à l'individu
d'abord, puis à la race. Il y a sur ce sujet beaucoup de
confusions à dissiper, au double point de vue théorique
et pratique.

Certains auteurs ont considéré l'acclimatement comme
un résultat non seulement possible, mais encore facile à
obtenir; d'autres en ont nié absolument la possibilité,
aussi bien pour l'individu lui-même que pour la race. A
notre point de vue particulier, encore bien que la première opinion serait confirmée théoriquement, cela ne
suffirait point. Il faudrait encore se demander s'il y a,
pour l'économie rurale, avantage ou bénéfice à réaliser
des opérations d'acclimatation. Et c'est là, nous pouvons

le dire tout de suite, ce qui a été seulement affirmé d'une manière positive, mais non point démontré par les auteurs qui ont admis comme évidente la possibilité de l'acclimatement des races et qui, en conséquence de leurs idées, ont fondé sur divers points de l'Europe et de l'Afrique des jardins zoologiques et botaniques d'acclimatation.

En étudiant avec soin les travaux consacrés à ce sujet, on est d'abord frappé de la confusion qui, presque toujours, sinon toujours, a été faite entre le changement de latitude ou de longitude et le changement de climat, et même entre celui-ci et le changement d'hémisphère. Les auteurs auxquels nous faisons allusion ont raisonné comme si les différences de lieu, envisagées seulement ainsi, impliquaient nécessairement des différences correspondantes dans l'ensemble des conditions météorologiques. Il est vrai que l'état des connaissances sur les propriétés de l'atmosphère terrestre, tel qu'il se présentait de leur temps, explique et excuse l'erreur qu'ils ont commise. Sans doute les grandes lignes isothermes, isochimènes et autres du même genre tracées alors sur la carte du monde, ne sont pas sans aucune valeur ; mais quand nous savons maintenant, bien que les nouvelles études météorologiques fondées sur des observations rigoureusement comparables ne soient encore que peu avancées, qu'à quelques kilomètres de distance, sur la même latitude ou la même longitude, le régime atmosphérique présente des différences considérables, soit thermométriques, soit hygrométriques, il n'est guère plus possible de faire intervenir, dans l'étude des phénomènes dont nous nous occupons, la considération de ces grandes lignes, évidemment insuffisante. C'est celle des climats locaux influencés par des circonstances tout autres, surtout orographiques, qu'il importe d'examiner pour avoir des notions véritablement scientifiques, avec un degré d'approximation suffisant. En dehors de là, il y a des chances de se tromper du tout au tout.

Cela admis, et dans l'état actuel de la science ce n'est point contestable, on peut dire que nous ne possédons

pas un seul fait établissant la possibilité de l'acclimatement véritable d'une race, ou en d'autres termes que nous
ne connaissons pas une seule race qui se soit établie et
qui ait prospéré par la prédominance de sa natalité sur
sa mortalité dans un climat notoirement différent de son
climat natal, au-delà du degré que nous avons essayé de
déterminer en étudiant la loi d'accommodation. Les faits
contraires en apparence à cette affirmation doivent cette
apparence soit à une erreur de détermination de la race,
soit à une erreur de détermination du climat, c'est-à-dire
à ce que des conditions climatériques semblables ou très-
analogues ont été prises par supposition comme très-
différentes.

En ce qui touche les animaux domestiques, la possibilité physique de l'acclimatement dépassât-elle l'individu, allât-elle jusqu'à la race, ce ne serait encore là
que le premier point de la question. Dans des limites
assez restreintes et pour quelques-uns des éléments du
climat, nous savons que l'accommodation est compatible
avec une limite de dégradation individuelle qui permet
la persistance de la race dégradée. En zootechnie, l'acclimatation, pour être tentée, ne doit pas seulement être
démontrée possible, il faut encore absolument qu'elle soit
utile. Elle est, comme toutes les autres entreprises zootechniques, dominée par les considérations économiques,
aussi bien à l'égard des individus seulement qu'à celui
des races. Ces entreprises cessent de mériter leur qualificatif si elles n'ont pas pour résultat un gain ou un bénéfice.

Étant donné que les machines animales ont pour fonction de transformer en services ou en produits utiles les
matières végétales spontanément fournies par le sol ou
résultant de son exploitation agricole, il va de soi que
l'économie publique ou privée ne bénéficie d'une introduction nouvelle, dans un milieu déterminé, qu'autant
que l'espèce introduite offre des aptitudes à quelques
égards supérieures à celle de l'espèce qu'il s'agit de
remplacer, ou tout au moins qu'elle se montre capable
d'utiliser des substances alimentaires qui seraient sans

elle demeurées sans emploi. S'il en est autrement, autant vaut s'en tenir aux premiers occupants. Les efforts qu'il faudrait faire pour obtenir l'acclimatement seraient de la force perdue.

La richesse ne se mesure point, en ce genre, comme on a paru le croire en se livrant à de simples énumérations, au nombre des espèces entretenues et exploitées dans le domaine agricole, mais bien au parti que ces espèces tirent de leur alimentation. Le problème se pose ainsi : étant donnée une certaine somme de fourrages, la faire consommer par des animaux qui l'utilisent le mieux, en élevant au plus haut rendement les fonctions économiques qu'ils remplissent.

Nous sommes pauvres en espèces domestiques, a-t-on dit après avoir compté celles que nous possédons. Il eût fallu ne pas s'en tenir à leur simple énumération, qui ne pouvait en vérité nous apprendre rien d'utile sur la question. Celle-ci est de savoir si les espèces dont nous disposons suffisent à satisfaire tous les besoins de la société, au cas où elles sont mises en état de fournir tout ce que leurs aptitudes permettent d'en attendre, et si, parmi celles que nous n'utilisons pas, il en est quelqu'une qui pourrait mieux nous conduire au but. Il faut examiner avant tout si, sur quelque point du globe, il y aurait des animaux travailleurs ou moteurs préférables à nos chevaux, nos ânes, nos mulets ou nos bœufs; des producteurs de viande meilleurs que nos bœufs, nos moutons ou nos porcs; des producteurs de lait plus économiques que nos vaches, nos brebis et nos chèvres ; des producteurs de toisons supérieurs à nos mérinos.

Or, c'est ce dont ne paraissent point s'être préoccupés ceux qui ont présenté l'acclimatation de nouvelles espèces comme un bienfait pour la société, et qui ont consommé en tentatives pour l'effectuer des capitaux importants, dus à des initiatives généreuses. Ils semblent avoir méconnu que la somme des subsistances dont le bétail dispose est déterminée, et qu'il importe moins aux progrès de la zootechnie de multiplier le nombre des bouches prenant part au banquet que d'assurer à chacune la

plus forte portion de provisions disponibles, le rendement
de la machine, à aptitude égale, étant nécessairement en
raison de la matière première qui lui est donnée à transformer.

Toute considération théorique laissée de côté, et en
visant seulement les effets de ces tentatives, on serait
obligé de conclure qu'il y a une énorme disproportion
entre les efforts et les résultats obtenus. Preuve qu'on a
fait fausse route en se plaçant en dehors des données
essentielles du problème zootechnique. Parmi les races
exotiques dont l'acclimatation a été poursuivie en Europe,
il n'en est aucune dont la place ne fût déjà mieux occupée
par des races indigènes et d'une façon plus profitable
pour la société européenne, à part peut-être en ce qui re-
garde quelques oiseaux de basse-cour, pour lesquels
c'est une question de savoir s'il s'agissait bien d'une véritable acclimatation plutôt que d'une simple importation,
quand ils nous sont venus d'Amérique ou d'ailleurs il y
a plusieurs siècles.

Mais il est clair, de plus, que les ressources de la
faune ont été depuis bien des siècles épuisées pour la
domestication, et que dans chaque climat les hommes ont
de longue date tiré parti des animaux qui se montraient
les plus avantageux à exploiter. C'est donc à développer
les aptitudes des espèces acclimatées déjà, ou pour parler
plus exactement sans doute des races vivant dans leur
climat naturel, qu'il convient de consacrer nos efforts,
plutôt que d'entreprendre des luttes stériles contre les
circonstances défavorables dont nous avons scientifiquement mesuré l'étendue, en étudiant les conditions de
l'accommodation aux milieux. Ce doit être un des principes absolus de la doctrine zootechnique d'avoir, en toute
entreprise, le climat pour soi. Lutter contre son influence,
c'est ajouter gratuitement et maladroitement une difficulté
de plus à toutes celles, déjà suffisamment grandes, que
présente l'exploitation des machines animales.

En tout cas, réservant l'avenir, afin de pousser aussi
oin que possible la prudence, nous répéterons en terminant qu'un essai d'acclimatation, si modeste qu'il soit,

en raison du faible écart existant entre le milieu ancien et le milieu nouveau, ne peut être légitime qu'autant que l'espèce qui doit en être l'objet satisfera aux exigences du principe économique fondamental déjà posé : c'est à savoir qu'elle sera un consommateur des matières alimentaires disponibles plus profitable que celui dont elle viendra prendre la place au banquet de la vie. Il ne faut jamais perdre de vue qu'il ne s'agit point là d'adjonction, mais bien de substitution ; que ce n'est point la variété des espèces qui augmente les produits, mais que ceux-ci sont seulement en raison des aptitudes des individus et de la quantité des substances qu'ils peuvent consommer.

Dans l'état actuel de nos connaissances, il est permis d'affirmer que les races d'animaux domestiques dont nous disposons en Europe, chacune pour le climat local qui lui est propre, n'a aucune concurrence à redouter, à la condition qu'elle y soit exploitée selon les bonnes méthodes zootechniques.

Extension des races domestiques. — Aux conditions purement instinctives qui régissent l'extension de la race sur son aire naturelle, l'influence de la domesticité, qui la place sous la direction de l'homme, en vient ajouter d'autres dont nous avons à nous occuper maintenant, pour l'envisager sous tous ses aspects, avant d'étudier les modes de variation que cette extension même lui impose. Il ne faudrait pas croire toutefois que cette direction dépende uniquement de la volonté ou du caprice de l'homme lui-même. Dans ses propres déterminations, tout en se flattant d'être libre, de posséder ce qu'il appelle pompeusement son libre arbitre, sur quoi les philosophes ont tant disserté sans arriver à rien de bien clair, l'homme n'en obéit pas moins, en général, à des lois naturelles qui le gouvernent à son insu, alors qu'il se croit le plus en possession d'une volonté indépendante. Ce sont ces lois qu'il nous faut essayer de dégager, pour ce qui concerne la répartition des races animales domestiques.

On rencontre, sur des points éloignés de l'aire naturelle

d'une race, et sans relations directes avec cette aire, des représentants plus ou moins nombreux de son espèce, implantés sur le sol et s'y reproduisant régulièrement depuis un temps qui est dans certains cas immémorial. En ces cas, les recherches attentives n'ont jamais manqué jusqu'à présent de faire découvrir, soit dans l'histoire, soit dans la philologie comparée, soit dans l'archéologie préhistorique, des transports correspondants des populations humaines entraînées par la guerre d'invasion ou par des migrations commandées, à l'égard de ces populations, par la loi même d'extension que nous avons étudiée plus haut. Les recherches de ce genre, toutes nouvelles au sujet des animaux domestiques, ont fourni déjà de remarquables confirmations à l'ethnogénie anthropologique, par les concordances parfaites qui ont pu être établies entre les migrations des populations humaines et celles de leur bétail, que ces populations entraînaient nécessairement avec elles, lorsqu'elles devaient s'établir définitivement en un lieu. L'obscurité des temps antéhistoriques a été par là plusieurs fois éclaircie (1).

On serait tenté, au premier aperçu, de faire dépendre l'extension des races domestiques exclusivement des lois économiques. Et en effet, si l'on s'en tenait à la surperfie des choses, c'est là qu'on serait conduit. La vérité est toutefois qu'elle y aboutit seulement ; car les lois économiques dépendent elles-mêmes de conditions antérieures et supérieures, amenées par la force des choses naturelles. Nous croyons, dans notre orgueil, dominer ces choses : elles nous entraînent. Toutes nos activités, exercées sur ce qui nous entoure, ont des raisons déterminantes dont nous n'avons que bien rarement conscience. Seulement, nous nous montrons tout fiers lorsque nous pouvons constater que, sans nous en apercevoir, nous nous sommes montrés soumis à l'enchaînement normal des lois naturelles d'où résulte l'harmonie des faits industriels.

Bien analyser les conditions de cette harmonie est ce qui importe avant tout. En dehors d'elle, toutes nos

(1) A. SANSON, *Les migrations des animaux domestiques*, l. c.

entreprises pour nous approprier les agents naturels sont absolument vaines, on ne saurait trop le répéter. La liste des échecs auxquels ont conduit, en matière de bétail, les conceptions arbitraires serait interminable. Il serait difficile de calculer la somme des capitaux consommés en pure perte, depuis qu'une apparence de science est venue se substituer à l'ancienne routine traditionnelle fondée sur l'observance pure et simple de la loi d'extension naturelle des races, et troubler le fonctionnement normal de cette loi par des déplacements arbitraires. La routine, souvent condamnée d'une façon trop absolue, mérite parfois d'être réhabilitée, surtout quand on la compare aux prétendus progrès qu'on lui oppose. Elle ne pèche, après tout, que par un attachement aveugle à la tradition, aux habitudes, qui porte à repousser sans examen les innovations. Elle est moins nuisible, en définitive, que l'innovation à contre-sens. Si elle exclut le progrès, au moins on ne peut pas lui reprocher de rien détruire. Dans le cas particulier qui nous occupe, elle a l'avantage incontestable de respecter la marche naturelle des choses.

Lorsque, cherchant la raison dernière des activités industrielles qui réussissent sur un point donné du territoire, et qui toutes, de quelque genre qu'elles soient, se montrent étroitement solidaires entre elles, on remonte du phénomène le plus complexe au phénomène le plus simple, on est toujours conduit par l'analyse à un fait dépendant de la géographie physique. C'est ce fait primordial que la méthode nous autorise à considérer comme étant la loi de tous les autres. En ce qui concerne le bétail, auquel nous devons ici borner nos études, aucune de ses races, dans l'extension qu'elle a prise et qu'elle prend encore d'une façon utile, avec le temps, n'échappe à cette loi, qu'il est permis de qualifier de climatologique.

Les nouvelles études de météorologie, en nous révélant l'existence de climats locaux d'une faible étendue relative, nous ont montré que la configuration du sol, son altitude et surtout son orographie, ou la répartition des eaux à

sa surface, exercent sur ces climats une influence
prépondérante. Tant que les populations humaines en ont
été réduites à n'user, pour leurs relations, que des
moyens naturels de communication, elles ont elles-mêmes
subi d'une manière presque absolue cette influence, se
laissant, en vertu de la loi de moindre résistance, aller à
ce qui leur était le plus facile. Leurs transactions sur le
bétail étaient ainsi bornées par les obstacles géographiques. Les voies de communication, en devenant, par
les progrès de l'industrie, et plus commodes et plus
rapides, les ont beaucoup étendues; mais l'extension
même des races, en tant qu'elles devaient s'implanter
sur le sol en s'y reproduisant d'une façon normale, n'en
est pas moins demeurée entièrement surbordonnée à la
considération de géographie physique ou de climat.

C'est ce que nous montrerons clairement par l'ethno-
graphie qui sera faite plus tard des races domestiques et
de leurs variétés diverses. On verra sans peine alors,
sur les lignes d'extension suivies par chacune d'elles,
qu'en l'absence des idées préconçues auxquelles quelques-unes ont dû obéir, toutes les autres se sont irradiées,
en vertu de leur loi naturelle d'extension, sous l'influence
correctrice de celle de géographie ou de climatologie, qui
tient à la fois sous sa dépendance et la satisfaction de
eurs propres besoins physiologiques et les relations des
populations humaines qui les exploitent; en telle sorte
que chacune a son habitat particulier parfaitement délimité, à ce point que la carte zootechnique se confond
presque partout avec la carte physique.

Il n'en serait point de même pour la carte géologique,
malgré certaines apparences sur lesquelles on a trop
insisté, sans prendre garde aux nombreuses contradictions mises en évidence par les faits. Sans être indifférente tout à fait pour les aptitudes physiologiques,
puisqu'elle exerce par l'alimentation une influence directe
sur leur développement, il est certain que la constitution
du sol n'a cependant, ainsi que nous l'avons déjà fait
remarquer, qu'une importance très-secondaire dans l'ensemble des considérations qui interviennent dans la

répartition des races animales. L'orographie, répétons-le,
domine tout le reste en cette affaire.

Les races, qu'elles soient ou non domestiques, ne
peuvent s'étendre en conservant leurs aptitudes, et
s'implanter d'une manière durable sur le sol, quelle que
soit sa composition, qu'autant qu'elles rencontrent dans
leur atmosphère respirable à peu de choses près les
mêmes degrés de pression, de température et d'humidité
moyennes, ainsi que nous l'avons vu. Tout cela, en
définitive, résulte d'une géographie physique analogue,
sinon identique. Nous avons vu aussi qu'elles peuvent
lutter contre des conditions contraires, et nous verrons
plus tard que les combinaisons artificielles d'une science
insuffisante leur ont souvent imposé l'obligation de lutter
de la sorte. Mais, en outre, nous n'ignorons point que si
les résultats d'une telle lutte ne vont pas toujours jusqu'à leur propre détriment complet, c'est toujours nous
qui, en pure perte, en payons les frais. Il y a donc tout
avantage, dans ces combinaisons, à prendre pour règle
de conduite le respect absolu de la loi que nous venons
de dégager comme résultant de celles précédemment
étudiées, et par conséquent à renoncer, en principe, aux
importations de races domestiques tirées de pays éloignés du lieu sur lequel l'exploitation zootechnique doit
s'effectuer.

Loi de variation. — Les attributs individuels susceptibles de subir des variations dépendent d'aptitudes
ou d'activités physiologiques dont les limites peuvent
être facilement déterminées, dans l'état actuel de la
science. Ces variations sont gouvernées par la loi d'accommodation, dont l'action a été définie et mesurée
plus haut. Et c'est là ce qui ruine les hypothèses ou les
croyances vagues sur la variabilité de l'espèce proprement dite, sur la formation des prétendues races par
une *dégénération* du type (Blumenbach) ou une *déviation
constante* de ce type (Isid. Geoffroy Saint-Hilaire). Quand
des variétés se produisent dans la race, il ne dégénère ni
ne dévie ; il ne subit, comme nous le savons déjà, aucune
atteinte ; il fonctionne seulement plus ou moins dans tel

ou tel sens de ses activités diverses, selon les lois de sa
biologie.

Les attributs qui varient, chez les animaux, sont ceux
de la taille du squelette, du volume des organes et de
leur activité particulière, et de la couleur des productions
pileuses. Ces attributs appartiennent tous, non point à la
caractéristique du type spécifique, mais à celle de l'individu. Lorsqu'ils ont varié simultanément dans le même
sens sur un certain nombre d'individus et se sont reproduits par hérédité, ces individus représentent, avons-
nous dit, une variété dans leur race. Le respect de la loi
des semblables dans les accouplements rend cette variété constante aussi longtemps qu'il se prolonge, si son
maintien est soustrait aux influences de milieu ; dans le
cas contraire, la constance ne subsiste qu'autant que
celles-là ne sont pas non plus changées.

Dans les conditions naturelles on constate, ainsi que
nous l'avons vu, des variétés de taille, de pelage, de conformation des parties extérieures du corps et d'aptitude
physiologique. Comment s'opèrent, sous les divers rapports ainsi énumérés, les variations?

L'observation et l'expérience rendent incontestable que
le développement total du système osseux, suivant le
type qui lui est assigné par la loi de l'espèce, dépend de
l'abondance et de la qualité de l'alimentation. On ne
pourra se refuser à constater que, dans la suite des temps,
les sujets de même type ne se sont pas toujours montrés
sous ce rapport avec le même développement, et qu'à
notre époque les faits sont nombreux qui prouvent que
les individus, en changeant de lieu ou de régime alimentaire, gagnent ou perdent de la taille.

S'il est admissible et même certain que chaque type
naturel ait une limite de développement osseux qu'il ne
peut franchir, le seul fait de l'existence d'un maximum et
d'un minimum de taille dans toutes les races de vertébrés
suffit pour établir que celle-ci est soumise à des oscillations ou variations qui ne peuvent dépendre que de ses
conditions de milieu. L'amplitude de ces oscillations ou
variations est subordonnée sans doute aussi bien à la

qualité qu'à la quantité des subsistances, qui en déterminent le sens. Nous en connaissons maintenant si bien les conditions, qu'il est en notre pouvoir de réaliser expérimentalement le phénomène, en faisant varier à notre gré la durée de la période normale du développement du squelette, surtout en la réduisant.

Ce que nos méthodes raisonnées sont capables de nous faire obtenir ainsi se produit, à des degrés divers et en dehors de l'influence de l'homme, chez les animaux qui vivent en état de pleine liberté. Les organes les plus exercés se développent aux dépens des autres, en vertu de la loi de balancement organique, dans le sens qui favorise le mieux l'accomplissement de leur fonction; ils s'approprient ou s'accommodent aux circonstances de milieu; et comme en ce cas le résultat est toujours proportionné aux conditions de sa production, les mêmes circonstances amènent infailliblement les mêmes effets sur tous les sujets qui en subissent l'influence.

C'est ainsi que, dans une même race, ceux qui se développent dans la plaine diffèrent par leur taille de ceux qui se sont formés sur la montagne, et que les individus de races différentes atteignent les mêmes dimensions, quand ils naissent et vivent dans le même milieu, s'il n'y a d'ailleurs pas de différence sensible dans les conditions de leurs aires géographiques naturelles.

Tout nous porte à penser que dans la série des âges il s'est produit, à l'égard de celles-ci, des changements qui ont eu pour conséquence l'abaissement progressif de la taille d'un certain nombre de races animales, en diminuant la durée de la période de développement du squelette de leurs représentants. La domesticité de ces races et l'agriculture qui les a soustraites, dans une certaine mesure toujours grandissante, aux vicissitudes résultant de l'inclémence des saisons, nous paraissent avoir en cela joué le rôle principal.

Toujours est-il que quand on compare la taille et le volume actuels du squelette de certains types naturels à la taille et au volume du squelette de leurs ancêtres fossiles, on est frappé d'une différence considérable dans

le sens que nous venons de dire. Et si le même phénomène ne s'est pas produit partout, s'il est des espèces,
même en assez grand nombre, dont le type naturel n'ait
pas vu changer ses dimensions absolues depuis l'époque
quaternaire, c'est que sans doute depuis lors les circonstances n'ont pas sensiblement changé dans les milieux
qu'elles ont habités.

Les variations de la taille dans le sens de la réduction,
quand elles sont dues au développement moins lent ou à
l'achèvement plus prompt du squelette, ont pour corol-
laire le développement plus accentué de toutes les parties molles du corps, et particulièrement des chairs musculaires qui entourent les os. Cela change les proportions
et les formes de ce même corps, et donne aux individus
un aspect général tout différent de ce qu'il était auparavant. En comparant dans une même race et sur une
aire de grande étendue, variable par les conditions de
fertilité du sol, mais surtout de richesse alimentaire
sous le rapport de certains principes minéraux, les
populations qui habitent les parties riches à celles qui
vivent sur les parties relativement pauvres, on est tout
de suite frappé par les différences dont il s'agit ici. Les
premières ont des masses musculaires abondantes, sous
lesquelles disparaissent les saillies osseuses du corps :
celui-ci est ample, cylindrique, tandis que les secondes
les montrent réduites au minimum et que leur corps,
relativement mince, laisse saillir l'épine dorsale et les
hanches, ainsi que la pointe des fesses.

D'autres variations de même ordre concernent la répartition équilibrée des éléments nutritifs. Elles ont pour
conséquence le développement harmonique de toutes les
parties du corps, qui devient seulement plus actif. Il en
résulte des variétés plus vigoureuses, plus puissantes,
dont l'aptitude générale est plus accentuée.

D'autres enfin portent exclusivement sur un organe
isolé, qui acquiert des dimensions plus étendues et une
activité plus grande. Celles-ci se réalisent aussi bien
naturellement qu'artificiellement. Ainsi en est-il notamment pour les mamelles. Dans tous les milieux dont le

sol est fertile, le climat doux et humide, il se forme des variétés remarquables par le fort développement de l'organe producteur du lait. Les mamelles, abondamment pourvues de grains glandulaires, fonctionnent activement, et là nous voyons ces variétés exploitées de temps immémorial pour la laiterie. Sur le littoral des mers, dans les vallées des pays montagneux de notre Europe occidentale, la règle à cet égard ne souffre point d'exception.

Ces variétés, transportées dans des milieux secs, froids ou chauds, peu importe, perdent en grande partie leur aptitude spéciale, comme elles la perdent aussi lorsque, sans changer de milieu climatérique, elles sont soumises au régime qui a pour effet de développer en elles l'aptitude à la formation et au dépôt de la graisse dans les aréoles du tissu conjonctif.

Les variations de la couleur des poils, qui caractérisent aussi les variétés dans les races, s'expliquent de même sans difficulté, ainsi que celles de la répartition des poils diversement colorés ou nuancés à la surface du corps.

Nous connaissons les principales combinaisons qui se présentent pour constituer, avec quatre couleurs seulement et leurs diverses nuances les plus habituelles, toutes les robes et tous les pelages qui servent à la caractéristique des variétés. Il n'est pas nécessaire de les rappeler ici. Nous nous en tiendrons à leurs modes de production, qui gouvernent la formation des variétés par là caractérisées.

Les chances de l'hérédité individuelle, dans le cas de robe ou de pelage comprenant des poils de couleurs différentes, mélangés ou répartis par surfaces inégales ou égales, peuvent faire prédominer l'une de ces couleurs sur l'autre ou sur les autres. Si, par une circonstance quelconque, il arrive que se reproduisent ensemble avec suite les individus qui présentent cette couleur toujours de plus en plus prédominante, elle finit bientôt par envahir, chez les descendants, toute la surface de la peau. C'est ainsi que l'idée ou le préjugé d'une couleur caractéristique ou préférée a suffi, dans un grand nombre de localités, pour former, par sélection attentive et persé-vérante, des variétés d'une coloration uniforme, en élimi-nant soigneusement de la reproduction tous les individus nés avec d'autres que celle préférée.

Il est permis de dire que, dans la limite des couleurs propres au type naturel de chaque race, l'hérédité peut être considérée comme ayant plein pouvoir pour faire varier la robe ou le pelage. La persévérance suffit pour arriver aux éliminations complètes, en luttant contre l'in-fluence de l'atavisme. Les faits nous en montreront ulté-rieurement une multitude de preuves lorsque nous décri-rons les races dans lesquelles se font observer les quatre couleurs principales.

Dans chacune de ces variétés de couleur se présentent des nuances extrêmement nombreuses, dont quelques-unes marquent en réalité le passage ou la transition entre les deux couleurs voisines dans le spectre. Sur l'étendue de l'aire géographique d'une race, on observe ainsi presque toujours toutes les dégradations possibles. Ces dégradations de nuance se produisent sous des influences physiologiques d'un autre genre que celui auquel appartiennent les variations de couleur dont nous venons de nous occuper. En l'état de nos connaissances sur l'optique, il ne paraît pas impossible d'en expliquer la production.

Nous savons que les corps nous donnent la sensation de la couleur blanche, parce qu'ils ont la propriété de réfléchir totalement le faisceau lumineux, qui est blanc lui-même ou plutôt incolore. Nous savons aussi qu'ils nous paraissent noirs en vertu d'un phénomène d'absorp-tion ou d'extinction également totale de ce faisceau. Le noir est l'ombre ou l'absence de lumière. Les diverses nuances du blanc et du noir, de la lumière et de l'ombre, dépendent des intensités variables de la réflexion ou de l'absorption, qui dépendent elles-mêmes des propriétés de l'objet frappé par le faisceau lumineux.

Dans notre cas particulier, les poils sur lesquels tombe ce faisceau présentent des surfaces diversement consti-tuées. La cuticule qui les enveloppe est formée de lamelles

épidermiques plus ou moins denses; elle est revêtue
d'un enduit gras dont les propriétés varient beaucoup
chimiquement, et dont la réfringence comporte par conséquent des degrés très-divers. De là des reflets extrêmement nuancés quant à leur intensité. Les couleurs
mates, blanche ou noire, indiquent l'absence complète
de ces reflets; les couleurs plus ou moins brillantes résultent au contraire de leur abondance relative. Les unes
et les autres sont dues à l'absence ou à la présence du
revêtement gras des poils, comme la couleur elle-même
est due à la constitution histologique de leur cuticule,
entraînant la propriété de réfléchir ou d'absorber la lumière.

Ce qui se passe sous nos yeux, lorsque des troubles
physiologiques modifient l'état du poil, nous le montre
clairement. La fièvre, les troubles de la nutrition, en
desséchant le poil, le rendent de couleur mate et terne;
le retour à la santé, à la pleine vigueur, lui fait reprendre
sa nuance vive et brillante. A la fin de l'hiver, alors que
la mue approche, le poil prêt à se détacher et à tomber
est devenu long et terne; le poil nouveau qui pousse au
printemps est au contraire brillant. L'animal qui vit
constamment dehors, exposé aux intempéries, dont
les poils sont lavés par la pluie ou desséchés par les vents,
a toujours la robe ou le pelage d'une nuance terne. Les
variations en question ne dépendent donc que des dispositions physiologiques individuelles.

Les couleurs proprement dites, en effet, ne sont point
dans les objets que nous voyons : elles sont parties inté-
grantes de la lumière qui nous les fait voir; leurs manifestations sont dues par conséquent uniquement à la manière
dont ces objets se comportent avec elle, aux éléments
lumineux qu'ils absorbent ou éteignent, et à ceux qu'ils
réfléchissent vers notre œil pour l'impressionner et nous
les faire percevoir.

Le poil est constitué, comme nous le savons, par des
cellules épidermiques diversement modifiées, plus ou
moins translucides, et par des granulations pigmentaires.
Celles-ci sont toujours et partout identiques. C'est une

espèce histologique. Elles ne varient chez les divers sujets que par leur nombre et par le mode de groupement. La couleur du poil ne dépend que de ce nombre et
de ce mode de groupement. La propriété fondamentale de
la granulation pigmentaire est d'absorber ou d'éteindre
la lumière. Les limites extrêmes d'absence complète et
d'accumulation au maximum des granulations sont mar-
quées par la réflexion totale, qui donne le blanc, et par
l'absorption totale, qui donne l'ombre ou le noir. Entre ces
deux limites se trouvent des nombres comportant toute la
série, depuis l'unité jusqu'au maximum déterminé par
l'espace à remplir, et qui, lorsqu'on envisage toute la
série animale elle-même, donnent les nuances infinies
qui s'observent dans l'étendue du spectre solaire déployé,
depuis le violet jusqu'au rouge.

Nous avons expliqué déjà les reflets. Les teintes et les
tons dépendent de la loi du contraste, découverte par
Chevreul. Il serait sans intérêt pour notre objet spécial
d'y insister. Nous devons nous borner à ce qui concerne
les variations que les circonstances physiologiques peuvent imprimer à la coloration du poil des animaux qui
sont les sujets de la zootechnie. Il s'agit pour nous uniquement de montrer dans quelles limites les dispositions
individuelles sont susceptibles de subir les influences
qui élèvent ou abaissent le ton, sur la gamme des couleurs.

L'observation fait voir que sur un seul et même individu, à mesure qu'il avance en âge, le pouvoir d'absorption de son poil va en diminuant, à mesure que diminue
aussi le nombre de ses granulations pigmentaires, sous
l'influence d'une moindre activité nutritive. C'est un fait
de connaissance vulgaire, parce que personne de nous n'y
échappe, lorsqu'il atteint la vieillesse. Les productions
pileuses noires deviennent infailliblement blanches, en
passant par le rouge, le jaune, etc. Indépendamment de
l'affaiblissement produit par l'âge, qu'une contusion ou
une plaie à la peau altère les propriétés de la couche
épidermique de Malpighi, et alors les poils tombés, au
lieu d'être remplacés par d'autres de la même couleur, le

seront par des poils blancs. S'il s'agit au contraire d'une action excitante de cette couche, comme c'est le cas, chez les animaux, pour la cautérisation superficielle ou l'application d'un emplâtre vésicant, les poils nouveaux seront d'une nuance plus foncée et plus vive.

Nul n'ignore que les chevaux de robe grise, mélangée de poils noirs et de poils blancs en proportions variables, deviennent toujours entièrement blancs ; que ceux de robe rouge, dite baie ou alezane, deviennent également toujours d'un jaune plus ou moins clair en vieillissant. Cela tient évidemment à ce que, par les progrès de l'âge, la faculté de genèse des granulations pigmentaires s'atténue dans le réseau de Malpighi. Pour comprendre ces dégradations, il suffit d'observer au microscope l'aspect de ces granulations. Vues isolément, elles paraissent jaunâtres ; réunies en petit nombre, elles donnent la couleur brune rougeâtre ; agglomérées en grand nombre, elles sont noires.

Ce qui se manifeste ainsi, dans le courant de la vie d'un seul et même individu, comme résultant de variations normales dans les propriétés physiologiques de la couche superficielle de sa peau, ne peut manquer de se produire de même sous les influences dépendant de l'activité nutritive, durant la vie intra-utérine ou fœtale, pour un certain nombre d'individus dans chacune des races, et même durant la première jeunesse. On observe, en effet, sur l'étendue de l'aire géographique de la plupart d'entre elles, que les variétés dont la première alimentation est la plus soignée sont toujours celles chez lesquelles les robes et les pelages se montrent avec les nuances les plus foncées.

Ce n'est donc que par des soins très-attentifs qu'il est possible de conserver dans les groupes d'animaux les variétés de couleur constituées sous de telles influences. Les aptitudes physiologiques individuelles jouent, dans la production des variations dont elles sont les résultats, un rôle trop prépondérant pour qu'il en soit autrement. Il faut, pour que la couleur de la robe ou du pelage, et surtout sa nuance, se maintiennent constantes, une uniformité de conditions de milieu qui ne se rencontre que bien rarement. Aussi n'est-ce que par une élimination impitoyable des reproducteurs qui s'éloignent de la couleur ou de la nuance voulue qu'on arrive à maintenir la variété préférée.

Cela conduit à conclure que la mise en œuvre de la loi des semblables a le plus grand rôle dans la formation des variétés de couleur; car si nous nous expliquons facilement, comme on vient de le voir, le rapport nécessaire qui existe entre les variations de celle-ci et celles du nombre des granulations pigmentaires dans le réseau de Malpighi, et surtout à la base des follicules pileux, la condition déterminante précise de leur production en nombre variable nous échappe encore à peu près complètement. De nouvelles études la mettront peut-être à notre disposition.

En attendant, nous en savons assez toutefois pour être assurés qu'on a commis une erreur essentielle en considérant la couleur comme un bon élément de la caractéristique des races, du moins chez les animaux, puisque nous avons la preuve de son manque absolu de fixité. C'est tout au plus si elle peut servir utilement à la caractéristique des variétés; et en tout cas, ce n'est à coup sûr point la meilleure, ni au point de vue zoologique, ni au point de vue zootechnique. Les variétés déterminées par la taille, le poids, et surtout par l'aptitude prédominante, sont toujours les plus utiles à connaître.

Il est facile de voir aussi maintenant jusqu'à quel point l'importance des variations que nous venons de passer en revue a été exagérée par l'école transformiste, qui en a fait la base principale de sa doctrine sur la formation des espèces. Il est clair que ces variations, dépendant des influences de milieu, comme nous l'avons expliqué, ne touchent en rien à la caractéristique spécifique, puisqu'elles laissent intact le type naturel, le type ostéologique, qu'elles réduisent ou amplifient seulement, lorsqu'elles portent sur les formes du corps, lorsqu'elles affectent telle ou telle des parties molles de ce même corps ou toutes à la fois.

Aucun des nombreux faits de variation, bien ou mal observés, que Darwin a accumulés dans son ouvrage spécial (1) n'échappe à l'une ou à l'autre des explications données plus haut. Ces faits montrent donc que dans la race de chacune des espèces naturelles il se forme naturellement ou artificiellement des variétés plus ou moins nombreuses, selon que sont plus ou moins nombreuses aussi les variations de conditions de milieu qui se présentent sur l'étendue de son aire géographique. Aucun d'eux n'établit que les modifications subies aillent au delà, et qu'elles affectent d'une manière durable un seul des caractères spécifiques définis comme constituant le type naturel.

L'argument le plus fort invoqué à l'appui de l'hypothèse transformiste se trouve par conséquent réduit ainsi à une très-minime valeur.

(1) *De la variation des animaux et des plantes sous l'action de la domestication*, t. I, *loc. cit.*

CHAPITRE IV

MÉTHODES DE REPRODUCTION

But des méthodes. — Les animaux ont des aptitudes physiologiques ou naturelles, aboutissant uniquement à leur propre conservation et à celle de leur espèce. Normalement, elles sont tout juste développées dans la mesure nécessaire pour cette double fin. Les méthodes zootechniques de reproduction, ainsi que les autres, ont été instituées en vue d'imprimer à ces aptitudes des modifications qui puissent les mettre en outre dans le cas de servir à la satisfaction des besoins nés de l'état social civilisé, en d'autres termes, de faire passer la fonction physiologique au plus haut degré possible de fonction économique. Elles ont aussi pour but de conserver et de perpétuer les modifications obtenues, et de maintenir les aptitudes naturelles en les préservant de toute dégradation.

On est convenu de donner le nom d'*améliorations* aux modifications dont il vient d'être parlé. Les individus qui, dans une race, sont aptes à remplir au plus haut degré la fonction économique ou les fonctions économiques de cette race sont dits *améliorés*, par rapport aux autres. On parle souvent aussi d'amélioration d'une race ou des races en général et de race ou des races améliorées, mais c'est par un pur abus de terme. Il n'y a en réalité nulle part aucune race qui puisse être ainsi qualifiée justement. C'est tout au plus si le qualificatif peut s'appliquer, dans chaque race connue, à quelques variétés. Il n'est vraiment exact que pour les individus offrant une supériorité incontestable, eu égard à leur aptitude pour la fonction économique qu'ils doivent remplir.

Cette fonction est donc, en réalité, le critérium de l'amélioration, qui ne peut s'entendre d'une façon absolue. En zootechnie, en effet, le véritable sentiment de l'esthétique ne peut guère trouver d'application, car, à de très-rares exceptions près, l'utilité des animaux dont nous nous occupons n'est point de charmer le regard par l'harmonie et la beauté des lignes. On rencontre des enthousiastes qui s'extasient volontiers devant certains de ces animaux et rendent leurs impressions dithyrambiques comme le ferait un critique d'art devant la Vénus de Milo. Ce sont là des sportsmen, non point des zootechnistes. Un animal, fût-il difforme et disgracieux au possible pour l'artiste (et c'est souvent le cas), le zootechniste le tient pour beau dès qu'il réunit au plus haut degré les conditions de la fonction économique en vue de laquelle il a été amélioré.

Mais il convient d'ajouter toutefois que, dans une certaine mesure, le sentiment dépend ici du point de vue, et que l'aspect de cet animal amélioré fait naître chez l'éleveur ami de son art particulier des sensations qui ne diffèrent guère de celles qu'éprouvent le statuaire et le peintre devant une belle statue ou un beau tableau. Pour lui, l'utile et l'agréable se confondent pour atteindre l'expression du beau. On discutera, si l'on veut, sur les degrés de noblesse des deux genres de beauté. Ce que je sais bien, pour mon compte, c'est qu'on peut être accessible à tous les deux à la fois, et que les deux ordres de sensations ne s'excluent point. Je sais aussi que l'aptitude artistique qui fait voir et apprécier les belles lignes d'une statue, les belles formes de la plastique humaine, ne nuit point à l'appréciation éclairée des formes animales envisagées à un autre point de vue plus directement utile et plus raisonné.

De ce qui précède il résulte que l'objet des méthodes zootechniques est de réaliser des améliorations ou de développer les fonctions économiques, qui sont le but de ces améliorations, c'est-à-dire de mettre les animaux en mesure de fournir plus de produit net.

Nos devanciers immédiats concevaient et préconisaient

l'amélioration de ces animaux selon deux modes. Avant eux, on n'en connaissait en théorie qu'un seul: celui qui a été, en un si beau style, développé par Buffon. Il s'agissait uniquement de prévenir la dégénération, selon l'expression du célèbre naturaliste, en retrempant toujours le sang noble puisé à sa source; par conséquent, on ne visait jamais que les méthodes de reproduction. Encore aujourd'hui, quoiqu'ils disent, la plupart des théoriciens de l'hippologie, dans le plus grand nombre des États de l'Europe, restent attachés en fait à la doctrine de Buffon, puisqu'ils s'occupent à peu près exclusivement des étalons et qu'ils indiquent la source de toute amélioration dans ce qu'ils appellent le pur sang, auquel ils attribuent une sorte de puissance mystique.

Plus éclairés, nos devanciers zootechnistes, Huzard, Grognier, Yvart, Magne, ont insisté pour faire admettre que les animaux ne s'améliorent pas seulement par la génération, mais encore par ce qu'ils ont nommé le régime ou par les agents hygiéniques. Ils ont prouvé par de nombreux faits que leur amélioration est étroitement liée aux modifications introduites dans les systèmes de culture du sol, qui changent les conditions d'habitation, d'alimentation et de travail. En tant que fait général, la démonstration a été complète. Nul ne pourrait prétendre justement à leur en contester le mérite. Ils ont parfaitement établi la solidarité qui existe, en économie rurale, entre la production animale et la production végétale, et par là ils ont fait faire un grand pas à la pratique zootechnique.

Mais il n'en est pas moins vrai que la notion de cette solidarité solidement établie comme fait général demeurait vague et peu efficace tant que les théories qui l'expliquent n'existaient point. Ces théories, on les chercherait en vain dans les écrits de nos devanciers dont les noms viennent d'être cités. La notion s'y formule, ou mieux elle s'en dégage comme une déduction des faits généraux constatés. Nulle part la loi de ces faits n'est clairement mise en évidence. Le plus souvent même, la notion elle-même reste à l'état de lettre morte, car, dans l'application, l'ancienne prédominance des méthodes de reproduction n'en est pas moins conservée ; l'amélioration n'en est pas moins fondée avant tout sur le choix des reproducteurs.

Nous en sommes arrivés aujourd'hui à des principes plus fermes et plus solides, parce qu'ils sont plus précis. Il faut les exposer pour bien marquer le but de nos méthodes.

C'est d'abord se servir d'un langage vicieux que de parler, comme on le fait si souvent, de l'amélioration des races par le régime ou autrement. Le pouvoir des méthodes zootechniques se borne à créer dans les races des variétés améliorées, ou à faire acquérir aux aptitudes d'un certain nombre de familles un degré de développement qui les met en mesure de remplir leurs fonctions économiques d'une façon supérieure.

On améliore par le régime, comprenant tout l'ensemble des modificateurs ou des actions de milieu, quelques individus, qui transmettent ensuite par la génération les qualités héréditaires développées en eux ; mais ces qualités ne se peuvent manifester, comme nous avons eu déjà l'occasion de le dire, qu'à la condition d'une action permanente sur la descendance des mêmes modificateurs, sous l'influence desquels elles s'étaient montrées chez les ascendants. Ceux-ci n'en transmettent que la tendance ou ce qu'on appelle plus ou moins proprement le germe. Le premier rôle, dans l'amélioration, appartient donc nécessairement toujours à ces modificateurs, puisqu'en leur absence elle est impossible. Et il est trop visible, d'après cela, qu'aucune race ne peut se prêter tout entière à l'amélioration, sur la grande étendue de sol que ses représentants occupent.

Il n'est pas moins clair ensuite qu'une race ne peut pas davantage s'améliorer « par elle-même, » comme on le dit aussi. Une race, comme nous l'avons vu, est une catégorie naturelle, qui se maintient ou périclite, suivant que ses conditions d'existence se conservent ou s'amoindrissent. Par sa propre loi, elle ne peut que se maintenir. C'est une catégorie zoologique et non pas zootechnique.

Les groupes d'individus ou de familles améliorés qu'elle peut contenir sont, nous le répétons, des variétés. Dans une race, une variété peut être améliorée par une autre variété qui lui transmet ses qualités héréditaires, par la mise en œuvre de l'une ou de l'autre des méthodes de reproduction.

C'est une des fautes les plus communes que de confondre ainsi le point de vue économique ou zootechnique avec le point de vue zoologique. Il importe extrêmement, pour la netteté des méthodes et la facilité de leur application, d'éviter à cet égard toute confusion. Les améliorations soulèvent avant tout des problèmes économiques. Ce qu'il faut à l'économie rurale, ce sont des individus améliorés. La meilleure méthode zootechnique est celle qui rend possible leur production avec le bénéfice le plus élevé. Le choix n'en peut être fait d'après des considérations purement abstraites ou absolues, d'après des conceptions dogmatiques. Chaque cas particulier pose un problème dont il faut envisager toutes les données, sans en négliger aucune, et particulièrement celle qui concerne la situation agricole ou le système de culture.

La méthode naturelle de reproduction, par exemple, est sûrement applicable partout sans chance de mécompte, et si elle est pratiquée avec tout le soin qu'elle comporte, elle ne peut être que profitable. On peut donc la préconiser, comme méthode générale, en pleine sécurité de conscience. Dans certains cas particuliers, elle n'est pas toutefois celle qui assurerait les plus grands bénéfices, dans l'état actuel des choses, et une autre peut lui être préférée avec avantage. Mais toute méthode artificielle ne vaut que pour ces cas particuliers, bien étudiés, et ne saurait par conséquent être généralisée sans inconvénient, comme la première.

La dissidence irrémédiable entre l'ancienne doctrine empirique et dogmatique et la nouvelle doctrine scientifique ou expérimentale de la zootechnie porte principalement sur le point qu'on vient de viser. Dans la première, on considère la méthode de reproduction par le croisement comme la seule capable de réaliser les améliora-

tions, et on la préconise en thèse générale ; dans la seconde, son application est restreinte à des cas déterminés.
Les fondateurs de cette doctrine nouvelle ont voulu, en
introduisant la méthode scientifique dans leurs études,
dissiper les obscurités et les confusions qui existaient au
sujet de ces questions.

Pour procéder avec ordre dans l'examen des améliorations, deux points fondamentaux sont d'abord à considérer : 1° leur but économique ; 2° les moyens de les
réaliser. Cela revient à dire qu'il convient préalablement
de se demander s'il peut être utile d'entreprendre leur
réalisation et si l'on trouvera, dans les conditions dont
on dispose, les ressources nécessaires pour les mener à
bonne fin. Cela posé, il reste à étudier la question au
point de vue physiologique ou technique, car ce point de
vue seul peut permettre de mesurer l'étendue du chemin
à parcourir et de supputer, par conséquent, celle des
ressources nécessaires pour arriver au but.

Les rectifications de langage indiquées plus haut ne
sont point purement verbales. Elles ont une portée pratique considérable. Il se crée dans les races des familles
améliorées, et ces familles se multiplient plus ou moins,
suivant le nombre des éleveurs qui s'occupent de leur
propagation et de leur exploitation. La race, dans sa
signification zoologique, se conserve ou se détruit et
s'éteint ; elle ne s'améliore pas dans un autre sens que
celui de l'augmentation du nombre de sa population.
Celle-ci, ou les individus qui la composent, peuvent
seuls être maintenus dans un état d'amélioration économique, par un concours de circonstances dont cet état
dépend étroitement, et qui tout est à fait sans action sur
les attributs de la race même. Dès qu'il cesse d'exister,
l'amélioration disparait avec lui.

Il importe qu'on sache bien que la génération ne crée
rien, en fait d'améliorations. Elle peut, tout au plus,
transmettre les aptitudes qui favorisent leur développement, mais qui ne valent qu'à la condition de rencontrer,
dans la véritable source d'où le perfectionnement découle,
les moyens de s'exercer. Par la génération seule il n'y

a que deux résultats possibles : ou bien la situation acquise se conserve, si les reproducteurs sont égaux en aptitude ; ou elle peut être modifiée, si l'un est supérieur à l'autre ; mais en ce dernier cas, c'est à la condition expresse que la méthode de reproduction n'agira pas seule, que son action sera combinée avec celle d'une autre agissant directement sur l'individu reproduit lui-même.

Pour étendre l'amélioration dans une race, il est donc indispensable de mettre en œuvre deux méthodes zootechniques à la fois, et entre elles il y a une hiérarchie nécessaire, qui place la méthode de reproduction au second rang. C'est là une notion nouvelle, habituellement méconnue, ce qui est la principale raison des échecs si souvent observés.

En résumé, le but des méthodes zootechniques est de mettre en application les lois naturelles des phénomènes physiologiques, pour faire fonctionner ces lois à notre profit, en réalisant dans les aptitudes ou fonctions économiques des animaux des améliorations ou des perfectionnements tels que nous les avons définis. Toute méthode qui transgresse ces lois, ou qui met en jeu celles dont l'action va contre le but économique de la production, est donc vicieuse ou contraire au sens pratique ; car, dans le premier cas, le succès de son application est impossible, et dans le second cette application elle-même est fausse, puisqu'elle ne peut pas conduire à la solution du problème zootechnique.

C'est en prenant pour bases ces considérations que nous allons maintenant étudier en détail les méthodes de reproduction, qui sont au nombre de trois : la sélection, le croisement et le métissage.

Sélection. — Vieux mot français dérivé du latin *selectio*, dont le verbe est *seligere*, choisir, faire choix. Chez nous le temps lui avait fait perdre son *s* initial, et il était devenu *élection* ; mais les Anglais le conservèrent intact. On le leur a emprunté pour l'introduire spécialement dans le langage zootechnique. Il a été universellement adopté, comme remplaçant d'une manière heureuse la périphrase usitée auparavant pour exprimer le fait de la reproduction des animaux de même race entre eux, ou l'opposé du croisement des races.

Dans cette acception, qui lui a été donnée par les éleveurs français, le terme de sélection correspond à l'idée d'une méthode d'amélioration complexe, non bornée à ce qui concerne la reproduction, mais s'étendant au contraire à tout ce qui agit en même temps pour développer les aptitudes en modifiant la conformation. Le sens du mot est ainsi évidemment trop étendu et cesse par conséquent d'être exact, puisqu'il dépasse ce qui se rapporte au choix des reproducteurs, tandis qu'en réalité l'idée dominante consiste à considérer les choses désignées par ce mot comme formant, dans leur ensemble, une méthode de reproduction.

Cette méthode n'est pas autre chose que l'application pleine et entière de la loi des semblables. De la part des éleveurs ou des auteurs français, elle n'a jamais, à notre connaissance, été contestée. La seule objection qui ait été faite en France à la méthode de la sélection, telle qu'on la comprend généralement, est tirée de la lenteur supposée qu'on attribue à ses effets. Quant à ces effets eux-mêmes, ils sont unanimement reconnus comme certains.

Ce ne serait pas le moment de discuter l'objection, qu'on examinera mieux à sa place à l'occasion de la méthode qu'elle touche en réalité. Nous savons que la reproduction ne crée par elle-même aucune amélioration, et qu'elle ne fait qu'étendre à un plus grand nombre d'individus les améliorations créées, en les transmettant par hérédité. Il suffit donc, pour accorder à la méthode de la sélection toute sa valeur, de reconnaître que sous son influence la transmission est certaine, infaillible. Cela marque sa puissance incontestable et sa supériorité sur toutes celles dans lesquelles cette même transmission est nécessairement précaire ou aléatoire, à quelque degré que ce soit.

En France, nous le répétons, personne ne conteste que la méthode de la sélection soit efficace pour contribuer à l'amélioration des populations animales. Il n'en est pas de même en Allemagne. On y est allé jusqu'à poser en fait que son application rigoureuse s'oppose absolument à tout progrès, ou en d'autres termes à tout perfectionnement du bétail par la reproduction, ce qui est manifestement une erreur.

Si cette méthode est, ainsi que nous l'avons dit, une application pleine et entière de la loi des semblables, quand surtout elle est poussée jusqu'à la consanguinité, elle en est non moins nécessairement une aussi de la loi même de la race, dont elle implique la connaissance. La première nécessité de sa mise en œuvre est cette connaissance, qui permet d'établir, dans le choix des reproducteurs, c'est-à-dire dans leur sélection, la distinction entre ce qui atteste la pureté de race et ce qui, n'ayant qu'une valeur économique, peut se présenter à la fois et au même degré chez les individus appartenant à des races différentes.

De là deux modes bien distincts de sélection, l'un qui est purement zoologique, et l'autre que nous devons qualifier de zootechnique, parce qu'il porte seulement sur les qualités auxquelles l'individu doit sa puissance productive.

Sélection zoologique. — La sélection zoologique se définit par la recherche attentive, chez les deux reproducteurs accouplés, des mêmes caractères spécifiques. C'est, dans toute la force du terme, la reproduction de l'espèce ou la conservation de la pureté de race.

Dans les conditions naturelles, alors que les animaux vivent librement sur l'étendue de leur aire géographique, c'est ainsi qu'ils se reproduisent normalement. Quand ils vivent en troupe ou en société nombreuse, dans laquelle la polygamie est le fait normal, on sait que la fonction de reproducteur mâle est le prix d'une lutte et qu'elle est dévolue au plus fort, au plus vigoureux, à celui qui représente au plus haut degré tous les attributs de son espèce. Il la conserve aussi longtemps que ces attributs n'ont pas faibli en lui, aussi longtemps qu'il a le pouvoir de faire respecter sa prérogative. Dès qu'il n'en est plus ainsi, un autre plus capable le détrône et le remplace.

Tous les observateurs qui ont eu l'occasion d'étudier la reproduction naturelle, dans les troupes d'animaux libres, ont constaté cela. C'est la véritable sélection naturelle de Wallace et de Darwin. Au lieu de contribuer, comme ils le prétendent, à la création d'espèces nouvelles par transformation des anciennes, elle a pour effet nécessaire, ainsi qu'on le comprend bien d'après les lois que nous avons dégagées précédemment, de conserver intactes les espèces existantes. Ce n'est point parce que ses attributs spécifiques ont varié ou sont devenus, sous une influence quelconque, différents de ceux de son propre père, que le mâle privilégié féconde les femelles; c'est purement et simplement parce qu'il ne se montre pas inférieur. Il est donc évident que le seul résultat de la sélection naturelle, qui est l'image la plus nette de la sélection zoologique proprement dite, est de conserver les espèces et de leur faire franchir la série des siècles.

Chez les animaux monogames, dont les genres sont nombreux aussi, des considérations d'un autre ordre interviennent, mais le résultat est finalement le même. Des couples se forment en obéissant à des inclinations instinctives, et il est sans exemple que ces inclinations se soient manifestées entre individus d'espèces différentes. C'est dans la compagnie ou la famille, par exemple, que les perdrix s'accouplent pour former des compagnies ou des familles nouvelles, quand vient pour elles le moment de la reproduction. Il en est de même pour les mammifères, en sorte que dans ces conditions naturelles, ce sont le plus souvent les unions entre consanguins qui assurent la sélection zoologique, ces unions que nous avons vues porter la puissance héréditaire à son plus haut degré d'efficacité.

Dans la pratique zootechnique, où la direction industrielle se substitue au déterminisme des instincts, l'objet du mode de sélection dont il s'agit ne peut pas être autre. Son application a pour unique base la détermination exacte, précise, des caractères spécifiques et des conditions qui assurent leur puissance héréditaire, en les mettant à l'abri des effets de la loi de reversion. Pour opérer selon les règles de la sélection zoologique, il ne suffit donc point de connaître exactement les caractères spécifiques de la race à reproduire, par conséquent d'être en mesure de comparer au type naturel de cette race les individus reproducteurs à choisir; il faut encore être éclairé sur les origines de ces individus, afin de savoir s'il ne s'est pas trouvé dans leur ascendance quelque parent qui ne fût point de leur race; il faut en un mot être fixé au sujet de leur pureté de sang, selon l'expression consacrée par l'usage.

Identité de caractères spécifiques et pureté de sang ou d'origine, telles sont les deux conditions essentielles de la sélection zoologique. C'est au respect absolu de ces deux conditions que les éleveurs anglais sont depuis longtemps arrivés empiriquement. Pour en faciliter la pratique, ils ont imaginé de tenir des registres généalogiques (*Stud-Book* et *Herd-Book*) sur lesquels sont inscrits à leur naissance, dans chaque race, tous les individus sur la pureté desquels il n'existe aucun doute. Le registre des chevaux de course et celui des courtes-cornes de Durham affranchissent les éleveurs de tout souci pour la sélection zoologique, en ce qui concerne les deux sortes d'animaux. Le certificat d'inscription tient lieu de tout examen.

En Angleterre, l'usage de ces registres tend à devenir général, l'importance de la sélection zoologique pour les opérations zootechniques tendant de son côté à s'affermir de plus en plus dans les îles Britanniques. Les Anglais, hommes pratiques avant tout, se sont aperçus depuis longtemps qu'en dehors de la conservation soigneuse des races à l'état de pureté, il n'y a point d'industrie zootechnique solide. Ils ne s'étaient départis de cette loi qu'à l'égard de leurs populations porcines. Le dédale inextricable auquel cela les a conduits n'a pu que les affermir dans leur doctrine générale, et depuis quelques années, dans les concours annuels de reproducteurs, renonçant aux désignations devenues si multiples de leurs prétendues races porcines, ils y ont substitué l'exigence, pour chaque sujet exposé, d'un *pedigree* en règle.

Ce sont là des pratiques dont on ne saurait trop recommander l'imitation dans tous les pays d'Europe, où la sélection zoologique doit être la base des opérations zootechniques. Toute race y devrait avoir son livre généalogique, pour la commodité des éleveurs.

Sélection zootechnique. — Choisir les individus en se plaçant au point de vue des formes ou des couleurs de leur corps, des aptitudes qu'entraînent ces formes, et en laissant de côté celles qui, parmi elles, sont spécifiques, c'est faire de la sélection zootechnique.

Ce mode de sélection n'est indissolublement lié à aucune méthode de reproduction en particulier; son application ne se borne même pas aux animaux reproducteurs; sous tous les rapports, excepté en ce qui concerne les organes de la génération, il n'y a aucune différence entre les notions qui servent de base pour le choix d'un reproducteur et celles dont on s'inspire dans l'examen de l'animal en vue de l'accomplissement de ses fonctions économiques.

Les bases de la sélection zootechnique peuvent donc servir indifféremment, soit comme norme ou règle pour le jugement des animaux de chaque catégorie dans les concours de reproducteurs, soit comme règle aussi pour le choix des sujets en vue de l'exploitation individuelle de leurs fonctions économiques.

Ces bases, en effet, ne sont pas autres que celles connues depuis longtemps sous le nom de beautés de la conformation, et qui sont décrites plus ou moins exactement dans les traités de la conformation extérieure des animaux. Sur leur appréciation, une profonde dissidence existe entre les deux écoles zootechniques qui se partagent en Europe les faveurs des hommes spéciaux.

Dans la première, on se place au point de vue esthétique; on a un type idéal et absolu de beauté générale dans chaque genre d'animaux, et on le décrit morceau par morceau, comme disent les artistes, puis on en détermine les proportions harmoniques. Telle est la méthode suivie par Bourgelat, dans son célèbre *Traité de la conformation extérieure du cheval,* qui a été le premier du genre et que tous ses successeurs ont depuis imité plus ou moins servilement, en France et à l'étranger.

Dans la seconde école, ayant acquis expérimentalement la connaissance des formes naturelles irréductibles qui, dans tous les genres d'animaux, distinguent entre elles les races, on s'est convaincu qu'admettre ainsi comme type absolu de beauté celles qui caractérisent particulièrement l'une d'entre elles, ce serait exclure toutes les autres ; que, d'un autre côté, s'il peut être vrai que les formes de l'une quelconque des races soient les plus agréables à l'œil et charment davantage le regard, on ne saurait oublier que les animaux ne sont pas exploités, en général, pour se procurer un genre de satisfaction qui ne concerne que ceux appelés animaux de luxe; qu'il n'est pas démontré, enfin, que la relation soit nécessaire, dans tous les cas, entre cette harmonie des formes ou des lignes, qui nous donne la sensation de la beauté plastique, et l'accomplissement au maximum de la fonction économique.

Cette dernière devenant dominante dans la doctrine zootechnique, devait nécessairement exclure le point de vue absolu, dans la considération des formes animales, et faire admettre comme indispensable au moins un type de beauté pour chacun des genres de service. Ensuite, en ce qui concerne particulièrement les moteurs animés, l'étude plus approfondie de la machine animale devait aussi, de son côté, faire considérer à part les organes qui en constituent le mécanisme proprement dit et ceux dont l'ensemble forme le générateur de la force qu'ils utilisent, ce qui exclut la division en parties ou en régions extérieures, établie par Bourgelat.

Les vétérinaires, par exemple, ont de la peine à nous suivre dans la voie nouvelle, qui est pourtant la seule vraiment pratique, parce que l'enseignement de leurs écoles tient encore fermement pour la tradition et qu'ils y suivent un cours de conformation extérieure, séparé de ceux d'anatomie, de physiologie et de zootechnie, par conséquent un cours dans lequel les formes animales sont envisagées à un point de vue idéal et purement conventionnel.

La disposition ou la forme la plus propre à assurer le meilleur fonctionnement de chacun des organes de la machine animale, considérée isolément, ne se peut point séparer de sa description anatomique, dont elle est partie intégrante. La détermination de cette disposition ou de cette forme ne peut être tirée que de l'exécution de sa fonction, dont la mesure se tire elle-même de son utilité, du ressort de la zootechnie. Dans un enseignement de ces choses scientifiquement compris, ou, ce qui revient au même, devant conduire au maximum d'effet utile, il n'y a donc point de place pour cette doctrine spéciale de la conformation extérieure des animaux en général et du cheval en particulier. Son défaut capital est de conduire forcément à des idées absolues et exclusives, qui faussent le jugement dans l'appréciation des cas particuliers.

L'idée fausse que nous repoussons ici a eu dans la pratique les conséquences les plus fâcheuses. C'est elle qui domine encore dans les régions officielles de tous les États de l'Europe. Cette idée est celle de l'harmonie de la conformation, susceptible de faire naître dans l'esprit de l'artiste de goût des impressions agréables. Elle est parfaite pour l'éducation des statuaires ou des peintres, détestable pour celle des zootechnistes qui, dans l'appréciation des animaux considérés individuellement, ne doivent jamais perdre de vue la fonction économique, pour lui rapporter sans cesse les objets chargés de l'exécuter. Le plus beau sujet, ainsi que nous l'avons déjà dit, est celui qui la remplit le mieux, non point celui qui charme davantage notre regard. *Gladiateur* ou *Monarque*, son père, attelés à une charrue, eussent fait piteuse mine, de même que *Favourite* ou *Comet* n'eussent guère été à leur place en face d'un toréador espagnol.

Les canons ou échelles de proportions, que l'on trouve dans la plupart des ouvrages consacrés à la conformation extérieure des animaux, soit en France, soit à l'étranger, cachent donc sous leur richesse apparente une indigence véritable. Cela n'a réellement aucune utilité pratique et peut au contraire induire en erreur. Ces choses quintessenciées, philosophiques, que leurs auteurs et les adeptes de tout ce qui, n'étant pas clair, s'impose comme dogme, croient applicables utilement à tous les genres d'animaux, n'ont en réalité ni fondement ni application possible. Ce sont de pures abstractions, devant rester telles, et par conséquent stériles.

Pour demeurer en ces matières sur le terrain solide des faits, il faut s'inspirer des idées qui ont toujours guidé les éleveurs anglais dans leur pratique, qu'il importe de ne point confondre avec les dissertations des auteurs qui ont cherché à l'interpréter ou à nous la faire admirer.

L'application du parallélogramme auquel on veut, par exemple, rapporter toutes les faces du corps des animaux, comme type de la conformation parfaite, manque d'exactitude.

La seule base d'appréciation qui soit conforme aux faits est celle que fournit le rapport nécessaire qui existe entre les diverses parties du corps et leurs fonctions économiques respectives, en vertu duquel le but d'exploitation zootechnique est atteint. L'analyse de la conformation, exécutée à ce point de vue, fait attribuer à chacune sa valeur relative, et de là résulte pour l'appréciation de l'ensemble une échelle de valeurs proportionnelles, qui permet de comparer facilement chaque individu à la conformation reconnue comme parfaite dans sa race, et dans celle-ci les individus entre eux.

Les Anglais et les Américains se servent couramment d'échelles de ce genre, dans le jugement des animaux de concours notamment. En principe, elles ne diffèrent pas de celles qui sont usitées maintenant, même chez nous, pour le classement des machines, et dans lesquelles chaque détail de construction ou de fonctionnement a une valeur représentée par un certain nombre de points.

De même que le maximum de points correspond, pour ce qui concerne ces machines, à la plus grande solidité des matériaux, au fini de la construction ou au plus grand travail possible pour la moindre dépense de force ou de combustible, de même en doit-il être pour les animaux. Toujours l'appréciation doit avoir pour base l'utilité pratique.

Les Équidés, par exemple, seront appréciés exclusivement en tant que moteurs animés, et chacun en vue du mode d'application de sa force ou d'exécution de sa fonction, qui est de fournir, eu égard à son poids, la plus forte quantité de travail disponible, l'élégance des formes ne venant qu'en dernier lieu et ne comptant que pour ceux chez lesquels, en raison de leur service, elle est réellement un élément de valeur. Il s'agira de déterminer d'abord, pour chaque genre de service, les valeurs totales respectives du mécanisme et du générateur, puis de répartir ces valeurs au prorata de l'importance de chacun des éléments constituants de l'un et de l'autre.

Ce n'est pas ici le lieu d'insister sur la répartition, qui doit être réservée pour le moment où nous nous occuperons de la zootechnie spéciale des Équidés. Nous en posons seulement les bases générales, qui vont être appuyées sur des exemples empruntés à ce qui concerne les animaux comestibles, à l'égard desquels la méthode recommandée a été jusqu'à présent plus pratiquée.

L'appréciation des animaux comestibles est fondée sur les usages mêmes du commerce qui les achète pour la consommation. Le meilleur, le plus beau est celui dans le corps duquel se trouvent en plus forte proportion les parties ou les morceaux qui se vendent le plus cher, parce qu'ils sont les plus estimés des consommateurs. Il convient donc de prendre pour base du jugement de la conformation d'un bœuf, par exemple, les catégories établies par le commerce de la boucherie dans la viande qu'il fournit, afin de donner la préférence à celui qui en produit plus que l'autre de la première catégorie, puis à celui qui, à première catégorie égale, en donnera plus de la deuxième, et ainsi de suite. Pour la conformation d'une vache, il y a lieu de joindre à cela, s'il s'agit de la juger comme laitière, la considération des signes particuliers de son aptitude.

Les distinctions qu'il y a lieu d'établir, pour se conformer aux nécessités pratiques qui se confondent avec la rigueur scientifique, concernent, d'une part, pour chacun des genres d'animaux, la fonction générale ou prédominante, qui est, chez les Équidés, la production du travail musculaire; chez les animaux comestibles, Bovidés, Ovidés et Suidés, la production de la viande, chair et graisse; et, d'autre part, la fonction spéciale, vitesse ou fortes charges pour les Équidés, travail ou lait pour les Bovidés, laine et lait pour les Ovidés, chair et graisse pour les Suidés.

Il faut de plus ne jamais perdre de vue qu'un individu ne peut être complètement et utilement comparé, à l'un ou à l'autre des deux points de vue, qu'à un autre individu de sa race, sans quoi la comparaison se heurte à des impossiblités pratiques. il ne peut en être autrement que quand il s'agit d'envisager à part l'un ou l'autre des deux ordres de fonctions. Deux Équidés, deux Bovidés, deux Ovidés, de races différentes, peuvent présenter des qualités zootechniques semblables ou comparables; il n'en saurait être ainsi pour leurs qualités ou propriétés zoologiques, spécifiques, précisément parce qu'elles sont irréductibles.

Pour donner un aperçu des bases utiles d'appréciation de la conformation des individus, dans chaque race, nous allons dresser l'échelle des valeurs proportionnelles de ses diverses parties, en prenant pour expression de la perfection le nombre 25, qui suffit pour exprimer trois degrés de détail dans tous les genres. Chacune des parties essentielles du corps ou des qualités à prendre en considération aura, dans ce nombre total, sa part proportionnelle, correspondant à l'importance qui lui revient dans la valeur de l'ensemble.

Nous donnons cette échelle seulement comme un spécimen du mode de jugement que nous recommandons pour les qualités zootechniques des reproducteurs. On comprendra sans peine qu'elle peut subir des modifications, quant au nombre total des points, mais en conservant toutefois à chacune des parties considérées son importance relative. En adoptant pour chacune un nombre maximum plus grand, par exemple, il serait possible de marquer dans la notation un plus grand nombre de nuances. La somme des points serait ainsi plus élevée, mais cela n'affecterait en rien les valeurs relatives. Toutefois, nous ne pensons pas que cela puisse avoir une utilité bien marquée au point de vue pratique, et il nous paraît que les complications superflues doivent être toujours rejetées. C'est pourquoi nous nous en sommes tenu au nombre total de 25 points.

Échelle pour la sélection zootechnique.

QUALITÉS DES ANIMAUX.	ÉQUIDÉS.	BOVIDÉS.	OVIDÉS.	SUIDÉS.
1. Origine ou qualités généalogiques spéciales.	3	2	2	2
2. Conformation normale et bonne qualité de la corne des pieds.	3	—	—	—
3. Largeur et force des articulations des membres, du jarret en particulier	3	—	—	—
4. Conformité des membres à la loi de similitude des angles	2	1	1	1
5. Longueur relative de l'avant-bras et de la cuisse	2	2	—	2
6. Ampleur et profondeur de la poitrine	2	2	2	2
7. Brièveté du flanc.	1	1	1	1
8. Largeur des hanches.	1	2	2	2
9. Longueur de la hanche à la fesse	1	2	2	2
10. Attache de la queue.	1	1	1	1
11. Longueur du garrot à la base de la queue.	—	2	2	2
12. Hauteur du sol au sternum.	—	2	1	2
13. Longueur de l'encolure.	1	1	2	2
14. Attache de la tête à l'encolure	1	—	—	—
15. Volume du squelette	—	2	2	2
16. Vivacité du regard	2	—	—	—
17. Qualités de la peau, des poils et des cornes.	—	2	—	2
18. Développement et souplesse des mamelles ou des testicules.	2	2	2	2
19. Étendue de l'écusson (Guenon)	—	1	—	—
20. Finesse et élasticité (nerf) des brins de laine.	—	—	1	—
21. Homogénéité de la toison.	—	—	1	—
22. Longueur des brins	—	—	1	—
23. Qualité du suint	—	—	1	—
24. Étendue de la toison	—	—	1	—
	25	25	25	25

Dans cette échelle sont laissées de côté toutes les parties dont la conformation est normalement et nécessairement commandée par celle des régions du corps dont elles sont dépendantes, et aussi toutes celles dont les formes ne sont point individuelles, mais bien spécifiques.

Les notations exprimées indiquent, comme nous l'avons déjà dit, les valeurs relatives des parties dont la somme correspond à la perfection zootechnique. Pour chacune de ces parties, l'échelle comporte trois degrés seulement, qui sont suffisants pour la pratique, attendu qu'un reproducteur n'est acceptable qu'à la condition d'être au moins bon dans ces parties essentielles, ce qui s'exprime à leur égard par le nombre 2. Le nombre 3, le plus élevé de l'échelle, exprime l'excellence ; et 1, dans les cas correspondant à ces dernières notations, signifie au plus la médiocrité, qui est à rejeter tout à fait. Pour celles où l'excellence s'exprime par 2, le chiffre 1 signifie bon ; quant à celle où elle correspond à 1 seulement, il n'y a pas de nuance entre elle et la médiocrité, qui est exprimée par 0, eu égard à l'importance relative des objets.

Cette importance relative est marquée par la comparaison des valeurs qui, dans l'échelle, interviennent pour former la somme de 25 points. Ainsi, il en résulte que chez les Équidés, par exemple, les considérations de l'origine ou des traditions de famille, des qualités du pied, de celles des articulations des membres, ont la même importance décisive dans la sélection ; que celles de la similitude des angles, de la longueur de l'avant-bras et de la cuisse, de l'ampleur et de la profondeur de la poitrine, de la vivacité du regard et de la qualité des mamelles, ont également la même importance entre elles, mais que cette importance est d'un degré moins grande que celle des premières ; que toutes les autres, de même égales entre elles, sont de deux degrés moins importantes.

Il en résulte aussi que plusieurs considérations de première importance chez les Équidés, dont l'utilité essentielle est celle de moteur animé, n'en ont aucune chez les trois autres genres, qui sont essentiellement comestibles; que la considération d'origine, tout en ne cessant point d'être au premier rang, n'a cependant pas chez ces derniers genres, où la fonction dépend autant, pour leur courte existence, des soins qu'ils reçoivent que de leurs qualités natives, la même importance que chez le premier; que toujours la valeur de la qualité des mamelles a la même importance, à cause de son rôle dans le développement des jeunes; qu'enfin la longueur du corps, la largeur des hanches, la longueur de la croupe, le volume du squelette, ont plus d'importance chez les genres comestibles que chez les moteurs animés, où les dispositions qui les concernent sont régies par d'autres considérations purement mécaniques et obéissent à des corrélations autrement exprimées.

Ces courtes explications suffiront pour faire saisir la signification des notations adoptées, et pour mettre en mesure d'appliquer à la sélection des reproducteurs l'échelle des points qui doivent faire apprécier leur valeur de détail et d'ensemble. Cette échelle montrera, pour chaque genre d'animaux, les parties qui doivent d'abord attirer l'attention, en raison de leur importance relative, dans l'examen des individus. Elle fera acquérir au jugement porté sur eux un degré de précision que ne comportent point les impressions d'ensemble recueillies sans analyse préalable. Si connaisseur qu'on soit, et quelque habitude qu'on ait d'apprécier les formes animales, ces impressions d'ensemble sont souvent trompeuses. Il arrive fréquemment que l'œil se laisse séduire par une qualité éminente et frappante, sous l'impression forte de laquelle se dissimule ensuite tout le reste.

La méthode d'appréciation préconisée ici pour la sélection zootechnique des reproducteurs est la seule qui puisse mettre sûrement en garde contre les erreurs de jugement.

Cette méthode est la conséquence logiquement nécessaire de tous les principes généraux que nous avons posés au sujet des bases scientifiques de la zootechnie.

Qu'il s'agisse de reproduire les qualités, les aptitudes des animaux, ou de les exploiter, ou, en d'autres termes, de choisir un reproducteur ou un animal devant être utilisé comme machine à produire des services, le point de vue dominant ne change pas. La valeur des sujets se tire toujours de l'adaptation aussi complète que possible de chaque fonction physiologique à la fonction économique correspondante, et la mesure de la fonction physiologique ne peut être donnée que par celle de l'organe ou de l'ensemble d'organes qui concourent à son exécution.

Les fonctions économiques variant comme les genres, et même souvent comme les espèces et les variétés des animaux, rien n'est donc moins pratique que de concevoir, à l'exemple de nos devanciers et de ceux de nos contemporains qui suivent leurs traditions, un type idéal de beauté générale ou esthétique pour chacun de ces genres, et de le décrire ensuite morceau par morceau, d'en fixer les proportions d'après un canon invariable. Cela peut convenir pour l'art pur, dont les représentations, peintes ou sculptées, doivent avant tout charmer le regard, non pour la zootechnie, qui se préoccupe exclusivement d'augmenter la richesse publique en créant des marchandises d'utilité générale, des denrées de grande consommation, de la force motrice, de la viande, du lait, de la laine, etc., quand elle fait sélection des sujets dont elle se sert pour atteindre son but.

Croisement. — Tous les auteurs spéciaux sont d'accord sur la signification théorique du terme de croisement; ils l'emploient tous pour désigner la méthode de reproduction qui consiste à accoupler des individus différents par leurs caractères. Mais quand il s'agit de passer aux faits, bien peu l'appliquent avec justesse. Cela tient uniquement au peu de netteté de la notion fondamentale sur laquelle nous avons insisté, de la notion zoologique de la race. Tout le monde définit le croisement en disant que c'est la reproduction entre individus de race différente, à l'opposé de ce que les Anglais et les Français appellent maintenant la sélection, les Allemands *Innzucht* uo *Reizucht,* qui est la reproduction entre individus de même race, comme nous venons de le voir.

Il n'y a donc pas, au sujet de la définition du croisement, de difficulté théorique ; mais en ce qui concerne sa caractéristique, et aussi à l'égard de sa valeur pratique, il est bien loin d'en être ainsi. La plus grande confusion se fait remarquer sur ce sujet, qui dépasse les limites de la zootechnie proprement dite, pour atteindre le domaine important de l'anthropologie générale, qui intéresse présentement tant d'esprits distingués. Il y a donc lieu de mettre tous ses soins pour faire atteindre aux notions qui s'y rapportent la précision scientifique.

Nos définitions antérieures nous permettront d'arriver facilement au but. Il nous suffira, en effet, pour caractériser nettement la méthode de reproduction en question, de dire qu'elle s'entend de l'accouplement d'individus d'espèce différente et de définir les produits qui en résultent.

Il y a croisement toutes les fois que les deux reproducteurs accouplés ne sont pas de la même espèce. Nous savons qu'en ce cas ils ne peuvent point être de la même race ni de la même variété, puisque tous les individus d'une même espèce sont nécessairement de la même race, ainsi que ceux d'une même variété, et que ceux de variétés différentes peuvent appartenir à une seule et même race. Ceux-ci, bien que dissemblables en certains points, car, sans cela, ils n'appartiendraient point à des variétés différentes, peuvent donc être accouplés sans qu'il y ait croisement.

Du moment que deux individus sont d'espèce différente, ils ne peuvent pas être de la même variété. Cela va de soi. Toutefois, nous savons maintenant que chacun, dans son espèce ou sa race, peut se distinguer par le même ensemble de caractères secondaires, par la même aptitude ou par les mêmes aptitudes. Plusieurs variétés de races différentes sont semblables entre elles, ou du moins très-analogues quant aux formes du corps ou du tronc, quant à leur aptitude spéciale, comme on l'observe chez les races bovines et ovines de l'Angleterre et de la

France, également précoces, également aptes à l'engraissement, également laitières. D'autres de même race
sont fort dissemblables sous ces divers rapports, comme
par exemple les taureaux de Durham et les vaches de
l'Ardenne belge ou des bruyères de la Hollande centrale.

Si semblables ou si dissemblables que puissent être
dans les deux cas les individus accouplés, dans le premier l'accouplement est toujours croisé, non conforme
à la loi naturelle; dans le second, au contraire, il ne
l'est jamais : les indidividus se reproduisent normalement,
dans le sens exact de la sélection zoologique ; ils perpétuent l'espèce naturelle, le type primitif auquel ils appartiennent tous les deux et dont ils continuent la race, tandis
que dans le premier cas, dans le cas du croisement,
les individus produits sont des hybrides ou des métis,
dont il nous faut tout de suite déterminer la caractéristique.

Hybrides et métis. — Beaucoup d'auteurs emploient
indifféremment les deux expressions pour désigner les
individus issus de croisement. Ils appellent hybridité la
qualité de ces individus provenant de génération croisée.
D'autres distinguent entre les hybrides et les métis, et
ils donnent le premier nom aux produits de l'accouplement d'individus d'espèce différente, réservant le second
pour ceux qui résultent de l'accouplement d'individus
de races différentes. Le croisement des espèces, disent-
ils, donne des hybrides ; celui des races donne des
métis.

Il est évident, d'après nos définitions, que la distinction ne peut point être établie sur de telles bases. Il n'y
a aucune différence entre le croisement des espèces et
celui des races, autre qu'une différence purement ver-
bale, les individus de même race étant nécessairement
de même espèce, et *vice versâ*. D'un autre côté, l'existence de deux termes implique celle de deux idées
correspondant à des faits distincts, sur lesquels on
a jeté dans ces derniers temps une certaine confusion,
en s'efforçant de distinguer plusieurs sortes d'hybridité,
selon le degré de fécondité des produits de croisement.

Il ne paraît pas possible de contester justement l'avantage de conserver aux mots leur sens historique, c'est-à-dire celui dans lequel les ont entendus ceux qui s'en sont servis les premiers. Ainsi que nous l'avons établi (1), c'est le meilleur moyen d'être toujours compris de tout le monde. La tendance de certains savants à créer, sans nécessité bien démontrée, des acceptions nouvelles pour les mots usités, ou des mots nouveaux pour les idées anciennes, est donc fâcheuse en ce qu'elle complique la science au lieu de la simplifier et de la rendre plus accessible, ce qui est le but du progrès.

Les faits observés jusqu'à présent, relativement au croisement des espèces, montrent que les fruits qui en résultent sont décidément et radicalement inféconds entre eux, ou bien féconds à des degrés divers, qui vont jusqu'à la fécondité indéfinie de l'espèce elle-même. Nous étudierons tout à l'heure ces divers degrés de la fécondité des produits de croisement; mais auparavant, il convient de fixer la signification exacte des termes qui les expriment.

Jusqu'à ce qu'aient été faites les tentatives auxquelles on vient de faire allusion, l'idée d'hybridité et le terme d'hybride étaient inséparables de l'idée d'infécondité. On n'appelait hybrides que des individus notoirement inféconds, issus d'un croisement entre deux espèces non moins notoirement distinctes. Le nombre de ces espèces reconnues comme capables de se féconder réciproquement était alors très-petit. A vrai dire, chez les mammifères, il n'y avait guère que celles du cheval et de l'âne, que l'on croyait toutes deux uniques de leur sorte parmi les Équidés. Le terme de mulet, qui désignait un de leurs produits croisés, servit même à Buffon pour désigner les hybrides ou produits mixtes inféconds en général, et c'est du temps du grand naturaliste que commencèrent à se manifester d'une manière nette les doutes sur la stérilité radicale de ceux-ci.

(1) A. SANSON, *De l'hybridité. Bulletin de la Société d'anthropologie de Paris*, 2e série, t. III, p. 730, 1863.

Depuis lors, les faits de fécondité unilatérale ou bilatérale des sujets issus de croisement se sont beaucoup multipliés ; si bien qu'il est tout à fait nécessaire, si l'on veut éviter des confusions regrettables, de mettre de l'ordre dans les définitions.

De même que le terme d'hybride, dans son sens historique, répond à l'idée de stérilité des individus auxquels il s'applique, de même celui de métis répond au contraire à l'idée de fécondité plus ou moins continue ou indéfinie chez les individus issus de génération croisée. La qualité de fécond, ajoutée au terme d'hybride, est donc historiquement contradictoire. Les produits féconds entre eux, ssus d'un croisement, ne sont donc point des hybrides, mais bien des métis.

La science ne possède encore que peu de faits obtenus expérimentalement, pour établir le déterminisme de l'hybridité réelle et celui du métissage. D'après ceux qui nous sont connus, on est porté à penser que ce déterminisme dépend de la place respective qu'occupent, dans leur série générique, les espèces accouplées. Il paraît certain que seules les espèces d'un même genre peuvent se féconder réciproquement. Les exemples de ce que les auteurs ont appelé l'hybridité bigénésique ou bigénère sont ou des fables indignes de la science, ou le résultat d'erreurs de classification.

A la catégorie de ces erreurs appartient le cas dont nous parlerons en détail, du bouc et de la brebis qui, vraiment, ne sont point de genres différents, car aucun de leurs caractères génériques ne diffère. Deux espèces très-éloignées, occupant par exemple les deux extrêmes de leur série, donneront des produits inféconds ou des hybrides ; deux autres, rapprochées ou moins éloignées, donneront des métis ou des produits indéfiniment féconds (1).

On ne peut donc point trouver là, ainsi que nous

(1) Cette même idée a été déjà émise par G. Morton dans son ouvrage posthume *Typos of Mankind,* Nott et Glidon. Londres, 1854, p. 81 et 375.

l'avons déjà fait remarquer, un bon critérium pour la
distinction des espèces, contrairement à l'opinion de
Cuvier, adoptée et développée par Flourens. Il n'y a, en
réalité, que des hybrides et des métis congénères,
répétons-le, ce qui veut dire que seules les espèces d'un
même genre naturel peuvent se féconder réciproquement.
L'examen des produits de croisement connus, que nous
allons faire rapidement, nous le montrera. Mais, parmi
ces produits, dont l'existence ne peut plus être mise en
doute, nous observerons des degrés divers de fécondité.
On peut même dire que, pour la plupart, inaperçus avant
notre définition de l'espèce, la fécondité est complète et
indéfinie, comme celle de l'espèce naturelle elle-même.
Ils font d'ailleurs infailliblement retour à celle-ci, après
peu de générations, en vertu de la loi de reversion, quand
ils s'accouplent entre eux.

Cette question de l'hybridité a été, de la part de quelques naturalistes et anthropologistes, l'objet de longues
dissertations. Les uns et les autres, mus par le désir
de trouver des arguments en faveur de leurs thèses,
soit de la variabilité limitée de l'espèce, soit du monogé-
nisme ou du polygénisme humain, ont le plus souvent
interprété les faits au gré même de ce désir. Il convient
au contraire de les analyser dans la seule intention d'y
trouver la vérité, qu'elle qu'elle soit, et uniquement pour
savoir quels sont ceux qui, parmi ces faits, se rapportent
à l'hybridité proprement dite, et ceux qui appartiennent
au métissage, selon les définitions que nous avons données des deux termes.

Il y a là, pour l'application des méthodes de croisement, une utilité pratique en même temps qu'un moyen
expérimental de vérification pour la connaissance théorique des attributs de l'espèce naturelle, ainsi que pour
celle des lois de l'hérédité. C'est par conséquent une
étude des plus intéressantes.

L'un des produits du croisement les plus anciennement connus est celui qui résulte de l'accouplement de
l'âne et de la jument, tous deux du genre *Equus*. Il était
connu dès la plus haute antiquité. Les Latins le nommaient

mulus, dont nous avons fait *mulet*. On sait combien il est répandu, surtout dans les pays méridionaux. Sa production fait l'objet d'une de nos industries les plus prospères. Celui du cheval avec l'ânesse, beaucoup moins répandu, relativement rare même, est désigné depuis Buffon sous le nom de *bardot*. Les Latins, qui le connaissaient aussi, l'appelaient *hinus* ou *hinnulus*.

L'infécondité de l'accouplement de la mule avec le mulet, du bardot avec la bardote, est un fait notoire. Elle n'a jamais, à notre connaissance du moins, été expérimentée scientifiquement; mais il n'y a dans les annales de la science aucun fait authentique qui lui soit contraire. On cite bien des assertions des auteurs anciens, relatives à des fécondations de juments par des mulets; mais les lieux où ces fécondations se seraient produites font penser qu'elles se rapportent à des hémiones, que ces auteurs confondaient avec les mulets, ainsi que l'indique leur nom (ἡμίονος, demi-âne), qui était celui du mulet, comme ἰννός était, chez les Grecs, celui du bardot.

L'organisation anatomique macroscopique des organes de la génération, chez le mâle, ne met aucun obstacle à son accouplement. Tous ceux qui ont observé des mulets savent en outre qu'ils manifestent l'instinct génésique avec une grande ardeur, dans l'un et l'autre sexe. Dans nos grands centres de production, où ils vivent ensemble, des accouplements ont eu souvent lieu depuis des siècles. Personne, dans les temps modernes, n'a jamais publié aucun fait de fécondation d'une mule par un mulet, ni d'une bardote par un bardot. Dans l'état actuel de la science, on doit donc considérer ces accouplements comme radicalement inféconds, sans tenir compte des assertions plus que suspectes des auteurs de l'antiquité, et ranger les mulets et les bardots dans la catégorie des hybrides.

Habenstreit, Walter et Hansel, Glichen, Bory de Saint-Vincent, Prévost et Dumas, Haussmann et beaucoup d'autres observateurs contemporains ont examiné au microscope le sperme des mulets. Tous ont été unanimes pour y signaler l'absence des cellules spermatiques re-

connues comme les agents nécessaires de la fécondation.
Brugnone (1) seul dit en avoir rencontré chez un
sujet dans les vésicules séminales, mais il ne les décrit
point. Balbiani (2) a examiné les testicules de mulet du
Poitou, que nous lui avions procurés, et il y a constaté
la présence de cellules spermatiques incomplètement
développées ou imparfaites. Il a bien voulu mettre à
notre disposition des préparations où ces cellules sont
nettement visibles. Il ne faut donc accorder aux observations antérieures sur ce même sujet qu'une importance
relativement faible. Elles établissent seulement que, dans
les cas auxquels elles se rapportent, les observateurs
n'ont pas vu ce qu'on appelait alors des spermatozoaires
ou des spermatozoïdes figurés comme ceux du cheval ou
de l'âne. Les observations de Balbiani montrent qu'il est
admissible que le contraire puisse se présenter.

Mais, malgré cela, ce serait toutefois aller trop loin
d'en conclure à la possibilité de la fécondité du mulet ou
du bardot mâle. La présence des cellules spermatiques,
même abondantes et en apparence parfaitement développées, ne suffirait point, si nous nous en rapportons à
nos propres observations, pour attester cette fécondité.

Un mâle issu de croisement entre un sanglier et une
truie celtique, dont nous avons déjà parlé à propos des
lois de l'hérédité, et dont le sperme était abondamment
pourvu de ces cellules ne paraissant différer en rien de
celles des verrats, est resté plus de deux ans avec trois
de ses sœurs de même portée, qu'il a saillies toutes les
fois qu'elles sont devenues en rut, sans qu'il en soit
résulté aucune fécondation. Ces mêmes femelles, cou-
vertes ensuite par un verrat celtique comme leur mère,
ont fait des petits, preuve que leur stérilité antérieure ne
d'pendait point d'elles seules. Il reste donc, sur le déterminisme de l'infécondité des hybrides accouplés entre
c ix, encore quelque chose que nous ne connaissons pas.

(1) *Trattato della vaca.*
(2) *Comptes-rendus des séances de la Société de biologie,*
t. XXVII, 1875, p. 2.

Si tout autorise, jusqu'à présent, à considérer le mulet comme radicalement infécond, il n'en est pas de même pour la mule. Les annales de la science sont au contraire relativement riches de faits témoignant de la fécondité des femelles hybrides dont il s'agit, accouplées avec des mâles de l'une des deux espèces dont le croisement les produit. Sur ce sujet, il n'y a rien de précis dans l'anti quité ; mais Buffon déjà parle d'une mule qui, de 1763 à 1776, aurait en Espagne donné naissance à six indivi dus (1). L'observation lui en avait été communiquée par Schicks. Hartmann, vers la même époque, signale, lui aussi, des faits qui paraissent être les mêmes que ceux de Buffon. Depuis, ces faits se sont multipliés, et nous en possédons, observés par nos contemporains et par nous-même, qui peuvent être considérés comme certains.

Laissant de côté les anciens, qui pour la plupart ne présentent pas tous les caractères qu'on est en droit d'exiger maintenant d'une observation scientifique, et dont la valeur ne se tire que des confirmations appor tées par les plus récents, nous mentionnerons seulement ceux-ci. Si l'on veut, du reste, prendre connaissance de ces faits anciens, on les trouvera rassemblés dans un rapport érudit fait par Prangé à la Société centrale de médecine vétérinaire, en 1850 (2). Ce rapport a été pré senté à l'occasion d'un fait de fécondation d'une mule par un cheval et de son avortement, observé par M. Lecomte, vétérinaire à Cerisy-la-Salle (Manche), en 1844. Le fœtus de cette mule est conservé au musée de l'École d'Alfort.

A la même époque, de Nanzio, directeur de l'École vété rinaire de Naples, communiquait à l'Académie des sciences de Naples un fait semblable (3), qui s'était pro duit en Sicile. Depuis, le même auteur en a fait connaître un autre avec tous ses détails, en donnant de plus l'ana-

(1) Voyez *Suppléments*, t. III, p. 16, 1776, et t. VII, p. 140.

(2) *Bulletins de la Société nationale et centrale de médecine vétérinaire*, 1re série, t. V, 1850.

(3) *Intorno al concepimento e alla figliatura di una mula.* Naples, 1846.

lyse du lait de la mule mère (1). Ce dernier fait, ainsi que le précédent, offre toutes les garanties, en raison de la qualité de l'observateur, qui les a tous les deux constatés en personne et qui, dans ses mémoires, donne tous les détails nécessaires, et sur les mères et sur les produits. Dans les deux cas, les mules avaient été fécondées par des chevaux. Le produit, dans le second, était femelle ; il était âgé de près de six mois au moment où il fut examiné, et sa tête avait les formes chevalines. Dans le premier c'était un mâle, dont l'auteur donne le dessin, et qui, lui aussi, présentait la plupart des caractères caballins.

Quelques années après, Liard a publié (2) l'observation d'un cas recueilli en Algérie. La mule qui l'a fourni appartenait au 2e escadron du train des équipages militaires. Elle avorta le 27 octobre 1862. Son fœtus était femelle ; il avait 25 centimètres de long et pesait 305 grammes. Sa mâchoire supérieure dépassait l'inférieure de près d'un centimètre ; il était donc anormal. On le conserve au musée de l'École de médecine d'Alger. La mule avait été fécondée par un cheval de l'escadron.

Dans une lettre écrite au journal à l'occasion de la publication de Liard, le capitaine Mangin-l'Épine dit avoir vu en 1840, à Orléansville, un fait semblable. Le fœtus fut alors donné au colonel de Saint-Arnaud, devenu plus tard maréchal de France.

Mais la plus remarquable, sans contredit, de toutes les observations de ce genre est celle que tout le monde a pu et peut encore voir et suivre au Jardin zoologique du bois de Boulogne, à Paris, et qui à l'heure présente nous offre une mule avec sa famille composée de plusieurs sujets, issus d'un cheval d'Algérie et d'un âne d'Égypte. La mère, les pères et leur descendance y sont tous à la disposition des observateurs, qui ne leur ont point manqué. Cette mule a été fécondée pour la pre-

---

(1) *Novello casa di figliatura di una mula con l'analisi del suo latte* (*Gazetta medico-veterinaria*, t. II, p. 527. Milano, 1872).

(2) *Journal de médecine vétérinaire militaire*, t. I, 1863, p. 573.

mière fois en Algérie, dans la tribu des Beni-Bou-Kra-
nous (cercle d'Orléansville), où s'était déjà passé le fait
signalé par le capitaine Mangin-l'Épine. Tous les détails
de sa parturition nous ont été donnés par M. Laquerrière,
vétérinaire militaire, qui fut appelé à visiter la mère et
son produit au bureau arabe d'Orléansville. Cela se passait au mois d'avril 1873. Cette mule, son produit et le
père de celui-ci furent achetés par un spéculateur, qui les
conduisit à Vienne pendant l'Exposition universelle (1),
et finalement à Paris, où nous pûmes les voir à leur arrivée, au mois de juillet. C'est alors qu'ils devinrent la propriété du Jardin zoologique. A ce moment, la mule était de
nouveau en gestation, après s'être accouplée avec le cheval
son compagnon, qui lui témoignait une vive affection.

Ce qui rend le fait si remarquable, c'est la survie des
sujets, dont il n'y avait encore dans la science aucun
exemple, du moins aussi rigoureusement constaté. Dans
le plus grand nombre des cas connus, soit dans les temps
anciens, soit dans les temps modernes, les mules fécondées n'ont produit que des avortons. Dans les cas communiqués à Buffon par Schicks, consul de Hollande à Murcie,
et constatés officiellement dans un rapport adressé au roi
d'Espagne par don André Gomez, où il s'agit de six produits
faits par une même mule, de ces six produits un est mort
à deux ans et demi, un autre à quatorze mois, un troisième à dix-neuf mois, et enfin un quatrième à vingt-un
mois. On ne sait pas jusqu'à quel âge les deux derniers
ont vécu. Ils vivaient encore au moment de la communication ; mais ce qu'il est advenu des quatre premiers fait
penser qu'ils ne devaient point être bien viables.

De plus on constate que tous les sujets qui ont vécu
plus ou moins, et parmi lesquels il s'en trouve dont la
durée de vie ne nous est pas connue, comme ceux
observés par de Nanzio, par exemple, sont nés dans les
pays méridionnaux, en Espagne, en Italie, en Afrique,
ou du moins de mules provenant de ces pays, où elles

(1) *Bulletin de la Société centrale de médecine vétérinaire,*
3e série, t. VII, 1873, p. 186.

étaient elles-mêmes nées. Les autres, fœtus avortés,
résultent de la fécondation de mules nées en France.

La première idée qui se présente à l'esprit, pour expliquer ces faits, consiste à attribuer la moindre fécondité
des mules françaises à l'influence du climat. Ils montrent
eux-mêmes que l'explication n'est pas admissible : les
cas de Liard et du capitaine Mangin-l'Épine se sont passés en Algérie, et celui du Jardin zoologique s'est reproduit plusieurs fois sous le climat de Paris. Seulement,
ce dernier concerne une mule née dans une tribu arabe
du cercle d'Orléansville, et les deux autres, bien que produits en Algérie, se rapportent à des mules nées en
France, comme le sont toutes celles des escadrons du
train. C'est donc vraisemblablement à l'origine qu'il faut
attribuer la différence, et toutes les probabilités paraissent être en faveur de la fécondité, entre eux, des produits de la mule du jardin du bois de Boulogne, en raison
même de son origine, conformément à la proposition que
nous avons posée en commençant.

En effet, il est vraisemblable que cette mule est née
d'une jument de l'espèce africaine, qui se distingue des
autres en particulier par la présence de cinq vertèbres
seulement dans la région lombaire du rachis, ce qui
est aussi le cas pour les ânes. En raison de cela, cette
espèce est évidemment la plus voisine de ces derniers,
dans la série des Équidés. Il ne serait donc pas surprenant que, par son accouplement avec un âne, une jument
de l'espèce africaine donnât des produits croisés plus
féconds que ne le sont ceux des juments des autres
espèces plus éloignées. Or, nous savons que les populations chevalines de l'Europe méridionale, par leur origine
ethnique, comprennent un nombre plus ou moins grand
de sujets purs ou croisés, surtout croisés, de ce même
type africain plus voisin zoologiquement qu'aucun autre
du groupe des ânes. Ainsi s'expliquerait, comme je
l'ai déjà fait remarquer (1), la vitalité plus grande des

_____

(1) *Bulletin de la Société centrale de médecine vétérinaire*,
3ᵉ série, t. VII, 1873, p. 196.

produits résultant de la fécondation des mules napoli-
taines, espagnoles et algériennes par des chevaux, en
comparaison de celle de produits de la fécondation
des mules nées en France de juments poitevines, bretonnes ou autres.

En tout cas, il serait intéressant de vérifier expérimentalement la fécondité des mâles issus de la mule et
du cheval.

La fécondité des mules, aux degrés divers que nous
venons de voir, s'explique sans difficulté par la présence
constante dans leurs ovaires d'ovules ne paraissant différer en rien de ceux des femelles caballines d'une pureté spécifique incontestable. Il n'y a sur ce sujet aucune
dissidence entre les auteurs qui les ont observés.

Les ânes et les chevaux ne sont pas les seuls Équidés
qui puissent se féconder réciproquement. Fr. Cuvier a
obtenu la fécondation d'une femelle de zèbre par un
cheval; lord Morton, celle d'une jument arabe par un
couagga, comme on sait; Buffon, d'après Allamand,
Giorna, Geoffroy Saint-Hilaire, Fr. Cuvier, Fitzinger,
J.-E. Gray, H. Smith, ont rapporté des cas de fécondation
de femelles de zèbre par des ânes ou d'ânesses par
des zèbres; Fitzinger, Gray, des cas de fécondation de
l'ânesse par le daw et de la femelle de celui-ci par l'âne;
Isid. Geoffroy Saint-Hilaire, de nombreux cas obtenus
par lui de fécondation de l'ânesse par l'hémione; Gray,
des cas du même genre et aussi de fécondation de
femelles de zèbre et de daw par l'hémione. Un de ces
produits de croisement, fils de zèbre femelle et d'âne,
figuré par Fr. Cuvier, a vécu trente ans au Muséum
d'histoire naturelle de Paris. Milne Edwards a obtenu
plusieurs produits de l'accouplement de l'hémione avec
la jument, qui vivent encore présentement.

Mais, pour aucun de ces cas, il n'est possible de dire si
les produits sont des hybrides ou des métis, leur fécondité propre n'ayant pas été vérifiée. Isid. Geoffroy Saint-
Hilaire a bien, il est vrai, admis la fécondité du produit de
l'hémione et de l'ânesse; mais le cas sur lequel il s'est
appuyé n'a été reconnu comme authentique par aucun

des zoologistes qui ont pu en examiner les détails ; on a acquis au contraire la preuve de son inexactitude. L'auteur avait été trompé par un employé infidèle.

Dans le genre des Bovidés, on connaît aussi de nombreux faits de croisement entre les espèces anciennement distinguées par tous les zoologistes. Il y a même un produit qui est considéré, à tort évidemment, comme un hybride bigénère, et qui s'obtient industriellement sur une grande échelle : c'est celui résultant de la femelle d'yak et du zébu mâle. Ce produit, sous le nom de *dzo*, tient le premier rang, comme bête de somme, parmi les animaux domestiques du Thibet. D'après les relations des voyageurs, et aussi d'après ce qui a pu être constaté au Muséum de Paris, il est d'une fécondité parfaite. En cinq années, une femelle de *dzo* y a donné cinq produits. Il s'agit donc là d'un métis, et non point d'un hybride, ce qui serait une preuve suffisante de l'erreur qui a été commise quand on a placé les deux espèces dans des genres différents, si d'ailleurs les caractères morphologiques ne témoignaient eux-mêmes de cette erreur.

Des croisements de zébus avec des Bovidés taurins ont été exécutés, notamment dans les fermes royales du Wurtemberg. Nous avons eu déjà l'occasion d'en parler. Ils produisent, eux aussi, dans les deux sens, comme nous le savons, des individus indéfiniment féconds, c'est-à-dire des métis, et non point des hybrides. La vache est aussi fécondée par l'yak et par le bison. On n'a que des exemples douteux de fécondation de la vache par le buffle et de la bufflesse par le taureau, tandis que l'accouplement fécond de la vache et du bison a été plusieurs fois obtenu au Muséum de Paris. On ne sait, malgré les affirmations de Raffinesque, rien de positif sur la fécondité des produits de cet accouplement ; mais je tiens d'un de mes élèves, Polonais russe, qui a visité un troupeau d'aurochs en Lithuanie, et qui a vu là un sujet issu d'une vache fécondée par l'aurochs, que ce sujet est resté infécond. Or, on sait qu'il n'y a entre l'aurochs et le bison aucune différence spécifique. Ce sont seulement deux variétés d'une même espèce. Il est donc probable que les produits du *Bos urus* et du *Bos taurus* sont des hybrides, ce qui confirmerait une fois de plus notre proposition, car les différences entre les deux espèces sont très-considérables, de même que celles qui existent entre les buffles et les bœufs proprement dits.

Dans le genre des Ovidés, deux espèces entre lesquelles on admet encore généralement des différences génériques qui, du reste, ne supportent pas l'examen, ont été souvent croisées entre elles et le sont couramment en Amérique méridionale dans des vues industrielles. Il s'agit des espèces ovines et des espèces caprines, dont le croisement était déjà connu des anciens. On doit même penser, selon Isid. Geoffroy Saint-Hilaire, que ni le produit de la brebis et du bouc, ni celui de la chèvre avec le bélier n'étaient très-rares chez les Romains. Chez nous, c'est le premier qui est le plus connu. Buffon a obtenu, en 1751, un produit de l'accouplement du bouc avec la brebis, et, en 1752, huit autres qui ont été décrits par Daubenton (1). Dans son article sur l'histoire naturelle du mouflon et des autres brebis, il avance que le bélier ne produit point avec la chèvre; mais son assertion prouve seulement qu'il n'en a pas obtenu de fécondation, car on sait maintenant que celle-ci se réalise fréquemment. J'en ai moi-même publié un cas observé dans le département des Vosges par M. de Grandprey (2). D'après M. de Castelnau, cité par Isid. Geoffroy Saint-Hilaire (3), dans quelques parties du Pérou, notamment dans la Cordillière, aux environs du Cerro de Pasco, on croise tantôt le bouc avec la brebis, tantôt le bélier avec la chèvre, et c'est le dernier croisement qui serait même le plus usité.

La même opération est pratiquée également au Chili sur une grande échelle, en vue aussi de produire des

(1) BUFFON, *Suppléments*, t. III, p. 7, 1756.
(2) Journal *La Culture*, t. VI, 1865, p. 372.
(3) *Hist. natur. gén. des règnes organiques*, t. III, p. 163.

peaux qui, sous le nom de *pellones*, dont l'usage est très-répandu, sont exportées en quantités considérables dans toute l'Amérique méridionale (1). Les produits de ce croisement sont connus au Chili sous le nom de *carneros linudos*. Un auteur français leur a donné, on ne sait trop pourquoi, le nom de *chabins*. Il y a longtemps qu'on connaît leur existence en Europe, car, dès 1782, l'abbé Molina, dans son *Histoire naturelle du Chili*, l'avait annoncée, et dans la seconde édition de son ouvrage, publiée à Bologne en 1810, il fait remarquer que leur race se propage constamment. Du reste, tous ceux qui les ont observés, tous les auteurs qui en parlent, sont d'accord pour leur attribuer la fécondité continue entre eux.

Ce sont, d'après ces auteurs, les produits de second croisement qui fournissent les meilleures *pellones*, c'est-à-dire ceux qui résultent de l'accouplement du mâle issu lui-même d'un premier croisement avec la brebis. Mais, ajoutent-ils, au bout de trois ou quatre générations, leurs descendants directs subissent une modification qui en diminue la valeur commerciale, en ce sens que leur poil se rapproche de celui de la chèvre. On voit là un effet de la loi de reversion. Mais nous ne signalons ici le fait que pour mettre en évidence leur fécondité continue. Les *carneros linudos* du Chili ou *chabins* ne sont donc point des hybrides, mais bien des métis.

Au jardin zoologique de Londres, on a eu deux exemples de fécondation de la chèvre par le mouflon à manchettes, mais les jeunes sont morts en naissant. D'après Chevreul (2), Flourens aurait obtenu un produit du mouflon de Corse et de la chèvre. Nous n'avons pas d'indication sur la fécondité de ce produit.

Chez les Suidés, on sait que la fécondation de la truie par le sanglier se montre fréquemment. Le seul cas dans

(1) Cl. GAY, *Historia de Chile, zoologia*, t. I, p. 166, 1847, et VICUNA MACKENNA, *Le Chili*. Paris, in-12, 1855, p. 92.

(2) Rapport sur l'*Ampélographie* de M. le comte Odart (*Mém. de la Société royale et centrale d'agriculture*, 1846, p 339).

lequel la fécondité des produits ait été étudiée, à notre connaissance, celui de notre propre expérimentation, a montré qu'ils ne l'étaient point entre eux, mais que les femelles pouvaient être fécondées par un mâle de leur espèce maternelle, ainsi que je l'ai déjà dit. Cela toutefois ne peut se rapporter qu'au cas particulier de la fécondation de la truie celtique par le sanglier. Rien ne prouve qu'il en serait de même pour les autres espèces de cochons. Il faut donc réserver à cet égard toute conclusion générale. Il paraît seulement très-probable que les produits de la truie celtique et du sanglier d'Algérie sont des hybrides, comme les mulets et les bardots. Sur les autres, on ne sait rien.

On voit donc que, parmi les quatre genres d'animaux qui sont plus particulièrement sujets de la zootechnie, et parmi les espèces qui, dans ces genres, sont unanimement reconnues comme distinctes, le croisement produit des individus jouissant de la fécondité continue, c'est-à-dire des métis, en outre de ceux qui ne jouissent que d'une fécondité unilatérale ou limitée, et sont à ce titre de véritables hybrides, dans le sens historique du mot. D'autres genres peuvent encore nous fournir des éclaircissements, dont quelques-uns sont devenus célèbres. Pour abréger, nous nous en tiendrons aux principaux. Ce sont du reste ceux qui offrent le plus de documents sur la théorie du croisement. Ils se rapportent aux carnassiers et aux rongeurs.

Chez les mammifères carnassiers, il y a, dans les annales de la science (1), des exemples d'accouplement fécond entre le lion et la tigresse, le jaguar et la panthère, le furet et le putois, le chat domestique et divers autres chats, le chien et la louve, le loup et la chienne, le chien et le chacal, le chien et le renard.

Les anciens connaissaient déjà le produit du loup et de la chienne, mais il n'a été étudié que depuis Buffon (2),

(1) Is. GEOFFROY SAINT-HILAIRE, *Hist. nat. génér. des règnes organ.*, t. III, p. 169.

(2) *Suppléments*, t. III, 1776, p. 7

qui a observé un cas très-circonstancié. Nous devons
l'exposer en détail.

Une louve qui avait été prise dans les bois par un
paysan, à l'âge de trois mois au plus, fut vendue par lui
au marquis de Spontin-Beaufort. Le 28 mars 1773, étant
âgée de plus d'un an, elle s'accoupla avec un chien
braque. Le 6 juin de la même année, soixante-dix jours
par conséquent après le premier accouplement, elle fit
quatre petits, trois mâles et une femelle. On ne put en
conserver que deux, un mâle et la femelle, qui s'accouplèrent à leur tour pour la première fois le 30 décembre 1775, à l'âge de deux ans et demi. Le 3 mars 1776,
après soixante-trois jours de gestation, la femelle fit
quatre petits, deux mâles et deux femelles.

Un couple de ces jeunes animaux de deuxième génération fut envoyé à Buffon par le marquis de Spontin. Il les
garda quelque temps à Paris, puis les fit conduire à sa
terre de Buffon, où ils furent élevés ensemble. On exerça
sur eux une surveillance assidue, afin que la femelle ne
pût s'accoupler avec aucun mâle autre que son frère.
C'est à l'âge de deux ans et dix mois environ, le 30 ou le
31 décembre 1778, que l'accouplement eut lieu avec
celui-ci. Le 4 mars 1779, après une gestation de soixante-
trois ou soixante-quatre jours, la femelle fit sept petits.

Buffon raconte que le gardien ayant eu la curiosité de
prendre les petits dans sa main pour les examiner, la
mère entra en fureur, se jeta sur sa progéniture et dévora
tout, sauf un seul individu, qui était une femelle. Celle-ci
fut élevée avec son père et sa mère dans un grand caveau
où aucun autre animal ne pouvait pénétrer. Étant âgée de
deux ans, au commencement de 1781, elle s'accoupla
avec son père, et dans le courant du printemps elle fit
quatre petits dont elle mangea deux. On ne sait pas ce
que sont devenus les deux restants.

Le père et la mère de cette femelle furent donnés à la
ménagerie de Versailles. Ils s'y accouplèrent de nouveau
et firent trois petits. Le prince de Condé en prit deux, et
l'on ignore ce qu'il en advint. Du troisième, Leroi, lieute-
nant des chasses et inspecteur du parc de Versailles,

dans une lettre adressée à Buffon, dit qu'il ressemblait beaucoup au loup, qu'à six mois on fut obligé de l'enchaîner, qu'il aboyait rarement le jour, et que la nuit il ne poussait que des hurlements. Celui-là était un mâle.

Depuis, Geoffroy Saint-Hilaire, Frédéric Cuvier, Flourens et d'autres ont répété les expériences du marquis de Spontin et de Buffon au Muséum de Paris. « Buffon, dit Flourens (1), a fait sur la reproduction du chien et du loup une série d'expériences. Il n'a jamais pu passer la troisième génération. Frédéric Cuvier, qui a été pendant trente ans le directeur de la ménagerie du Jardin-des-Plantes, n'a pu aller plus loin. Moi-même je n'ai pu en obtenir davantage. » On vient de voir qu'en réalité, si Buffon n'a point pu passer la troisième génération, le motif en est tout à fait étranger à la physiologie. En est-il de même pour les cas de F. Cuvier et de Flourens lui-même? C'est ce que nous ignorons.

Quoi qu'il en soit, l'observation détaillée de Buffon suffit pour établir que les produits du croisement du chien et de la louve sont féconds entre eux, et de plus que ces produits le deviennent davantage à mesure qu'ils s'éloignent de leur souche, puisque la femelle reçue du marquis de Spontin par Buffon fit sept petits en une seule portée, tandis que sa mère n'en avait que quatre. Cela n'indique pas une fécondité en voie de décroissance, bien au contraire.

Il s'agit donc là de métis, et non point d'hybrides à un degré quelconque. Au Muséum, Isid. Geoffroy Saint-Hilaire (2) a obtenu trois générations successives de l'acccouplement d'un chacal avec une chienne d'Islande. Flourens ensuite a poursuivi plus loin la même expérimentation (3). En 1845, il obtint de l'union d'un chien avec une femelle de chacal trois petits. Les trois sujets, dit-il, élevés au milieu de petits chiens de leur âge, en diffé-

---

1) *Examen du livre de M. Darwin sur l'origine des espèces,* 1864, p. 107.

(2) *Loc. cit.,* p. 217.

(3) *Loc. cit.,* p. 109-110.

raient d'abord par des allures brusques, farouches. Leur
première dentition marcha beaucoup plus vite que celle
des petits chiens; mais ce qui les distinguait surtout
de ceux-ci, c'est qu'ils avaient les deux poils, soyeux et
laineux, de tout animal sauvage. Ils tenaient d'ailleurs à
peu près également du chacal et du chien par leurs
autres caractères extérieurs. Ils avaient les oreilles
droites, la queue pendante, et ils n'aboyaient pas.

Un mâle et une femelle de cette première génération
s'accouplèrent, et ils eurent des petits qui s'accouplèrent
ensemble ainsi jusqu'à la quatrième génération et ne
purent, dit Flourens, aller au delà. La même expérience
répétée plusieurs fois donna toujours les mêmes résultats. Jamais, assure-t-il, on ne put franchir la quatrième
génération.

Malheureusement, l'auteur a négligé de donner les
détails de ses expériences. Il s'est toujours borné, à leur
sujet, dans ses cours et dans ses divers ouvrages (1),
à des affirmations générales dont la valeur est d'autant
plus suspecte qu'elles ont pour but évident de soutenir une thèse préconçue et de confirmer la prétendue
infécondité des métis de chien et de louve observée par
Buffon. Dans l'état de nos connaissances actuelles, ainsi
qu'on le verra plus loin, il est d'ailleurs inadmissible
que la fécondité s'éteigne ainsi naturellement, lorsqu'elle s'est manifestée durant trois ou quatre générations. La règle est au contraire qu'elle s'accentue de plus
en plus, parce que les produits de chaque génération,
en vertu de la loi de reversion, se rapprochent davantage de l'une ou de l'autre de leurs deux espèces
originaires, à laquelle ils font toujours définitivement
retour.

Flourens a aussi accouplé les femelles issues d'un premier croisement avec des chiens ou des chacals mâles,
et aussi celles résultant de ce nouveau croisement

(1) FLOURENS, *De l'instinct et de l'intelligence des animaux*,
2e édit., 1845, p. 119; *De la longévité humaine*, 1854, p. 144, et
loc. cit.

jusqu'à la quatrième génération. Le produit de la
deuxième génération n'aboyait pas encore ; mais il avait
déjà les oreilles pendantes par le bout, et il était moins
sauvage. Celui de la troisième génération aboyait, avait
les oreilles pendantes, la queue relevée, et n'était plus
sauvage. Celui de la quatrième génération était « tout à
fait chien. » Il ajoute : « Quatre générations m'ont donc
suffi pour ramener l'un des deux types primitifs, le type
chien ; et quatre générations me suffisent de même pour
ramener l'autre type, le type chacal (1). »

Tout cela suffit pour établir que les produits du croisement dont il s'agit, dans les deux sens, jouissent de la
fécondité continue et doivent par conséquent être rangés
dans la catégorie des métis.

Dès le siècle dernier, l'accouplement fécond des espèces
du lapin (*Lepus cuniculus*) et du lièvre *(Lepus timidus)*
paraît avoir été obtenu (2). Inutilement tenté par Buffon,
il fut déclaré par lui impossible. Aussi lorsque Broca (3)
fit connaître en 1859 l'existence, aux environs d'Angou-
lème, d'une industrie régulière fondée sur cet accouplement, son assertion rencontra de la part des zoologistes
une incrédulité d'autant plus excusable qu'il n'avait point
personnellement vérifié l'origine des sujets observés par
lui et admis comme étant issus du croisement en question. Depuis lors cependant, les faits se sont tellement
multipliés, ils ont été tellement entourés de preuves incontestables, qu'il n'a plus été possible de les nier. Il est
permis de dire que les derniers doutes, entretenus par la
manière assez peu scientifique d'après laquelle étaient
présentés les principaux de ces faits, ont été levés par

---

(1) *Loc. cit.*, p. 110.

(2) AMORETTI, *Sull' accopiamento fecondo d'un coniglio e d'una
lepre (Opusc. scelti*, de Milan, t. III, 1780, p. 258).

(3) P. BROCA, *Mémoire sur l'hybridité en général, sur la distinction des espèces animales et sur les métis obtenus par le
croisement du lièvre et du lapin (Journal de la physiologie de
l'homme et des animaux*, de Brown-Séquard, t. I, 1858, et t. II,
1859).

l'étude que nous avons faite nous-même (1) de la crâniologie des produits du croisement en question.

Ces produits, sur la caractéristique desquels nous nous sommes étendus précédemment (p. 63), à propos de la loi de reversion, se montrent doués de la fécondité indiscontinue, comme ceux observés au siècle dernier par Amoretti. Ceux-ci résultaient de l'accouplement du lapin avec la hase; les sujets actuels, appelés léporides, comme on sait, résultent de celui du lièvre avec la lapine. On comprendra d'autant plus facilement cette fécondité, que nous avons démontré leur prompt retour à l'espèce naturelle du lapin, quand ils se reproduisent entre eux, ce qui est d'ailleurs la loi de tous les produits de génération croisée jouissant de la fécondité, ou de tous ceux qui, comme les léporides, doivent être qualifiés de métis.

De la revue que nous venons de passer et que nous aurions pu allonger beaucoup, en y joignant encore d'autres faits observés dans presque toutes les classes d'animaux, il résulte clairement que, même parmi les espèces sur la distinction desquelles tous les zoologistes sont d'accord, la production des hybrides ou sujets inféconds entre eux est l'exception, celle des métis ou sujets jouissant de la fécondité continue, la règle. Il est clair, d'après ces faits, que l'hybridité proprement dite ne frappe que les produits issus du croisement des espèces les plus éloignées, sous le rapport morphologique, dans leur série naturelle ou dans leur genre. Quand en outre on envisage la question au point de vue de notre définition exacte, le phénomène s'accentue encore davantage.

Eu égard au nombre des métis possibles, dans chaque genre, celui des hybrides devient une exception tellement rare qu'il y aurait presque lieu de la négliger. A ce sujet, les vues impérieuses de Cuvier sur ce qu'il nommait la fixité, l'immutabilité de l'espèce, dans un sens

(1) A. SANSON, *Mémoire sur les métis du lièvre et du lapin*, déjà cité (*Ann. des sciences naturelles*, 1872).

purement dogmatique, ont entraîné la plupart des zoolo
gistes de ce siècle en dehors des voies de la science
expérimentale, aussi bien que sont en train de s'en écarter ceux qui, présentement, laissent l'hypothèse de Darwin envahir leur esprit.

La question que nous venons d'examiner, en prenant
les faits pour base, n'a rien à voir ni avec la fixité ni avec
la mutabilité de l'espèce; elle touche purement et simplement l'un des attributs de sa caractéristique. Et chose
curieuse, qui montre bien à quel point la méthode expérimentale est, dans les sciences concrètes, supérieure à
la méthode inductive, ce sont précisément les phénomènes
du croisement des espèces qui ont fourni la démonstration la plus péremptoire de l'inébranlable fixité de leurs
caractères morphologiques, en mettant hors de doute les
résultats du fonctionnement de la loi de reversion.

Les hybrides et les métis sont donc à présent bien
définis. Nous savons en outre que, dans les genres
d'animaux sur lesquels nous avons à opérer en zootechnie,
la production des hybrides vrais est fort limitée, tandis
que celle des métis est au contraire fort étendue, puisque
presque toutes les espèces peuvent en donner. Dans la
pratique, cette dernière production s'exerce sur une
grande échelle, tandis que celle des hybrides est bornée
au croisement de deux espèces seulement, appartenant
aux Équidés. Il nous reste, pour terminer sur le point en
question, à définir les degrés des métis qui peuvent être
obtenus.

Nous reconnaissons des métis de trois degrés seulement, pour une raison qui sera dite plus loin. Nous les
nommons *premiers métis* ou *métis de premier degré*,
deuxième métis ou *métis de deuxième degré*, et *troisième
métis* ou *métis de troisième degré*. Ces désignations correspondent aux expressions: *demi-sang, trois quarts de sang*
et *sept huitièmes de sang*, par lesquelles sont indiqués
communément les degrés de croisement dont il s'agit,
c'est-à-dire ceux dans lesquels le reproducteur de l'une
des espèces est intervenu trois fois successives, à l'état
pur, dans les générations.

Notre préférence en faveur de la nomenclature recommandée se tire de ce que les termes qui la composent expriment l'idée d'un fait incontestable, celui de l'intervention dont il vient d'être parlé, tandis que les expressions en fractions de sang impliquent une idée physiologique que nous savons être fausse, dans le sens qui, au chapitre des lois de l'hérédité, a été donné au mot de *sang*, et qui est le sens exact.

Théorie du croisement. — Les zootechnistes de l'école dogmatique ne sont pas d'accord sur l'un des points capitaux de la théorie du croisement, bien qu'ils soient unanimes sur deux suppositions qui leur servent de base.

La première de ces suppositions, c'est que, dans les accouplements croisés, le métis représente toujours exactement la demi-somme des valeurs de sang représentées par les deux reproducteurs; la seconde, qu'au début de l'opération le sang de l'un a toujours une valeur égale à zéro.

Il y a dissidence, d'une part, sur le point de savoir si la pureté ou la plénitude du sang de l'une des espèces en présence peut jamais être atteinte; et, d'autre part, dans le cas de l'affirmative, sur celui du nombre de générations nécessaires pour que son intervention continue réalise cette pureté du sang.

Les uns soutiennent que la pureté du sang, une fois altérée ou souillée par un mélange à un degré quelconque, ne saurait jamais se rétablir ou devenir immaculée. Selon eux, il restera pour toujours impur, au moins virtuellement. C'est là de la pure métaphysique, à laquelle il serait superflu, sinon déplacé, de s'arrêter, de la part d'un physiologiste. Les autres admettent au contraire qu'il arrive toujours un moment où la fraction d'impureté devient tellement petite, qu'il y a lieu de la négliger dans la pratique. Parmi ces derniers, les avis varient quant au nombre des générations suffisantes pour réduire cette fraction à sa valeur négligeable. Ce nombre se maintient toutefois entre cinq et dix.

Pour mieux faire saisir cette théorie dogmatique du

croisement, qui exerce encore sur la production animale de l'Europe une influence que l'on peut sans crainte d'exagération qualifier de désastreuse, nous emprunterons des expressions chiffrées à deux de ses principaux soutiens, l'un français, l'autre allemand..

Le premier (1) suppose que le croisement s'exécute entre un mâle appartenant à une race qu'il qualifie de *régénératrice*, et auquel il donne une valeur $= 1$, et une femelle de race *dégénérée*, dont la valeur $= 0$. « On admettra aisément avec tous les naturalistes, dit-il, que le produit amélioré qui résulte du mariage représente une valeur égale à la moitié du caractère du père et à la moitié de celui de la mère. »

C'est s'avancer au delà des limites permises, car il s'en fallait bien que, même au moment où cela était écrit, tous les naturalistes fussent de son avis. Quoi qu'il en soit, l'auteur désigne le mâle par R, la femelle par D et leur premier métis par A. Les métisses seront ensuite désignées par C.

Dans l'union de R $= 1$ avec D $= 0$, la valeur, ou ce que l'auteur appelle le caractère de A, sera égale à la moitié du caractère du père R, ou $= 0,50$, et à la moitié de celui de la mère D, ou $= 0$. Cette valeur sera donc $= 0,50$ ou *demi-sang*. Première génération.

Soit ensuite l'union encore de R $= 1$ avec A $= 0,50$, le résultat sera :

$$C = \frac{R1 + A0,50}{2} = 0,75$$

ou *trois quarts du sang paternel*. Deuxième génération.

La valeur de R étant toujours égale à 1, à la troisième génération on aura :

$$C' = \frac{R1 + C0,75}{2} = 0,875$$

ou *sept huitièmes de sang.*

(1) Eug. GAYOT, art. *Croisement* du *Nouveau Dictionnaire pratique de médecine, de chirurgie et d'hygiène vétérinaires*, de Bouley et Reynal, t. IV, p. 559, 1858.

A la quatrième génération, où $R = 1$ et $C' = 0,875$, on a :

$$C'' = \frac{R1 + C'0,875}{2} = 0,9375$$

ou *quinze seizièmes de sang.*

A la dixième génération, où $R = 1$ et $C'''''''' = 0,998016875$. on a :

$$C'''''''' = \frac{R1 + C''''''''0,998016875}{2} = 0,9990234375$$

A la vingtième : $Cn = 0,999999671300689375$.

A la trentième : $Cn = 0,9999999996790014504858648473$.

L'auteur est allé jusque-là dans ses calculs.

En Allemagne, son imitateur, Settegast, s'est montré plus modéré : il s'en est tenu à la dixième génération, et s'est exprimé en fractions ordinaires dans le tableau suivant, que nous lui empruntons (1) :

En accouplant *Vollblut* avec 0 Blut, on a ainsi 1/2 Blut (sang) à la 1re génération.

—	—	1/2	—	3/4	—	2°	—
—	—	3/4	—	7/8	—	3°	—
—	—	7/8	—	15/16	—	4°	—
—	—	15/16	—	31/32	—	5°	—
—	—	31/32	—	63/64	—	6°	—
—	—	63/64	—	127/128	—	7°	—
—	—	127/128	—	255/256	—	8°	—
—	—	255/256	—	511/512	—	9°	—
—	—	511/512	—	1023/1024	—	10°	—

De tels calculs ne peuvent paraître sérieux qu'à la condition qu'on n'ait aucune notion sur les lois de l'hérédité. Settegast n'admet, parmi les puissances héréditaires, que l'individuelle. Mais encore faudrait-il, pour que son calcul soutînt l'examen, que les puissances héréditaires en présence fussent nécessairement toujours égales chez les sujets accouplés. On sait bien que, même selon lui, il n'en est pas ainsi. Il ne peut pas être contesté, dit-il (p. 336), que dans certaines circonstances fa-

(1) H. SETTEGAST, *Die Thierzucht*, p. 335.

vorables la marche de l'amélioration est très-accélérée,
et qu'après peu de générations le produit croisé ne diffère que peu du pur sang. Cela dépend naturellement
tout à fait de l'individualité du pur sang employé au perfectionnement.

Que signifient alors les calculs que nous venons de
voir, calculs encore compliqués par d'autres combinaisons, dans lesquelles intervient, à un moment donné, un
père croisé à la place du père de pur sang? Nous retrouverons ces combinaisons à propos de la théorie du
métissage. Poursuivons ce qui concerne celle du croisement.

Settegast considère que toutes les observations con-
cordent pour établir que la fraction de sang hétérogène
qui, à la dixième génération, reste encore dans l'individu
issu de croisement doit être regardée comme à peu près
sans importance pour la pratique de la reproduction, et
qu'elle ne se fait plus guère remarquer ni dans les formes,
ni dans les qualités. Lorsque, dit-il, le pur sang (*Vollblut*)
et la pureté de race (*Reinblut*) étaient des notions identiques, on considérait comme impossible d'atteindre au
pur sang par la plus longue suite de générations dans la
voie de l'ennoblissement. Quelque prolongée que fût la
reproduction, théoriquement il restait toujours une trace
d'impureté. Mais, maintenant que pour nous ces notions
sont différentes, l'expérience nous a appris que nous
sommes en état, par le croisement continu, d'éliminer le
sang mélangé à une race aussi complètement que cela est
nécessaire pour le but pratique.

Tel n'est point l'avis du théoricien français du croisement, dont l'auteur allemand a sur tous les autres points
adopté la doctrine. Il n'admet pas que la pureté du sang,
ou plutôt le pur sang, comme il le définit, puisse jamais
se rétablir, et il l'explique par une comparaison. « Si,
dit-il, l'on introduit une goutte d'eau dans un vase rempli
d'une autre liqueur, de vin par exemple, soit une bou-
teille, si grande qu'on la suppose d'ailleurs, est-ce qu'il
suffirait de transvaser ensuite le liquide pour obtenir que
la goutte d'eau s'en échappe et que le vin redevienne

complètement pur? Non, sans doute; l'étrangère aurait altéré la pureté de la liqueur à tout jamais. »

Non, assurément, cela ne suffirait point dans le cas donné. Mais on est en droit de demander ce que véritablement il peut y avoir de commun entre ce cas et celui du phénomène de la reproduction des animaux. Toutefois, sans sortir de ce cas, supposons qu'il existe un réactif capable de précipiter la goutte d'eau ajoutée au vin et de l'en séparer ainsi, en combinaison avec lui, soit par décantation, soit par filtration. Est-ce que le vin ne sera pas, après cela, redevenu pur? Eh bien! dans la physiologie de la reproduction, la supposition n'est point gratuite. Nous savons que, dans de certaines conditions, l'un des modes de l'hérédité, l'atavisme, fait élection des caractères purs de l'espèce et élimine tout ce qui leur est étranger.

Ces conditions nous sont connues; nous les avons étudiées à leur place : ce sont des lois en vertu desquelles la puissance héréditaire peut être théoriquement considérée comme proportionnelle à la pureté ou à la constance de la race à laquelle appartient le reproducteur. L'impureté métaphysique du sang, qui ne se manifeste extérieurement par aucun caractère morphologique, doit donc être reléguée parmi les chimères, tout au moins quand on se place au point de vue pratique.

Lorsqu'on veut représenter par des formules la théorie du croisement, il faut avant tout tenir compte des lois connues de l'hérédité. Nous savons que théoriquement la puissance héréditaire du père et celle de la mère sont égales, du moment que l'un et l'autre appartiennent à des races pures, car il ne faut faire intervenir ici que les atavismes, en négligeant les puissances héréditaires individuelles, variables comme les cas considérés.

Or, si les atavismes sont égaux à la première génération (et c'est en principe toujours le cas, qu'il s'agisse de sélection zoologique ou de croisement), les deux reproducteurs doivent être représentés par des valeurs égales, qui se partagent par portions égales pour constituer un individu nouveau, d'une valeur égale à

leurs valeurs respectives. Il n'y a aucune raison physiologique pour attribuer au père une valeur égale à 100,
tandis que celle de la mère est réduite à 0. Quelque
idée qu'on se fasse des mérites de la race de ce père,
que l'on qualifie de régénératrice, en considérant celle
de la mère comme dégénérée, ces mérites ne touchent
que les qualités zootechniques; ils n'ont rien à voir avec
les caractères zoologiques, sûrement héréditaires comme
tels, chez l'un comme chez l'autre des reproducteurs à
l'état de pureté.

En désignant par P l'hérédité ou l'atavisme de la ligne
paternelle, et par M l'atavisme de la ligne maternelle,
dans le cas de croisement P et M ont nécessairement
des valeurs égales que nous représenterons par 100. A
chaque génération, il résultera de leur combinaison un
fruit que nous désignerons par F, et dont la valeur sera
aussi nécessairement égale à 100, quelle que soit la combinaison qui se produise ou les parts respectives qu'y
prennent P et M. En faisant fonctionner les signes et
les nombres représentant les phénomènes de l'hérédité
conformément aux lois connues de ces phénomènes, on
aura :

1re génération : F = 50   P +50   M = 100. *1er métis.*
2e génération : F' = 50 + 25   P +25   M = 100. *2e métis.*
3e génération : F" = 50 + 37,5 P +12,5 M = 100. *3e métis.*
4e génération : F''' =100   P + 0   M = 100. *Espèce pater-
                                                    nelle pure.*

A la première génération, les atavismes étant égaux,
se partagent par portions égales pour constituer le fruit.
Dans les générations ultérieures, où l'atavisme maternel
se trouve en conflit avec un atavisme paternel toujours
renforcé par l'intervention continuelle d'un père pur accouplé avec la mère métisse, cet atavisme ne peut manquer d'être bientôt vaincu et éliminé.

Expérimentalement, les choses se passent comme nous
venons de le montrer, ainsi que le prouvent les cas de
Flourens, observés dans l'accouplement du chien et du
chacal, à la condition que les atavismes agissent seuls

selon leur loi, et que la puissance héréditaire individuelle
ne vienne point troubler le fonctionnement normal de
celle-ci. Elle le peut modifier en accélérant l'élimination
de l'atavisme maternel ou en le retardant.

Supposons une forte puissance héréditaire individuelle
chez le représentant de la ligne paternelle et une faible
chez celui de la ligne maternelle; en ce cas, dès la première génération, il se pourra que l'atavisme maternel
soit presque totalement éliminé. On observe fréquemment des premiers métis qui reproduisent à peu près
tous les caractères morphologiques de leur père. Que le
même cas de la prédominance paternelle se renouvelle en
présence de la femelle métisse, chez laquelle l'atavisme
maternel n'existe plus qu'à un très-faible degré, évidemment la puissance individuelle et l'atavisme paternel
agissant dans le même sens, élimineront pour toujours,
dès la seconde génération croisée, cet atavisme maternel,
et le produit sera dès lors arrivé à la pureté de sa ligne
paternelle.

Mais, à l'inverse, si nous supposons au contraire que
la forte puissance héréditaire individuelle soit du côté
maternel et la faible du côté paternel, en conflit avec
l'atavisme, elle n'en sera pas moins vaincue définitivement, à cause de l'accumulation de celui-ci, qui se
produit à chaque génération; mais au lieu que ce soit,
comme dans le cas normal, à la quatrième, ce ne sera
plus qu'à la cinquième, la sixième, la septième ou plus
tard.

C'est pourquoi, dans les opérations de croisement, il
importe beaucoup, théoriquement, d'avoir toujours égard
aux puissances héréditaires individuelles, en recherchant,
parmi les femelles métisses qui doivent fournir les
mères, celles qui ont hérité au plus haut degré des
caractères de leur ligne paternelle : ce qui revient à
combiner, dans ces opérations, les règles de la sélection
zoologique qu'elles visent, en définitive, avec celles du
croisement lui-même.

Croyant avec la Bible que tous nos animaux domestiques nous étaient venus d'Orient, Buffon pensait qu'ils

avaient une tendance naturelle à dégénérer dans nos climats, et qu'il y avait lieu par conséquent, pour y remédier, de les retremper sans cesse à leur source. Il a magnifiquement développé sa thèse dans le beau discours sur la *dégénération* des animaux. Bourgelat, épousant, comme tous les naturalistes de son temps, cette thèse dogmatique, l'a soutenue avec ardeur au sujet des races chevalines en particulier, en préconisant systématiquement leur croisement par l'étalon oriental.

L'idée de Buffon et de Bourgelat n'est pas éteinte. Elle a encore de notre temps de nombreux partisans. C'est elle qui domine, en particulier, l'esprit des zootechnistes dont nous avons, au commencement du présent article, exposé les théories. Nous avons vu que l'un d'eux qualifie de dégénérée et de régénératrice les deux races qu'il fait fonctionner dans ses calculs. Or, la race régénératrice qu'il a en vue est originaire d'Orient ; il la considère comme un perfectionnement de l'orientale, et la dégénérée est une race quelconque autre que celle-là. Selon la doctrine, cette race quelconque est fatalement condamnée à s'abâtardir, en dehors de son croisement avec la régénératrice. Cette doctrine, qui ne visait au siècle dernier et qui ne vise encore que les races chevalines, est particulière aux hippologues, mais les rallie à peu près tous en Europe.

J.-B. Huzard est le premier qui, à la fin du dernier siècle et au commencement de celui-ci, ait réagi contre l'autorité de Bourgelat. A l'opinion dominante sur la théorie du croisement présenté comme le seul moyen de régénérer les races, il a énergiquement opposé que, loin de les améliorer, il les *dénature* au contraire. C'est l'expression dont il s'est servi. Plus récemmemt, Baudement a reproduit la même idée en d'autres termes : « Le croisement, a-t-il dit, ne forme pas les races ; il les *détruit.* »

La formule de Baudement répondait et répond encore à une thèse un peu différente de celle des contemporains de J.-B. Huzard. Il ne s'agit plus maintenant seulement de s'opposer à la « dégénération » des races chevalines.

Les théoriciens visés par cette formule ont en outre la prétention de créer, par la méthode de croisement, des races nouvelles ou des types spécifiques nouveaux.

Théoriquement, la méthode de croisement, selon les degrés de son emploi, peut atteindre deux buts. En deçà de la troisième génération croisée, elle ne produit en général que des métis de divers degrés, c'est-à-dire des individus participant en proportions variables, à la fois aux caractères de leur race paternelle et à ceux de leur race maternelle, par conséquent des individus mélangés, n'appartenant à aucun type zoologique déterminé. Au delà de cette troisième génération, elle élimine les caractères de la race croisée, pour substituer ceux de la race croisante. En conséquence, à partir de la quatrième génération, les produits obtenus appartiennent à l'espèce de leur souche paternelle pure, et ils se reproduisent ensuite entre eux comme celle-ci, sauf les cas accidentels et de plus en plus rares de reversion vers l'atavisme maternel.

De là deux modes pratiques de croisement, fondés sur les notions théoriques que nous venons d'exposer, et qui sont eux-mêmes tirés, comme les lois d'hérédité dont elles découlent, de l'observation et de l'expérience.

Le premier de ces modes, que nous nommons *croisement industriel*, parce qu'il a pour objet la production ou la fabrication de métis de divers degrés, en vue de leur valeur commerciale comme individus et non point comme reproducteurs de leur espèce, se maintient en deçà des limites de trois générations croisées. Le plus souvent il est borné à une seule.

Le second, que Baudement appelait *croisement suivi* et que nous croyons mieux nommé *croisement continu*, est celui qui va au delà de trois générations. C'est celui qui a été recommandé par Daubenton (1), par Tessier (2) et par Gilbert (3) sous le nom de *croisement de progression*.

---

(1) *Instruction pour les bergers et les propriétaires de troupeaux.*

(2) *Instruction sur les bêtes à laine.*

3) *Instructions sur les moyens les plus propres à assurer la propagation des bêtes à laine d'Espagne.*

Pratique du croisement. — En économie rurale, pas
plus qu'ailleurs, le progrès ne se réalise guère tout d'une
pièce. Sa réalisation, au reste, rencontre le plus souvent
des obstacles de plus d'un genre. En particulier, on ne
songe point à remplacer la race de bétail exploitée dans
une ferme, à moins qu'elle ne réponde plus, par ses
aptitudes, aux conditions amenées par les progrès de la
culture, ou tout au moins à celles qui sont offertes par le
débouché.

Pour un certain nombre de cas, lorsque la nécessité
ou l'utilité de substituer une nouvelle race plus productive à celle anciennement exploitée est bien manifeste,
le choix et l'introduction de la nouvelle peuvent ne pas
présenter des difficultés sérieuses, à cause des moyens
qu'on a de se procurer, dans son voisinage, les sujets en
nombre suffisant pour renouveler tout d'un coup le chep-
tel vivant. La différence de valeur commerciale, entre ces
sujets et ceux qu'ils doivent remplacer, peut n'être pas
telle que l'opération dépasse les facultés de l'éleveur.
Dans les exploitations conduites avec un gros fonds de
roulement, la chose va de soi.

C'est ainsi que se sont constitués chez nous, notamment, les quelques beaux troupeaux de moutons southdowns que nous avons. C'est ainsi que la France a été
dotée du troupeau mérinos de Rambouillet, des bergeries
de leicesters, de southdowns, de la vacherie de courtes-
cornes appartenant à l'État, et de celles qui en assez
grand nombre appartiennent à des particuliers.

Mais ces importations en masse d'animaux d'élite,
mâles et femelles, provenant de l'étranger ou chèrement
achetés à l'intérieur, ne sont pas à la portée de toutes les
bourses ; encore bien qu'il n'y aurait point d'autres motifs pour s'en abstenir, l'absence des capitaux nécessaires serait pour la plupart des éleveurs un empêchement
suffisant.

En présence d'une telle situation, la méthode de croisement continu met à la disposition de l'éleveur un moyen
moins prompt, moins rapide, mais plus pratique pour arriver à son but. Il lui suffit d'acheter des mâles ou des

étalons de la race qu'il veut introduire, pour atteindre progressivement l'élimination complète de celle qu'il exploitait jusque-là, en lui substituant la nouvelle. C'est ainsi que les mérinos se sont établis chez nous et de l'autre côté du Rhin, depuis la fin du dernier siècle, en populations nombreuses. S'il eût fallu aller chercher en Espagne toutes les brebis nécessaires au peuplement, en même temps que tous les béliers, nul doute qu'il n'eût jamais été réalisé. De Rambouillet, des bergeries électorales de la Saxe et d'ailleurs sont partis les seuls reproducteurs mâles dont l'influence continue, persévérante, a transformé les troupeaux indigènes en mérinos, partout où le croisement a été poussé assez loin.

L'histoire de l'introduction de ces mérinos en France et en Allemagne fournit la preuve la plus frappante de la valeur pratique de cette méthode de croisement. Tous les écrits publiés sous le titre général d'*Instructions*, qui était de mode alors, par Daubenton, par Tessier, par Gilbert, et dont nous avons déjà parlé, n'ont pas eu d'autre objet que celui d'exposer et de recommander la méthode dont il s'agit.

Il y a telle condition où, dans la pratique, l'introduction progressive d'une race nouvelle, par la méthode de croisement continu, doit être préférée à l'importation en masse, parce qu'elle est plus efficace et par conséquent plus profitable.

Cela s'applique particulièrement aux variétés animales perfectionnées en vue de la production de la viande, dont l'aptitude prédominante est de transformer, dans le minimun de temps, la plus forte somme de matières végétales, aux variétés précoces, pour les appeler par leur nom. Introduites dans un milieu agricole insuffisamment riche, dont la puissance productive n'est pas en rapport avec leur aptitude digestive acquise, qui ne leur peut pas fournir en quantité ou en qualité suffisante les matières alimentaires qu'elles sont capables d'utiliser, ces variétés, machines à grand travail, non seulement chôment faute d'aliments à transformer et à mettre en valeur mais encore souffrent et périclitent, leurs be-

soins d'entretien étant en rapport avec leur grande aptitude même. Elles ne peuvent point s'accommoder d'une
alimentation médiocre.

Là où des bêtes communes, accoutumées de longue
date au milieu, ou vivant dans leur milieu naturel, s'entretiennent bien et produisent des bénéfices, elles dépé-
rissent et ne donnent que des pertes, ayant à se dépenser
en une lutte constante contre les circonstances défavorables. C'est ce qui démontre que, pratiquement, toute
entreprise d'introduction d'un bétail perfectionné en ce
sens doit être précédée d'un perfectionnement correspondant du système de culture, ayant pour objet d'augmenter la production fourragère, de préparer, en quantité et
en qualité suffisantes, les subsistances nécessaires au
moins pour le bon entretien des animaux nouveaux. Ceux-
ci n'ont à aucun degré la faculté de créer de la matière ;
leur capacité se borne à la transformer.

L'ignorance ou les fausses notions physiologiques ont
trop souvent fait méconnaître cette vérité fondamentale.
On a cru trop facilement qu'il pouvait suffire, pour la
réaliser, d'introduire partout les animaux perfectionnés,
sans se préoccuper des conditions de milieu. La direction
des affaires zootechniques, dans les quarante dernières
années, nous en a fourni le spectacle semé de ruines, et
tout au moins de pertes de capital dont la somme serait
effrayante, si elle était faite. On est revenu aujourd'hui,
en général, à des idées plus justes, et les quelques propa-
gandistes quand même des animaux perfectionnés rencontrent des résistances dont la sagesse ne peut qu'être
approuvée.

La transformation d'un système de culture dans le sens
que nous venons de dire exige un certain temps,
variable selon que la fertilité naturelle du sol s'y prête
plus ou moins, ainsi que les conditions météorologiques
locales. Durant ce temps, il peut arriver un moment où
les conditions de milieu, bien que ne suffisant pas encore pour entretenir fructueusement le bétail arrivé au
maximum de son aptitude possible, dépassent cependant
la mesure de capacité de celui qui était entretenu

jusque-là. Celui-ci ne peut plus mettre en valeur toutes les matières alimentaires produites. Les ressources sont au-dessus de son aptitude. Il est insuffisant; c'est une machine à trop faible travail pour utiliser complètement les matières premières mises à sa disposition. Ce serait un progrès réel de lui en substituer une autre plus apte.

La méthode de croisement que nous étudions en ce moment fournit le moyen de mesurer aussi exactement que possible, à tous les moments de la transformation du système de culture, l'aptitude des animaux entretenus à la puissance fourragère du sol. Son application judicieuse est délicate et difficile, on n'en peut disconvenir. Elle exige un grand tact pratique et des connaissances spéciales étendues. C'est certain. Pour faire fonctionner toujours dans la bonne mesure les lois de l'hérédité selon la théorie du croisement; pour hâter ou retarder à volonté la prédominance de l'un des deux atavismes en présence, tantôt de l'un, tantôt de l'autre, suivant que la puissance fourragère du sol se développe plus ou moins vite; pour arriver au moment voulu à l'élimination complète et définitive de l'atavisme de la race croisée, après s'être constamment astreint à l'observation du rapport nécessaire entre les deux aptitudes du système de culture et des animaux à nourrir; pour réaliser tout cela, que la théorie indique sans difficulté, il faut être évidemment un éleveur de premier ordre, rompu à toutes les pratiques du métier.

Cela n'est pas douteux; mais il suffit ici, pour que notre tâche soit remplie, que nous en montrions la possibilité théorique. Aux praticiens il appartient de mettre en œuvre les notions scientifiques. Il suffit à celles-ci d'être justes et vraies. Telles qu'elles se présentent dans le cas particulier, on les peut résumer en peu de mots.

Un changement de système de culture aura pour conséquence, à un moment donné, de comporter l'entretien du bétail le plus perfectionné, quant à son aptitude à utiliser une grande masse d'aliments. Sa transformation ne doit pas être brusque, mais bien progressive, en telle sorte que chaque année de sa durée verra s'accroître cette masse. Vaut-il mieux conserver l'ancien bétail à son état de pureté jusqu'à la fin de la transformation, pour introduire tout d'un coup, celle-ci achevée, le bétail perfectionné, ou bien faire marcher de front avec la transformation du système de culture celle du bétail lui-même? Telle est la question. Posée en ces termes, il ne semble pas qu'on puisse hésiter pour la résoudre. Il est évident que le plus grand profit sera du côté de la seconde alternative. Des exemples en des sens inverses seront fournis ultérieurement.

La pratique de la méthode est régie, tout comme celle de l'importation directe, par les lois naturelles de l'extension des races, à la connaissance desquelles il convient, pour éviter les fautes graves, de se référer toujours. Seulement, elle a sur cette dernière l'avantage considérable de permettre le ménagement des transitions, en suivant pas à pas les progrès du système de culture, que ceux du bétail ne doivent jamais devancer, quand on veut rester dans les limites de la zootechnie lucrative.

Passons maintenant à l'autre méthode, à celle du croisement industriel.

Le type parfait de l'application de cette méthode nous est fourni par la production des mulets, opérée sur une grande échelle. Ici, les produits étant des hybrides, dont la qualité rend impossible le passage du croisement industriel au croisement continu, la distinction ne soulève aucune difficulté. Dans l'accouplement, le père et la mère appartiennent toujours l'un et l'autre à des races distinctes. Ils n'ont jamais, à aucun degré, rien de commun, si ce n'est qu'ils sont du même genre naturel. On les accouple pour produire des individus qui seront des moteurs, non point des reproducteurs à aucun titre. La volonté de l'éleveur est ici dominée par une loi naturelle inviolable. Il ne dépendrait pas de lui de faire autrement qu'il ne fait. Il subit la nécessité.

Il n'en est pas de même pour le croisement des espèces de même genre dont l'accouplement produit des métis. Ici l'on peut à volonté s'arrêter ou aller plus loin, s'en tenir au croisement industriel ou passer de celui-ci au croisement continu, fabriquer des premiers métis, des deuxièmes, des troisièmes métis, puis éliminer la souche mère, comme nous l'avons vu. Il convient donc de déterminer les conditions pratiques des diverses opérations possibles, afin de fournir des règles de conduite qui puissent être suivies avec sécurité.

Et d'abord, occupons-nous des degrés de croisement, puisqu'il y en a trois que l'on peut pratiquer sans sortir de la méthode, dont la définition très-nette ne laisse subsister aucun doute. Nous savons que le croisement industriel a pour but final la production des hybrides ou des métis, tandis que celui du croisement continu est de substituer, par élimination progressive, la race croisante à la race croisée.

Le choix du degré auquel doivent être conduits ou arrêtés les métis produits est commandé purement et simplement par la considération que nous avons examinée tout à l'heure, à propos des transitions qui s'imposent en certains cas à la pratique du croisement continu, c'est-à-dire par la considération de milieu. Et, à cet égard, la seule différence qu'il y ait entre les deux situations visées, en thèse générale, c'est que la première est transitoire, tandis que la seconde peut être considérée comme définitive, ou du moins comme devant durer si longtemps qu'il n'y ait pas lieu de prévoir sa modification. Tel milieu, envisagé aux divers points de vue agricole, économique, commercial, peut comporter la production de troisièmes métis d'une race, ou en d'autres termes, d'individus ayant la plupart des caractères zoologiques et zootechniques de cette race, mais non de ses sujets purs, impropres aux services courants ou exigeant trop de soins pour être élevés.

A ce degré, en effet, l'application de la méthode est difficile, incertaine, pleine d'imprévu. Elle exige un tact pratique, une habileté qui ne se rencontrent que très-rarement, même chez les éleveurs rompus à toutes les difficultés du métier. Ses résultats financiers sont des plus aléatoires. Il faut que les sujets réussis atteignent de très-hauts prix pour compenser les pertes causées par la faible valeur du grand nombre des déchets.

Il en est de même, mais dans une moins forte mesure, pour la production des deuxièmes métis, connus sous le nom de trois quarts de sang.

Le degré de croisement, dans ce cas, est subordonné aux aptitudes nécessaires pour correspondre exactement aux fonctions, et surtout aux conditions faites par la situation agricole, qu'il importe avant tout de ne pas dépasser, sous peine d'échec certain.

Les moindres chances de méconnaître le précepte ainsi formulé se montrent dans la production des premiers métis, qui s'adapte particulièrement à ce qu'on peut bien nommer la fabrication de la viande. Ici nous n'aurions pour nous guider, encore bien que la théorie ne serait pas d'une netteté parfaite, un grand nombre d'exemples, dont le succès pratique, dans divers pays d'Europe, est véritablement éclatant.

Pour toutes les espèces comestibles, il y a des cas dans lesquels le milieu, tout en ne comportant point l'entretien continuel d'un bétail perfectionné au plus haut degré possible, en lui conservant ses qualités zootechniques acquises, peut cependant se prêter à la production d'individus très-améliorés, mais ne devant pas vivre au delà d'une courte période de temps. La race périclierait infailliblement dans ce milieu-là, perdant, à chaque génération, une partie de ses qualités acquises, et tout au moins ne travaillerait que pour elle, en employant ses facultés à lutter contre les circonstances générales défavorables. Les individus, sans cesse renouvelés, se maintiennent suffisamment et fonctionnent au bénéfice de leur producteur.

Au genre d'opération dont il s'agit il a été opposé une singulière objection. Cette objection consiste à prétendre que la méthode se heurte nécessairement, dans la pratique, à une impossibilité, attendu qu'il doit arriver un moment où toutes les femelles de la race qui fournit les mères sont devenues des métisses.

Il pourrait suffire de faire remarquer que ce qui a été

ainsi déclaré impossible, sur le ton de la plus entière conviction, se pratique sans aucune encombre, depuis fort longtemps, en divers pays. Mais, n'en fût-il pas de même, et en supposant que nous manquât l'argument décisif de l'expérience, le pur raisonnement théorique, fondé sur les notions économiques les plus élémentaires, ne pourrait laisser le moindre doute à tout esprit droit.

En effet, on sait que dans l'économie rurale, comme dans l'économie industrielle, le travail se divise pour suivre sa loi. Il suffirait que les femelles d'une race locale quelconque fussent demandées en vue de la production des métis, pour que leur propre production se conservât, parce qu'il y aurait toujours quelqu'un intéressé à les produire. Mais ne sait-on pas aussi d'ailleurs que l'opération en question est par sa nature même exceptionnelle, qu'elle n'est à sa place que dans les exploitations qui, par leur état d'avancement cultural, contrastent avec la généralité de celles du pays où elles se trouvent situées, et dans lesquelles c'est le bétail local qui est entretenu?

L'objection n'est donc sérieuse à aucun degré. Elle ferait sourire les éleveurs anglais qui, sur une si grande échelle, pratiquent la méthode en question, bien que chez eux la conservation des races à l'état de pureté soit respectée à l'égal d'un dogme.

L'application des méthodes de croisement, quand elle est bien faite et à propos, quand elle est à sa place, doit donc être considérée comme excellente. C'est ce que nous n'avons jamais eu l'intention de contester. Mais on se trompe lorsque, mettant ces méthodes en opposition avec celles de sélection, on les proclame supérieures à ces dernières pour l'amélioration générale de la production animale d'un pays, et lorsqu'on en préconise l'emploi d'une manière absolue et dogmatique. Leur application efficace, utile, avantageuse par conséquent, exige des connaissances et une habileté de métier qui ne sont pas à la portée de tout le monde, indépendamment de ce que, dans la plupart des cas, les conditions de milieu lui sont contraires. La propagande inconsidérée dont elle a été l'objet, à l'aide des moyens administratifs, en vue de sa généralisation, a fait un mal énorme en dépassant de beaucoup les limites raisonnables.

Ainsi que nous l'avons déjà fait remarquer, le principe de la reproduction naturelle des races animales, le principe de leur conservation à l'état de pureté, ne peut avoir aucun inconvénient en se généralisant. Il ne détruit rien de ce qui existe. Celui de leur prétendue amélioration par le croisement aboutit nécessairement à ce que J.-B. Huzard appelait leur dénaturation, et Baudement leur destruction. Le croisement ne peut être utilement recommandé qu'en thèse particulière et adopté efficacement que pour des cas spéciaux bien déterminés, par des éleveurs capables d'en apprécier avec compétence toutes les conditions pratiques, et assez habiles pour les réaliser.

Il est à peine besoin d'expliquer, avant de finir, pourquoi nous ne disons rien des anciennes règles pratiques recommandées par les auteurs pour l'exécution du croisement, et dont la principale était de ne point croiser ensemble des races trop éloignées l'une de l'autre par la conformation et la taille de leurs sujets, afin de ne pas obtenir ce qu'on appelait des produits décousus. On a sans doute déjà compris que dans les limites où se maintient la doctrine scientifique que nous avons exposée, au sujet de la méthode de reproduction en question, de telles recommandations sont sans objet. Le choix du type croisant est commandé par des considérations d'un tout autre ordre, moins vagues, plus précises, et par conséquent plus pratiques, qui ont été exposées dans le chapitre que nous avons consacré aux lois de l'extension des races.

Du reste, il faut ajouter que les auteurs de ces règles les appliquent, sans le savoir, non point au croisement véritable, mais à la sélection à la fois zoologique et zootechnique, du moins dans le plus grand nombre des cas, et que d'ailleurs elles ne sont pratiquement applicables qu'à celles-ci, c'est-à-dire lorsque l'accouplement s'effectue entre variétés d'une seule et même race. Seules, en effet, ces variétés ne diffèrent pas entre elles, au delà de la mesure prescrite, par leur conformation et par leur taille, et les accoupler ce n'est pas faire un croisement. Dans l'opération qui est qualifiée ainsi exactement, il y a nécessairement de grandes différences entre les individus reproducteurs, sans quoi cette opération serait sans but pratique, puisqu'il s'agit de transmettre au produit des formes ou des aptitudes, des qualités enfin que ne possède point sa mère et qui sont au contraire les attributs de son père, en vue des résultats économiques que nous avons énoncés.

Métissage. — La méthode de métissage est celle dans laquelle les produits du croisement sont accouplés entre eux. Elle n'a pas pour but, ainsi que l'admettent certains auteurs qui la confondent avec celle du croisement, la production, mais bien la *reproduction des métis*. Baudement s'est servi, pour la désigner, de l'expression de *croisement diffus*, qui n'est pas aussi heureuse que la plupart des autres dont il a enrichi la langue de notre science. On la caractérise de la façon la plus générale en disant qu'il y a métissage toutes les fois que dans la reproduction le mâle est un métis, quelle que soit la qualité de la mère, que celle-ci soit pure ou métisse elle-même, pourvu toutefois que ce mâle n'ait rien de commun avec la race de ladite mère.

Dans le métissage, comme dans le croisement, comme dans la sélection zoologique, les reproducteurs peuvent être de la même famille ou de familles différentes; seulement, dans le premier cas, la famille est métisse au lieu d'être pure, quand il s'agit de métissage ou de croisement au delà du premier degré. Le père pur peut être accouplé avec ses filles métisses, le frère métis avec la sœur également métisse, le fils métis avec sa mère pure. Dans tous ces cas, il y a consanguinité, selon l'expression française, et c'est ce qui montre que cette expression, non plus que celles qui lui correspondent dans les autres langues pour désigner le même fait, ne se confond point avec celle qui rend l'idée de reproduction à l'état de pureté spécifique.

Cette notion de la reproduction des métis en consanguinité, qui semble contradictoire au premier abord, à cause de l'idée fausse qui s'est introduite dans les esprits au sujet de la signification du terme sang, a une très-grande importance et doit être retenue pour l'explication des phénomènes du métissage, dont la théorie exacte a une portée scientifique considérable. C'est plus au point de vue de cette portée qu'à celui de sa valeur zootechnique proprement dite que le métissage doit être étudié ici, car nous verrons que comme méthode zootechnique il n'y a point de place pour lui dans une pratique bien conduite, et que l'on peut tout au plus se résigner à son emploi.

En tous cas, le métissage se réalise, d'après sa définition, selon deux modes, dont l'un, celui qui consiste seulement dans l'emploi d'un mâle métis, n'est jamais nécessaire, et l'autre, celui dans lequel les deux reproducteurs sont à la fois des métis, est quelquefois imposé dans la pratique, ainsi que nous le verrons.

Théorie du métissage. — Il suffit de dire que le métissage, mettant forcément en présence au moins deux atavismes distincts, donne dans tous les cas prise à la loi de reversion, pour que sa théorie se présente à l'esprit en quelque sorte d'elle-même. Le fonctionnement de cette loi n'est contrebalancé que par la forte puissance héréditaire individuelle dont quelques sujets métis se montrent parfois doués. Mais comme cette puissance, étant exceptionnelle, ne peut manquer d'être précaire quand on l'envisage eu égard à une suite de générations, il en résulte que ses effets sont seulement passagers, et que finalement on peut considérer la loi de reversion comme devant avoir toujours le dessus. C'est du reste ce que l'expérience montre, comme nous l'avons vu, dans tous les genres d'animaux domestiques dont les groupes de métis ont été passés en revue.

Dans ces groupes, il se produit un phénomène auquel Naudin a donné le nom de *variation désordonnée*, en l'appliquant aux végétaux sur lesquels il a expérimenté, pendant une dizaine d'années, au Muséum de Paris. Le savant botaniste a suivi, durant ce temps, les générations successives de tous les sujets croisés qu'il a pu obtenir et qu'il appelle improprement des hybrides féconds.

Il en a fait suivre l'exposé d'une remarque très-importante, qui est la suivante (1) :

« La variation, si désordonnée qu'elle soit, se meut entre des limites qu'elle ne franchit pas. Les deux natures spécifiques sont en lutte dans l'hybride, auquel chacune apporte son contingent; mais de ce conflit ne sortent pas réellement des formes nouvelles : ce qui se produit n'est jamais qu'un amalgame de formes déjà existantes dans les types producteurs. Il semble cependant que, si quelque chose pouvait faire dévier l'espèce de la ligne de son évolution, ce serait le trouble apporté dans son organisme par son union forcée à une autre; mais il n'en est rien : l'hybride n'est qu'un composé de pièces empruntées, une sorte de mosaïque vivante dont chaque parcelle, discernable ou non, est revendiquée par l'une ou par l'autre des espèces productives. Je ne connais rien qui témoigne mieux de la ténacité des formes spécifiques que cette persistance à se reproduire dans ces organismes artificiels qui doivent leur existence à une violence faite à la nature. »

Tout cela, que nous avons de bonnes raisons de considérer comme correct, l'ayant depuis longtemps mis en évidence à l'occasion même des premières communications de l'auteur, montre que la loi de reversion est absolument générale, qu'elle agit dans le règne végétal comme dans le règne animal, et que dans les deux la variation désordonnée des métis n'est pas autre chose que le résultat du désordre même de leur reproduction. Pour l'ordonner, c'est-à-dire pour la faire fonctionner dans une direction déterminée, il suffit de lui imprimer cette direction au moyen d'une sélection méthodique des reproducteurs, fondée sur la considération des atavismes en présence et en conflit, comme nous l'indiquerons plus loin.

---

(1) *Comptes-rendus,* t. LXXXI, p. 520 et 553

Cela met hors de doute l'impossibilité théorique, pour les métis, d'acquérir la puissance héréditaire individuelle qui leur serait nécessaire pour qu'ils devinssent des souches de nouvelles espèces. Les atavismes multiples qui sont en eux ont une tendance invincible à se manifester dans la suite des générations, si ce n'est dès la première, et à rétablir ainsi l'équilibre des espèces troublé un instant par la génération croisée. Nulle suite de métis n'acquiert la constance des caractères spécifiques, et, en vertu des lois naturelles de l'hérédité telles qu'elles nous sont connues dans l'état de la science, elle ne peut l'acquérir.

Les exemples en apparence contraires qui ont été invoqués mettent hors de doute des confusions maintenant évidentes. Ou bien ils se rapportent à des individus abusivement qualifiés de métis, parce que leurs procréateurs n'étaient point d'espèce différente, mais seulement de deux variétés distinctes d'une seule et même espèce; ou il s'agit de la constance d'un de ces caractères qui n'ont rien de spécifique, qui sont purement zootechniques et qui dépendent moins de l'hérédité que de la permanence des mêmes conditions de milieu, caractères qui, étant acquis sous l'influence de ces conditions, se montrent à la fois et au même degré sur un nombre plus ou moins grand d'espèces différentes. A ce titre, les métis peuvent les conserver et les transmettre à leur postérité, encore bien que, sous le rapport zoologique, celle-ci montre la variation la plus désordonnée. On connaît partout des groupes de métis les plus disparates spécifiquement, qui cependant sont uniformes et parfaitement homogènes quant à leur aptitude à produire de la viande, par exemple, ou du lait. Cela ne touche en rien à la question théorique examinée ici, et qui est une des plus grosses de la philosophie naturelle.

Expérimentalement, cette question est résolue aussi bien dans le règne animal que dans le règne végétal. Il y a, dans l'un et l'autre règne, un nombre déterminé d'espèces ou de types naturels, dont nous ignorons l'origine ou le mode de formation. Les lois de l'hérédité en garantissent la continuité et par conséquent la conservation. Nous pouvons, par leur croisement, en troubler les conditions d'équilibre; mais cet équibre tend à la stabilité avec une telle force, que nous sommes impuissants à lui faire prendre définitivement une autre position. Les caractères spécifiques ou naturels oscillent un instant autour de leur équilibre normal, puis ils reviennent infailliblement à leur point fixe.

Par le jeu des lois naturelles de l'hérédité, le métissage en lui-même ne peut donc qu'engendrer la variation désordonnée, que créer des groupes d'individus participant à des degrés indéfiniment variables des caractères des espèces qui, par leur croisement, ont contribué à la formation des métis. Il est théoriquement impuissant à former aucun de ces groupes uniformes, homogènes par leur type morphologique, qu'on appelle des races ou des espèces. Et en raison même de ce qu'il y a d'indéfini ou de désordonné dans la variation des sujets engendrés par la méthode de reproduction dont il s'agit, ses résultats sont impossibles à prévoir, à calculer d'avance, même seulement avec une somme quelconque de probabilité. Cette méthode mettant toujours en conflit l'hérédité individuelle avec deux atavismes au moins, qui le sont aussi toujours entre eux de leur côté, on ne peut pas savoir de quel côté sera la victoire, quelle sera la direction du mouvement moléculaire qui doit finalement créer l'être nouveau.

Il est donc évident, d'après cela, que le métissage est la plus incertaine, la plus aléatoire, la plus précaire de toutes les méthodes de reproduction, et que ses garanties sont par conséquent nulles théoriquement, quand on l'envisage d'une manière générale. Toutefois, en raison de ce qu'elle met sûrement en jeu la loi de reversion dans un sens quelconque, elle peut, dans certains cas déterminés que nous indiquerons, trouver une application utile à ce titre seulement. Combinée avec la sélection zoologique, comme dans le cas du croisement continu, elle peut permettre de rétablir dans ses conditions d'équilibre stable l'une ou l'autre des espèces qui sont intervenues* pour former les métis. Elle est ainsi capable de réparer le mal qu'elle avait fait, et c'est en ce sens que nous devons nous expliquer sur les conditions pratiques de son application.

Pratique du métissage. — D'après ce qui vient d'être dit, il est clair que nous ne pouvons pour aucun cas considérer comme utile l'emploi de la méthode de métissage selon le premier de ses modes. Elle se pratique sur une grande échelle en divers pays de l'Europe, pour la production chevaline notamment, avec des résultats qui, malgré les affirmations dogmatiques ou intéressées dont ils sont l'objet, ne paraissent pas de nature à la recommander. L'ensemble des populations chevalines formées par l'accouplement des juments indigènes avec les étalons appelés demi-sang, et plus exactement nommés métis anglo-normands ou anglo-germains, contraste singulièrement partout avec les quelques rares sujets exceptionnellement réussis que l'on exhibe dans les expositions publiques, pour pouvoir vanter ensuite avec une apparence de raison les succès de la méthode.

C'est un fait reconnu par tous les hommes compétents et impartiaux de tous les pays (1). Tous sont d'accord pour estimer à 25 p. 100 au plus la proportion de ces sujets, due vraisemblablement à ce que, parmi les étalons métis, il s'en trouve quelques-uns qui, ayant hérité surtout dans la ligne paternelle, sont doués de la puissance

(1) Pour la Prusse, voyez B. Rost, *Verschiedene Bemerkungen zur Zucht und Behandlung des Gebrauchpferdes (Neue landwirth-schaftl. Zeitung,* XXII Jahrg. 11 u. 12 Heft). — Pour l'Autriche, Dr M. Wilckens, *Die Verhandlungen der Kommission zur Foerderung der Pferdezucht in Preussen (Ibid.,* XXIV Jahrg. 12 Heft, p. 933). — Pour l'Italie, notamment G. Tampelini, *Lo stato e l'allevamento equino,* Modena, 1874; Daniele Bertacchi, *Questione ippica, ovvero nuovo piano d'ippocoltura nazionale più spediente e più economico,* Torino, 1874; Basilio Lodezzano, *Cenni d'ippologia militare raccolti nelle grandi manovre del campo di Verona nel 1869 e nelle pregresse campagne nazionali,* Vicenza, 1870. — Pour la Belgique, Jules Gérard, *L'élève du cheval de luxe et du cheval de guerre en Belgique.* Liége, 1875.

héréditaire individuelle à un degré suffisant pour dominer l'atavisme maternel. Le reste ne se compose que de non valeurs ou de produits manqués qu'en industrie l'on appelle des déchets.

Si un inventeur se présentait à un industriel quelconque pour traiter avec lui d'un procédé de fabrication, en lui annonçant que ce procédé, sur cent pièces fabriquées, n'en donnera pas sûrement plus de vingt-cinq bonnes et marchandes, pouvant être vendues avec bénéfice, les autres ne devant point couvrir leurs frais de fabrication, à coup sûr l'industriel éconduirait cet inventeur en concevant de son sens pratique une opinion peu favorable.

La méthode de métissage dont nous nous occupons ici n'offre pas d'autres conditions, et pourtant elle s'est fait adopter, préconiser et pratiquer à grands frais par la plupart des gouvernements européens, dont l'intervention dans la production chevaline n'a pas d'autre but que de la faire triompher de tous les obstacles qui lui sont opposés. Seules les races chevalines qui se reproduisent à l'état de pureté sont prospères et donnent lieu à un commerce intérieur et international actif et lucratif. Les gouvernements ne s'en occupent pas. Celles qui, sous l'influence du métissage, ont perdu leurs anciennes qualités naturelles, leur solidité, leur rusticité, ne peuvent plus qu'à grand'peine compenser les dépenses de production qu'elles occasionnent, la plupart de leurs sujets ne se vendant qu'à des prix en rapport avec les services qu'ils sont capables de rendre, c'est-à-dire très-faibles.

Un tel fait, évident pour quiconque observe sans parti pris dogmatique, suffirait pour juger la méthode, encore bien qu'on serait étranger aux notions théoriques exposées précédemment. La pratique, poursuivie sur une grande échelle, la condamne absolument. On y renoncera sans nul doute dès que, dans les conseils des gouvernements, l'empirisme dogmatique aura fait place à la science, dès qu'on aura enfin compris qu'il ne suffit pas de savoir monter les chevaux ou les conduire à grandes

guides pour connaître les meilleures méthodes de reproduction à l'aide desquelles ils se font.

Une curieuse variété de métissage a été imaginée
comme devant conduire infailliblement les métis obtenus
à la fixité, à la constance des caractères. On la recom-
mande notamment comme devant à coup sûr réaliser
ce mythe du demi-sang, instrument des opérations
que nous venons de caractériser pratiquement. La
recommandation est avec calculs à l'appui. En fait, les
sujets ainsi obtenus ne diffèrent point des premiers métis
procréés directement et qui, hypothétiquement, doivent
contenir 50 p. 100 du sang de leur père et 50 p. 100 de
celui de leur mère. On a vu (p. 54) ce qu'il en est, à
l'égard de l'uniformité des caractères zoologiques, pour
les étalons qui peuplent les dépôts de notre administration des haras, dont la prétendue race a été « fixée »
par le procédé en question.

Ce procédé compliqué va être exposé ; mais auparavant
il faut emprunter à son auteur (1) la définition de son
objet. « Les chevaux de demi-sang, dit-il, naissent et se
développent à la faveur du *métissage* et non, comme on
l'a dit souvent, à l'aide du *croisement*. Ils résultent du
mélange rationnel du sang, à doses variables, de deux ou
plusieurs races distinctes, plus ou moins éloignées par
leurs principaux caractères et par leurs aptitudes. En
l'espèce, le cheval de pur sang offre généralement l'un
des éléments de la création projetée ; l'autre est pris au
sein d'une race quelconque. De là toutes sortes de
chevaux de demi-sang dont on ne donne l'idée, en les
qualifiant d'une manière exacte, qu'en les appelant par
leur véritable nom. Il est évident, par exemple, qu'un
cheval de demi-sang anglo-normand n'aura rien de commun avec un cheval anglo-navarin, et celui-ci avec un
produit anglo-poitevin ou anglo-boulonnais, etc. »

Voyons maintenant comment, d'après le même auteur,
« il faut procéder pour obtenir le produit intermédiaire

(1) Eug. GAYOT, *La connaissance générale du cheval*. Paris.
1861, p. 355.

auquel on donne la qualification de demi-sang, sitôt que
les caractères cherchés, que l'aptitude désirée ont pris
dans l'orgnisation la fixité qui permet de les reproduire. » Il faut citer textuellement. Des choses de ce
genre ne s'analysent pas.

« En théorie, on établit le fait héréditaire de la manière
suivante :

« Le croît qui résulte de l'alliance du mâle et de la
femelle représente toujours, comme caractère fondamental, la moitié du père et la moitié de la mère.

« Soit donc un étalon de pur sang = 1, marié à une
poulinière bien choisie, forte, mais de race commune = 0,
il naîtra un produit moyen, une individualité enfin = 0,50
ou demi-sang.

« Ce premier métis, quant aux **formes extérieures**,
ressemblera plus ou moins à l'un ou à l'autre de ses
auteurs, selon que le père ou la mère **aura** exercé dans
l'acte générateur une action tout individuelle, mais plus
ou moins marquée. Il aura plus de gros et de commun, il
sera plus lourd s'il rappelle la souche maternelle; il se
montrera grêle et mince, il aura plus de distinction si
l'influence du père a été trop vive et trop prompte.

« Dans ce dernier cas, le produit mâle devrait être
complètement écarté de la reproduction; son alliance ne
serait utile ni avec une autre jument indigène, ni avec
une femelle issue d'un mariage semblable.

« La pouliche, au contraire, devrait servir à un second
accouplement, mais il ne faudrait pas la livrer à un étalon
de pur sang. Elle devrait être alliée, soit à un étalon bien
doué de la race mère, soit à un mâle issu comme elle du
métissage, et dont le degré du sang pourrait varier,
suivant qu'il se montrerait sous une forme plus corpu-
lente et plus régulière. Ce pourrait donc être un quart de
sang, ou un demi-sang, ou un trois quarts de sang. Ce
nouveau mariage entre métis ajouterait à la dose de sang
déjà acquise, tout en favorisant le développement physique,
tout en poussant au gros des systèmes osseux et tendi-
neux, au volume des masses charnues, toutes qualités
essentielles et de premier ordre chez des chevaux de

service. Dans le cas où cette pouliche rappellerait **trop**
complètement la mère par le commun et l'arrangement
des formes, il y aurait convenance à la donner à un étalon
de trois quarts de sang, et à faire venir après celui-ci un
reproducteur demi-sang seulement, bien choisi et capable
à tous égards. On s'attarderait trop si l'on revenait à un
mâle de la race indigène ; mais on brusquerait trop, selon
toute apparence, en revenant immédiatement à un étalon
de pur sang.

« Voilà le système. On le comprendra mieux, peut-être,
ajoute l'auteur, si nous le traduisons en chiffres pour les
diverses hypothèses qui précèdent, en ne nous occupant
d'abord que des productions femelles.

« Opérant, comme nous venons de le dire, sur une
poulinière née d'une première alliance avec le pur sang
= 0,50 ou demi-sang, on obtiendra :

Avec l'étalon indigène, un produit......... = 0,25
Avec un étalon de 1/4 sang, un produit..... = 0,375
Avec un étalon de 1/2 sang, un produit..... = 0,50
Avec un étalon de 3/4 sang, un produit..... = 0,625

« Devenant à son tour producteur, chacun de ces métis,
supposé mâle, donnerait, par son alliance avec des
femelles sorties de générations parallèles, des résultats
plus imprégnés du sang ou des caractères de la race du
père, et non moins étoffés ou corpulents que les animaux
de la ligne maternelle ; il assurerait, à la longue et par une
gradation convenablement ménagée, le mélange intime,
la combinaison la plus heureuse des éléments qu'on
s'était promis d'amalgamer, savoir : le principe supérieur
du sang, source de la force, de la noblesse, de l'activité
vitale, puis l'ampleur des formes, la taille et le gros qui
résultent de la conformation de la mère et dont il faut
chercher la cause dans les influences du climat, dans la
fécondité du sol et dans les forces de l'alimentation. En
allant de l'une à l'autre, suivant qu'on trouverait avantage
à faire dominer celui-ci ou celui-là, à revenir au principe
du sang pour le fortifier, ou bien à l'addition de la matière

pour empêcher que l'autre soit en excès, on graviterait toujours autour d'un point qui ne s'éloignerait pas beaucoup du terme moyen, du demi-sang, quand il s'agirait d'obtenir des chevaux d'attelage élégants, vites et forts ; on irait chercher moins loin dans le sang pour la production de moteurs dont l'emploi réclamerait plus de masse que de légèreté, plus de commun et de force musculaire que de distinction et de rapidité ; on resterait alors vers le quart de sang. Mais on avancerait davantage lorsqu'on voudrait, chez les métis, plus de grâce et d'énergie, plus de force et moins de corpulence, quand on travaillerait en vue d'une race plus apte au service de la selle qu'aux exigences du trait rapide, et l'on pousserait jusqu'aux trois quarts de sang, qu'il ne faudrait pas beaucoup dépasser. En avant de ce terme, en effet, on arrive trop près du sang, et l'on s'expose à en avoir les inconvénients sans les avantages. C'est à ce mauvais résultat que mène le croisement ; c'est par le métissage qu'on l'évite.

« Ainsi réduite à sa plus simple explication, à sa formule la plus intelligible, la théorie de la formation des races moyennes ne présente plus aucune difficulté, aucune obscurité, voulions-nous dire, et la pratique, éclairée dans ses actes, sait où elle tend et où elle va. »

On jugera peut-être que l'auteur se flatte un peu dans l'appréciation de l'exposé de ses conceptions. Quant à nous, nous nous estimons heureux de n'avoir point à enseigner des idées dont le caractère complètement chimérique n'a sans doute pas besoin d'être démontré ici, après l'étude que nous avons faite des lois de l'hérédité. En fût-il autrement que la valeur économique d'opérations si compliquées pour arriver au but indiqué ne laisserait aucune hésitation sur leurs avantages pratiques. En raison toutefois de l'importance qui leur est accordée, nous ne pouvions pas les négliger.

Elles ont pris encore une autre forme qu'il nous faut aussi signaler, et qui cette fois s'est traduite par des expressions mieux définies. Là, d'ailleurs, il ne s'agit pas expressément de créer le cheval chimérique qui doit infuser le pur sang dans les veines de toutes les anciennes races. La visée est plus générale. Il s'agit du procédé de création infaillible des types spécifiques nouveaux quelconques. Ce procédé consiste à accoupler ensemble un individu demi-sang ou premier métis et un individu trois quarts sang ou deuxième métis. Le produit est alors, dit-on, trois huitièmes sang de l'un et cinq huitièmes sang de l'autre, soit 1/2 de 2/4 + 1/4 d'une part, et de l'autre 1/2 de 2/4 + 3/4. Ce produit, accouplé ensuite avec son semblable, se fixe ainsi avec ses caractères propres et intermédiaires entre ceux de ses premiers ascendants. C'est ainsi qu'auraient été formées, notamment, la race des chabins et celle des léporides dont nous avons pu invoquer les exemples pour trouver les meilleures preuves expérimentales en faveur de la loi de reversion.

Le procédé de métissage, on le voit, est beaucoup moins compliqué que le précédent. Il obéit à des règles fixes, bien déterminées, laissant moins de place à l'appréciation. Malheureusement, il n'a pour lui, comme l'autre, que des affirmations dogmatiques obstinées, et point de faits qui puissent résister au moindre examen attentif et quelque peu compétent. Les 3/8 et les 5/8 attestent, comme tous les autres métis se reproduisant entre eux, la variation désordonnée, et pas autre chose.

Il est donc impossible de trouver dans le métissage à un degré quelconque une méthode pratique de reproduction, une méthode offrant les garanties industrielles que les conditions économiques de toute industrie imposent, une méthode dont les résultats puissent être prévus et calculés. Il n'y a, dans la pratique, qu'un seul cas, dont nous allons parler, qui oblige à mettre le métissage en œuvre, c'est-à-dire à se servir des reproducteurs mâles métis. Dans tous les autres, on ne citerait aucun de ces reproducteurs qui, au point de vue de ses qualités zootechniques, pour lesquelles il est préconisé, ne puisse être avantageusement remplacé par des sujets purs de la race des mères avec lesquelles il s'agit de l'accoupler.

Le cas de l'application nécessaire de la méthode du métissage est celui de l'existence d'une nombreuse population métisse, constituée depuis longtemps, embrassant tout une région et s'y reproduisant en cet état de variation désordonnée qui est la conséquence même de sa qualité. Il s'agirait de ramener, dans ces populations, l'uniformité, ce qui n'est possible qu'à la condition de les faire retourner à l'un ou à l'autre des types naturels qui ont contribué à leur formation. C'est ce qui est possible par une combinaison de la sélection zoologique et zootechnique tout à la fois avec le métissage, et sans intervention, par conséquent, de reproducteurs étrangers à la population ; en d'autres termes, par le fonctionnement naturel de la loi de reversion dans un sens déterminé, au lieu de son fonctionnement en variation désordonnée.

Il suffira, pour y arriver sûrement, de faire invariablement choix, à chaque génération, des individus mâle et femelle qui s'éloignent le moins du type à restaurer ou s'en rapprochent le plus. Au bout d'un certain nombre de générations, impossible à déterminer d'une manière précise, les phénomènes d'atavisme en faveur de la souche opposée seront devenus assez rares pour être considérés comme tout à fait exceptionnels. En tout cas, l'élimination persévérante des individus présentant, dans leurs caractères morphologiques, des traces de cette souche, aura pour effet certain d'établir solidement dans la population l'uniformité, la constance de type qui lui manque actuellement, ainsi que nous l'avons fait voir à propos de l'étude de la loi de reversion.

La méthode est praticable de la même façon sur tous les groupes de métis quelconques. C'est elle qui, d'ailleurs, pratiquée selon le mode en question, se cache sous les combinaisons obscures et compliquées dont nous avons exposé la singulière théorie; car la recommandation expresse de recourir à la sélection des reproducteurs après avoir réalisé, par le croisement, ces métis de tant de degrés divers dont il a été parlé, n'est pas autre que celle qui doit avoir pour objet de faire prédominer finalement les caractères essentiels du type croisant paternel. Seulement la réalité est qu'en ce cas c'est une race existante qui se rétablit après avoir été troublée; la chimère, que c'est une race, ou plutôt un type spécifique de race nouvelle qui s'obtient ainsi.

Il est à peine besoin d'ajouter que l'efficacité de la méthode dont l'application a pour but de diriger le fonctionnement de la loi de reversion dans le sens unilatéral est puissamment secondée par l'intervention de la consanguinité, jointe à celle de la sélection zoologique et zootechnique. Il suffit de se rappeler l'influence qu'elle exerce sur la puissance héréditaire, dont elle fait converger tous les éléments, pour comprendre son action.

On voit en définitive que le métissage met en œuvre à la fois toutes les lois naturelles de l'hérédité, qui toutes ont un rôle à jouer dans sa pratique et doivent ainsi être l'objet de l'attention de l'éleveur. Et il suffit de le constater pour être autorisé à conclure pratiquement que c'est à pour lui une condition d'infériorité incontestable sur toutes les autres méthodes. Plus sont nombreux et étendus les éléments d'une opération industrielle, plus les conditions de réussite de cette opération sont difficiles à réaliser. Il ne passera jamais pour sage de se créer de propos délibéré des difficultés. Les entreprises les plus simples sont toujours les meilleures, parce que ce sont celles dont le succès est le plus facile à obtenir, dont la pratique exige la réunion du moins grand nombre de qualités personnelles de la part de l'entrepreneur. C'est pourquoi la méthode de métissage doit être réservée exclusivement pour le cas que nous venons de voir, et dans lequel il n'est pas loisible de lui en préférer une autre moins difficile et moins compliquée.

CHAPITRE V

MÉTHODES DE GYMNASTIQUE FONCTIONNELLE

Définition. — Nous appelons gymnastique fonctionnelle l'exercice méthodique, ou réglé dans un sens déterminé, de toute fonction physiologique quelconque. C'est
la coordination voulue des actions de milieu, selon la
connaissance que nous avons de leurs modes divers, des
modifications qu'elles impriment aux groupements nor-
maux des éléments anatomiques ou à l'intensité de leurs
fonctions, qui constitue les méthodes de gymnastique
fonctionnelle, fondées, comme celles de reproduction,
sur les lois naturelles des êtres vivants.

Objet des méthodes. — Déterminer l'objet des
méthodes que nous avons à étudier dans ce chapitre, ce
sera fixer exactement les limites de la gymnastique fonctionnelle. Nous venons de dire qu'elle consiste dans les
modifications imprimées par les actions de milieu, soit
aux groupements des éléments anatomiques, soit à
l'intensité du fonctionnement de ces éléments. Nous
avons vu que, d'après leurs lois naturelles, ces groupements et ce fonctionnement ont des positions d'équilibre
autour desquelles ils oscillent sans en pouvoir jamais
changer. Leurs oscillations s'amplifient ou se restreignent; ils s'éloignent plus ou moins de leur position
d'équilibre stable; mais jamais encore il n'est arrivé de
constater, aussi loin qu'on puisse remonter le cours des
siècles, la production d'un nouvel état d'équilibre de ce
genre, constituant ce que nous nommons une espèce
organisée et ce que nous avons défini sous ce nom. Quel
que puisse être l'écart de l'oscillation, celle-ci s'inscrit
toujours dans la même figure.

La gymnastique fonctionnelle peut donc augmenter ou diminuer le nombre de chacun des éléments anatomiques de l'espèce, en augmentant ou en diminuant l'activité de leur fonctionnement, et par conséquent leur propre reproduction ; elle ne peut rien sur le déterminisme d'après lequel ils se groupent pour constituer chacun des organes auxquels ils donnent une forme propre. Le volume varie ; la forme, non. Dans un os, il y a plus ou moins d'ostéoplastes, plus ou moins de canalicules ; dans un muscle strié, plus ou moins de fibrilles élémentaires, plus ou moins de sarcolemme. Chez l'animal d'une espèce quelconque, ni le nombre ni la forme des os vrais, ni l'aspect des ostéoplastes et des canalicules qui les constituent, ni le nombre ni la forme des muscles, non plus que l'aspect de leurs fibrilles constituantes, ne subissent normalement aucune modification.

Cela revient à dire que la puissance de la gymnastique fonctionnelle se limite aux activités physiologiques de l'organisme vivant, qu'elle étend plus ou moins, selon sa mesure propre. En conséquence, les méthodes auxquelles elle sert de point d'appui ne sauraient avoir d'autre objet que de développer ces activités dans le sens de notre plus grande utilité, ou autrement dit que de réaliser chez les individus soumis à ces méthodes ce que nous avons appelé des améliorations.

En propres termes, seules elles créent réellement ces améliorations, que les méthodes de reproduction transmettent ensuite au degré atteint sous leur influence. En l'absence de la gymnastique fonctionnelle, directe ou indirecte, consciente ou inconsciente, les méthodes de reproduction ne pourraient que maintenir, que conserver les qualités naturelles. La sélection la plus attentive, la plus scrupuleuse, ne peut même atteindre un tel but qu'à la condition du maintien d'une gymnastique fonctionnelle en quelque sorte normale, empêchant les individus de se dégrader. Dans les populations transportées de leur milieu naturel dans un milieu inférieur, elle est radicalement impuissante pour arrêter leur dégradation ; elle la retarde sans doute, mais là se borne son pouvoir. De

même il suffit, inversement, du passage dans un milieu
supérieur ou d'une amélioration du système de culture
pour voir se développer les aptitudes productives de la
population animale, sans aucune intervention de la sélection des reproducteurs.

L'objet des méthodes de gymnastique fonctionnelle se
trouve ainsi bien défini. Quand on les considère isolément et indépendamment des méthodes de reproduction,
cet objet ne dépasse pas l'individu dont il s'agit de
développer l'aptitude ou les aptitudes productives ou
fonctions économiques. Il y a des cas, dans la pratique,
où c'est en même temps le but, d'autres dans lesquels
ce n'est qu'un des moyens d'y arriver. Les premiers sont
ceux des industries zootechniques consistant à exploiter
des jeunes individus durant leur période de croissance,
sans s'occuper d'ailleurs de les produire ; les seconds
concernent la reproduction améliorée des variétés.

Dans ces derniers cas, les méthodes en question fournissent nécessairement le point de départ de l'opération,
et l'efficacité de leur application est expérimentalement
constatée par l'histoire entière du bétail anglais. Elles
améliorent les individus dont il est ensuite possible de
faire des reproducteurs, et qui transmettent à leur descendance les améliorations réalisées sous leur influence

Les éleveurs qui, en Angleterre, se sont les premiers
occupés à créer la variété des chevaux de course n'ont
pas procédé autrement. Bakewel, au siècle dernier, ses
émules et ses successeurs, les frères Colling, John Ellman,
Richard Goord, Jonas Webb, ont fait de même. Tout en
se conformant strictement à la loi des semblables dans
la reproduction, puisqu'il est bien connu qu'ils sont al-
lés à cet égard jusqu'à la consanguinité, ils n'en ont
pas moins réalisé les perfectionnements si considérables
que nous voyons et que la méthode exclurait, dit-on. Ils
les ont réalisés parce que, préalablement à son emploi
et concurremment avec elle, l'une de celles dont il s'agit
ici avait été mise en œuvre.

On peut donc dire sans exagération, et en se fondant
sur la nature même des choses, que dans la hiérarchie

des moyens de perfectionnement ou de progrès zootechnique, les méthodes de gymnastique fonctionnelle, par
leur objet propre, occupent le premier rang. Leur importance prime celle de toutes les autres. Par leur applica-
cation seule, toutes les améliorations que comporte la
production animale sont réalisées. En son absence, il
n'y en a aucune de possible, dans le sens exact du mot.

Quels que soient le mérite et la valeur des animaux
reproducteurs, ceux-ci ne peuvent, d'après les lois connues de l'hérédité, que transmettre à leur descendance
ce qu'ils possèdent eux-mêmes. La transmission est en
soi précaire, en ce qui concerne du moins les qualités
non spécifiques ; celles-ci ne se manifestent et ne se
maintiennent qu'à la condition de rencontrer les circonstances nécessaires à leur développement. C'est par la
gymnastique fonctionnelle, sous l'un ou l'autre de ses
modes, que ces reproducteurs sont seulement améliorés
ou perfectionnés, que par conséquent le but du progrès
zootechnique en ce sens est atteint, par le développement à un degré plus élevé de leurs aptitudes productives. Sans elle, ces aptitudes restent tout au plus sta-
tionnaires, puisqu'elles sont sous son étroite dépendance.

L'objet le plus urgent de la zootechnie est évidemment,
d'après cela, le perfectionnement des méthodes dont nous
nous occupons en ce moment, perfectionnement auquel
doivent concourir toutes les ressources de la science
physiologique, et notamment celles qui concernent les
fonctions de nutrition.

La hiérarchie établie ici entre les diverses méthodes de
perfectionnement de la production animale caractérise de
la manière la plus nette et la plus précise notre doctrine
zootechnique, considérée en général.

Nos devanciers et encore bon nombre de nos contemporains ont donné et donnent le pas aux méthodes de
reproduction sur tout le reste. Les plus avancés consen-
tent seulement à accorder une égale importance aux deux
ordres de considérations dont il s'agit. Ils mettent sur la
même ligne le choix des reproducteurs et l'ensemble des
actions coordonnées qui appartiennent à ce que nous

avons nommé la gymnastique fonctionnelle. La caractéristique de notre doctrine se tire principalement de ce
que nous donnons au contraire la prépondérance la plus
marquée, théoriquement et pratiquement, à ces actions.
Nous la leur donnons non seulement parce qu'elles sont
toujours et partout applicables à tous les cas, parce
qu'elles ne se séparent d'aucun des modes d'exploitation
des animaux, parce qu'elles sont la source indispensable
de tous les profits zootechniques, mais encore parce que
sans elles les méthodes de reproduction sont frappées
d'une impuissance économique radicale.

C'est dire avec quelle attention les méthodes de gymnastique fonctionnelle, dont il n'était même pas fait mention
dans les ouvrages les plus récents, doivent être étudiées,
avec quel soin leur théorie doit être faite, afin d'en faciliter l'application pratique. Les conditions déterminantes
ou le déterminisme des phénomènes du perfectionnement des aptitudes des animaux étant bien connus, rien
ne sera plus facile que de le réaliser en se plaçant dans
ces conditions. Cela évitera les tâtonnements, les fausses
manœuvres de l'empirisme, qui font perdre beaucoup de
temps, lorsque le but lui-même n'est pas manqué.

Théorie physiologique. — Il n'est plus guère possible maintenant de se refuser à reconnaître que les phénomènes de nutrition ne sont pas autre chose que des
phénomènes de mouvement moléculaire, dans l'accomplissement desquels le système nerveux joue le rôle de
régulateur. Toutes les actions nutritives s'accompagnent
d'une accumulation d'énergie ou d'un dégagement de
chaleur sensible, dont les intensités sont calculables, soit
sous forme de travail mécanique, soit en tant que chaleur,
en modes de kilogrammètres ou de calories.

Sous les deux formes, la plus forte somme répond
toujours à un plus grand échange d'éléments nutritifs,
c'est-à-dire des principes immédiats et des sels ou des
matériaux dont les tissus vivants et les humeurs ou
fluides organiques sont composés. Or, qui dit échange
dit mouvement ou déplacement de substance. Vie, activité, mouvement, sont des termes corrélatifs.

Nous savons que la source générale de l'activité vitale est extérieure aux êtres vivants. Nous savons que c'est la source commune de la chaleur, dont la quantité totale est déterminée comme l'est celle de la matière elle-même. Cette source nous étant connue, ainsi que la plupart des formes sous lesquelles les divers modes de mouvement moléculaire qu'elle alimente se présentent à nous, il nous est loisible d'en faire varier à volonté les apports à l'économie animale, par des artifices que la physiologie nous enseigne. Elle nous fournit des moyens d'activer à la fois ou séparément la production des kilogrammètres ou dépense en énergie, et la recette en énergie. Toute action moléculaire de l'organisme, en effet, dégage ou absorbe de l'énergie. Pour l'être organisé comme pour tous les corps de l'univers, l'absence de l'un ou de l'autre de ces phénomènes serait le repos absolu, qui n'existe pas autrement qu'à l'état de pure conception de l'esprit, de pure notion métaphysique. La mort elle-même ne fait que changer le sens des actions en question; elle ne les supprime point.

Chez l'être vivant animal, qui seul doit nous occuper ici, les actions moléculaires sont réglées, avons-nous dit, par le système nerveux. Ce qui caractérise cet être, précisément, et le distingue des corps bruts dont il n'est qu'un agrégat, c'est qu'il obéit dans son fonctionnement total à une loi dominante de coordination. En vertu de cette loi, tous ses systèmes organiques sont dépendants plus ou moins les uns des autres, suivant une hiérarchie déterminée, dans laquelle il est toutefois difficile d'assigner leur place respective aux deux systèmes sanguin et nerveux. Le second paraît autant dépendre du premier que celui-ci du second. Le développement embryonnaire du système nerveux central devance quelque peu celui du système cardiaque; mais lorsque l'individu commence sa vie propre, ils entrent en jeu au même moment, lorsque l'oxigène atmosphérique apporte au sang ce que l'on peut nommer l'étincelle qui allume le foyer de la vie. A partir de ce moment, nul trouble de l'un qui ne retentisse immédiatement sur l'autre, et par là sur l'économie tout entière, puisque c'est par l'intermédiaire du sang qu'elle reçoit, avec ses matériaux de construction, son énergie, c'est-à-dire la source immédiate de sa propre activité

C'est donc par le sang ou par le système nerveux, et pour mieux dire par les deux à la fois, que nous pouvons agir directement sur les actions vitales, que nous pouvons en diminuer ou en augmenter l'intensité, que nous pouvons, en un mot, les régler selon notre désir, dans la mesure, bien entendu, des limites du fonctionnement normal des deux systèmes organiques dont il s'agit. En substituant, par l'obéissance obtenue ou imposée, dans le centre cérébral de l'animal notre volonté à la sienne propre, il en transmet les ordres à ses organes, qui les exécutent à notre gré et non au sien. En provoquant, par des artifices méthodiques, la manifestation des actions réflexes de ses systèmes nerveux, nous obtenons un fonctionnement plus intense des organes qu'ils animent, et par là un accroissement des échanges moléculaires qui s'effectuent dans leur intérieur.

Ces actions répondent bien, on en conviendra, à l'idée que fait naître dans tous les esprits éclairés le terme de gymnastique dont nous nous sommes servi pour les désigner, et qui est l'idée de mouvement. En outre, cette gymnastique peut bien être justement qualifiée de fonctionnelle, puisqu'elle embrasse toutes les fonctions.

Comme la gymnastique antique, en effet, qui en apparence ne concernait que les mouvements musculaires, mais en réalité s'étendait par voie de conséquence à tout l'organisme, elle a pour objet de régler les mouvements moléculaires ou intimes des organes, dont leurs fonctions dépendent. Elle n'en est, finalement, qu'une extension scientifique, telle que l'état de nos connaissances nous permet de la concevoir. Envisagés scientifiquement, ses résultats ne diffèrent pas plus que son mode fondamental. Il s'agit toujours de développer l'organe, quel qu'il soit, d'augmenter sa puissance, en activant méthodiquement sa fonction.

L'expérience et l'observation montrent que les nerfs centrifuges ne conduisent pas seulement aux muscles des excitations motrices volontaires ou réflexes. Les excitations qu'ils transmettent, en même temps ou isolément, aux tissus non contractiles, agissent aussi sur les mouvements moléculaires. C'est ce qu'on appelle en physiologie l'action trophique des nerfs. Ceux-ci sont-ils altérés dans leur substance par les lésions que l'histologie moderne nous a si bien fait connaître et qui interrompent leur conductibilité, ou bien sont-ils coupés expérimentalement de manière à ce qu'elle ne puisse plus se rétablir, aussi bien dans les tissus non contractiles que dans les muscles, les échanges moléculaires n'ont plus lieu, les éléments anatomiques ne se nourrissent plus : ils périclitent et meurent à proprement parler ; et selon les conditions de milieu, leurs cadavres se momifient ou se putréfient, donnant lieu à ce qu'on nomme vulgairement atrophie dans le premier cas, gangrène dans le second.

Ce sont les conséquences extrêmes du trouble des excitations trophiques conduites par les nerfs. Si l'interruption n'est que partielle ou la conduction que ralentie, l'atrophie se limite à des degrés moins avancés. Il y a des cas, fournis par l'observation pathologique, dans lesquels on constate que cette atrophie est indépendante de la motilité dans les muscles. Ceux-ci, tout en n'étant point paralysés, diminuent progressivement de volume ; leurs éléments subissent peu à peu la régression et finissent par disparaître. Cela tient à l'altération de certaines parties de la moelle épinière, qui paraissent être des centres trophiques, et qui ne peuvent plus élaborer les excitations qu'elles envoient normalement aux organes, par l'intermédiaire des fibres nerveuses radicales émergeantes.

Lorsque les interruptions ne sont que partielles ou momentanées, dues à des altérations passagères du centre excitateur ou de la conductibilité du nerf, des mouvements mécaniques artificiels imposés au muscle ou des excitations électriques suffisent pour prévenir l'atrophie. Tout une thérapeutique est fondée sur cette notion.

De tels faits, acquis à la science à la fois par la physiologie expérimentale et par la physiologie pathologique, ne permettent pas de douter que si les actions trophiques normales sont ainsi troublées et amoindries dans leur élaboration ou leur conduction, elles peuvent de même être accrues, dans une certaine mesure, par des excitations répétées de leur centre. Sous l'influence de ces excitations persistantes, elles acquièrent une sorte de vitesse constante plus grande, qui caractérise à cet égard l'individu, qui est devenue une de ses aptitudes, et qui par la vitesse acquise, en quelque sorte, peut se transmettre à sa descendance par voie héréditaire.

C'est d'ailleurs ce que l'expérience démontre. Quelle que soit l'explication du phénomène, il est constant. L'hérédité des aptitudes spéciales des chevaux de course, par exemple, ne fait doute pour personne, pas plus que celle de l'aptitude à accumuler les éléments nutritifs, qui appartient à un grand nombre d'animaux comestibles.

Qu'à l'excitation plus grande des vaso-moteurs, ayant pour conséquence de faciliter la circulation et de faire passer, dans l'unité de temps, une plus forte quantité de fluide sanguin par les tissus, se joigne aussi une richesse plus grande de ces éléments nutritifs fournis au sang, alors il arrivera de deux choses l'une : ou bien, si l'excitation trophique est activée, les échanges moléculaires seront plus intenses et plus répétés, les éléments anatomiques s'accroîtront plus rapidement et se multiplieront davantage, selon leur propre mode de génération, les organes qu'ils constituent acquerront à la fois plus de volume et plus de puissance, ils accumuleront plus d'énergie ou fourniront plus de produits ; ou, dans le cas d'une moindre activité de cette même excitation trophique, il y aura simplement dépôt ou accumulation des principes immédiats nutritifs, fournis en plus grande abondance.

Il semble donc clair que tous ces phénomènes, dont nous fournirons plus loin des exemples empruntés à la pratique séculaire, se rattachent directement à l'influence qu'exercent les divers systèmes nerveux sur les mouvements moléculaires que leur excitation provoque. La répétition provoquée de cette excitation a pour effet aussi de développer leur propre excitabilité, en créant pour eux l'habitude, dont chacun de nous a pu apprécier la puissance impérieuse sur ses propres organes, cette sorte de vitesse acquise que nous nommons l'entraînement, et à laquelle nous obéissons d'une manière le plus souvent inconsciente.

Cela est surtout vrai pour les excitations réflexes qui, dans la manifestation des phénomènes dont nous étudions la théorie, jouent le plus grand rôle. Les actions sécrétoires, par exemple, qui en dépendent exclusivement, subissent cette influence de l'entraînement d'une manière non douteuse. Il n'est guère possible d'expliquer autrement l'accroissement de puissance digestive acquis par certaines variétés animales nouvelles, sous l'influence de la méthode dont nous nous occupons. A une digestion plus active correspond nécessairement une production plus forte de sucs digestifs, une activité plus grande des éléments glandulaires. L'attaque des principes immédiats nutritifs présents dans l'estomac et dans l'intestin est en raison de la quantité de ces sucs produits dans l'unité de temps, comme toute réaction est proportionnelle au réactif.

Le cheval de course qui parcourt 6,000 mètres en 7 minutes et 10 secondes (vitesse moyenne de 14 mètres), en le supposant d'un poids de 500 kilog. et chargé d'un jockey de 50 kilog., produit un travail de 331,100 kilogrammètres ($550 \times 0,10 \times 14 \times 430$). C'est évidemment le maximum d'aptitude mécanique auquel puisse atteindre un cheval; et sur les hippodromes, les sujets capables de fournir de telles courses à une pareille vitesse sont devenus très-rares. Un cheval de première force, travaillant au pas, a besoin de plus d'une heure pour arriver au même résultat. Il faut pour cela une ration alimentaire contenant, à raison de 1,600,000 kilogrammètres par kilogramme, 0^k 207 de protéine alimentaire, correspondant à 1^k 725 d'avoine de qualité moyenne.

Pour que le cheval de course puisse ainsi déployer une telle somme de force dans le court espace de quelques minutes, il faut que son système nerveux ait acquis une rapidité, une instantanéité de transmission des ordres de la volonté aux muscles, et ceux-ci une excitabilité vraiment extraordinaires. C'est, du reste, en cela que consiste son aptitude spéciale ; c'est par là que, physiologiquement, il diffère des autres chevaux de sa race, dont la plupart sont capables de fournir la même quantité de travail, mais en y mettant plus de temps, ainsi que le prouvent les poursuites prolongées dont les tribus arabes ont été l'objet durant la guerre d'Algérie. Et, à part le régime alimentaire particulier, les pratiques méthodiques de l'entraînement des chevaux de course ont entre autres pour objet d'habituer progressivement leur système nerveux et leur système musculaire à cette conductibilité et à cette excitabilité instantanées, par la substitution de l'action réflexe à l'action consciente, comme c'est le cas aussi pour le doigté du pianiste exercé. Elles ont pour conséquence nécessaire une accélération correspondante des échanges moléculaires. C'est pourquoi le système musculaire atteint, chez ces chevaux, le maximum de développement.

Ce développement du système musculaire, sous l'influence du travail, est un fait de connaissance vulgaire. Tout le monde sait que les muscles du bras des forgerons, ceux des jambes des danseurs, ceux de tout le corps des gymnastes et des lutteurs, acquièrent un volume supérieur à la moyenne. C'est connu depuis l'antiquité grecque. Chez les Grecs, la gymnastique musculaire était, sous toutes les formes possibles, une institution publique. D'expériences que nous avons faites sur nous-même en 1872, il semblerait résulter que l'accroissement musculaire peut être mesuré en fonction du travail produit. En calculant ce travail et en mesurant, à heure fixe, la circonférence de la région musculaire considérée, qui est celle de la partie la plus volumineuse du bras, nous avons tracé la courbe du phénomène, en prenant pour abcisses les millimètres d'accroissement et pour ordonnées les kilogrammètres. Nous avons constaté que, pour le cas particulier, chaque millimètre correspondait à un nombre sensiblement égal de kilogrammètres. Le travail consistait à élever, à une hauteur connue, un poids également connu, un nombre de fois déterminé dans un temps connu (1).

Il est à peine besoin d'insister sur ce sujet, qui ne peut pas rencontrer de contradiction. Personne ne conteste l'action de la gymnastique musculaire. Aussi est-ce seulement de la théorie physiologique de cette action qu'il peut être ici question. Après ce qui vient d'être dit, son interprétation ne présente guère de difficulté, quand on songe à la connaissance que nous avons de la source de l'énergie musculaire. Celle-ci se dégage sous l'influence des échanges moléculaires ou nutritifs. Plus la dépense en est forte, plus la réparation doit l'être à son tour; et si les éléments anatomiques qui sont le siége de ces échanges trouvent dans le plasma sanguin avec lequel ils sont en contact, qui forme ce que Claude Bernard a nommé le milieu intérieur, des matériaux nutritifs en quantité plus que suffisante pour couvrir la dépense, il est tout naturel que, vivant plus activement, ils s'accroissent et se reproduisent davantage.

Ce qui est vrai ainsi et facilement compréhensible pour l'ensemble du système dont le fonctionnement est surexcité ne peut pas l'être moins pour l'une quelconque de ses parties considérée en particulier. Le muscle ou les muscles qui fonctionnent le plus se développent davantage. Ils acquièrent la prépondérance sur ceux qui fonctionnent moins. Nous avons rappelé plus haut que c'est le cas pour les muscles du bras des ouvriers qui manient le marteau, pour ceux des régions crurales et jambière des danseurs, etc.

C'est de même le cas aussi pour d'autres organes d'une contexture et d'un fonctionnement différents, parmi lequels nous citerons seulement la mamelle, dont le

(1) Voyez, en outre :

A. CHASSAGNE et E. DALLY, *Influence précise de la gymnastique sur le développement de la poitrine, des muscles et de la force de l'homme.* Paris, J. Dumaine, 1881. — MAREY, *Expériences sur la respiration des soldats entraînés à la course.* — *Comptes-rendus,* t. XCI, p. 145.

processus de développement, sous l'influence de son
exercice ou de sa gymnastique, complétera la théorie
que nous avons voulu faire, en vue des applications
pratiques des méthodes que nous étudions.

On sait que certaines races et certaines variétés de
race manifestent une aptitude laitière supérieure à ce
qui est nécessaire pour les besoins naturels, qui sont
ceux de l'alimentation du fruit que la femelle a porté. On
a la preuve que cette supériorité d'aptitude n'est point
inhérente à la race même, en considérant qu'une ou
plusieurs de ses variétés ne la présentent pas, tandis
qu'elle a atteint son plus haut degré possible chez les
autres. Dans la même variété, il y a aussi des différences
on ne peut plus tranchées entre les familles.

De nombreux faits de lactation observés chez des femelles non fécondées prouvent que les mamelles peuvent
entrer en fonction sous des influences purement extérieures. Laho et Courtoy (1) en ont publié en détail un
relatif à une génisse hollandaise, que nous avons pu voir
nous-même à l'École vétérinaire de Bruxelles. Cette génisse, âgée de onze mois quand les auteurs ont fait connaître son cas, était haute de 1 mètre et pesait 140 kilogr.
Ses mamelles avaient un fort diamètre et donnaient
un peu plus de quatre litres de lait par jour. Elle prove-
nait des environs de Gand. L'enquête a appris qu'elle
avait toute jeune contracté l'habitude de se téter, et que,
sous l'influence de la succion habituelle, ses mamelles
s'étaient développées et donnaient du lait dès l'âge de
deux mois. A six mois on avait commencé à la traire régulièrement.

La gymnastique des mamelles, ainsi que celle des muscles et de tous les autres organes ou éléments anatomiques, agit immédiatement sur l'excitabilité nerveuse,
ganglionnaire ou cérébro-spinale, qui se transmet ensuite
aux éléments dont elle commande l'activité.

D'où la conclusion finale que la théorie physiologique
de la gymnastique fonctionnelle se réduit, en dernière

(1) *Annales de médecine vétérinaire*, mars 1876.

analyse, au fait simple de l'accroissement progressif de cette excitabilité, par l'entraînement de l'habitude, qui ne paraît pas être autre chose qu'une accélération de mouvement dans un sens déterminé, sous l'influence de ce qu'on nomme en physique une force accélératrice constante.

Précocité. — L'un des phénomènes les plus remarquables, parmi ceux qui sont connus comme des effets physiologiques de la gymnastique fonctionnelle, a été réalisé empiriquement en Angleterre par Bakewel au siècle dernier. Les éleveurs français lui ont depuis longtemps donné le nom de précocité, les Allemands celui de *Frühreife* (maturité précoce), qui est en vérité plus expressif. La théorie n'en avait point été faite avant la publication du mémoire où nous avons exposé les résultats de nos propres recherches sur ce phénomène (1). C'est la substance de ce mémoire qui va être reproduite ici, en la complétant par les faits acquis à la science depuis sa publication.

Le terme allemand exprime bien exactement la caractéristique de ce que nous nommons la précocité. Les sujets précoces, en effet, sont ceux qui atteignent avant le temps normal leur maturité, ce qu'on appelle l'état adulte, ceux qui arrivent, dans un minimum de temps, à la taille qu'ils ne pourront plus dépasser. Le but industriel des entreprises de production animale étant de fabriquer, dans le moindre temps, la plus forte quantité possible de produits, on comprendra sans peine l'importance de l'étude des conditions déterminantes de la précocité, leur connaissance devant mettre à la disposition des éleveurs les moyens de la réaliser à volonté.

Longtemps elle a été considérée comme l'apanage exclusif et naturel de certaines races, et ainsi comme ne pouvant être acquise que par l'hérédité. Aujourd'hui, ceux-là seuls qui ne sont pas au courant de la science cu

(1) A. SANSON, *Mémoire sur la théorie du développement précoce des animaux domestiques* (Journal de l'anatomie et de la physiologie, de Ch. Robin, numéro de février 1872).

ne sont point capables de comprendre la valeur d'une démonstration scientifique persistent à cet égard dans leur erreur. La vérité est que, chez les variétés qui l'ont manifestée les premières, elle est due au génie de Bakewel et non point du tout à une aptitude naturelle de ces variétés. Dans les races auxquelles elles appartiennent, les plus grosses populations en sont encore présentement dénuées. Encore bien que nous ne connaîtrions point l'histoire des travaux de Bakewel et de son émule Charles Colling, cela suffirait pour attester qu'elle est chez elles un résultat artificiel, un résultat qui a été réalisé depuis de même sur d'autres, et dont le déterminisme nous est d'ailleurs connu. C'est ce déterminisme que nous avons à exposer ici, en définissant d'abord anatomiquement le phénomène.

Le fait fondamental et vraiment caractéristique de la précocité, c'est que tous les attributs propres aux animaux précoces découlent physiologiquement de la soudure hâtive des épiphyses de leurs os longs, par conséquent du prompt achèvement de leur squelette. La constitution de leur système musculaire, ses propriétés organoleptiques de couleur, de saveur, etc., ne diffèrent point de celles qu'on observe chez les autres animaux dont le squelette est arrivé au même degré de développement, mais d'un âge plus avancé. Ils ne diffèrent donc, dans leur état anatomique apparent, que par une maturité hâtive, par une maturité qui a devancé le temps normal de son apparition. Les volumes relatifs des diverses parties de l'organisme, les formes de quelques-unes peuvent présenter des différences que nous indiquerons, mais qui sont indépendantes du phénomène même de la précocité, lequel sera mieux défini par l'exposé complet du mécanisme de sa production.

Il est bien connu que chez les vertébrés mammifères les épiphyses des os longs restent distinctes de leur diaphyse durant un certain temps de la vie, par la persistance des cartilages de conjugaison qui unissent les parties de ces os. On sait que ces cartilages ne sont partout envahis par les éléments osseux qu'au moment où s'effectue la sortie normale de la dernière dent permanente, alors que la croissance du squelette s'achève, et que par consé-quent la taille de l'individu ne peut plus augmenter.

Le moment où se produit ainsi la soudure des dernières épiphyses et où arrive véritablement l'âge adulte, l'âge de maturité anatomique, varie normalement selon les genres d'animaux; mais pour un seul et même genre, il est à peu près constant. L'ordre d'après lequel ces épi-physes sont successivement soudées a été depuis long-temps déterminé chez l'homme. Il est invariable. Pour les animaux, on n'en trouve l'indication dans aucun traité d'anatomie, pas même dans ceux dont la publi-cation en France est postérieure à la date de mes pre-miers travaux sur ce sujet. Elle sera donnée tout à l'heure.

On sait aussi qu'il existe une relation nécessaire entre l'ordre de succession des soudures d'épiphyses et l'évo-lution de la dentition permanente. Pour les genres d'ani-maux qui nous intéressent, cette relation a été indiquée par nous. Chez ces animaux, dans l'état le plus commun de leur entretien, l'évolution des dents est complète et le squelette achevé, l'âge adulte est atteint par consé-quent à la fin de la cinquième année de la vie pour les Équidés et les Bovidés, à la fin de la quatrième pour les Ovidés et de la troisième pour les Suidés.

Tout animal de l'un quelconque de ces genres dont la dentition permanente a terminé son évolution complète avant la date ainsi marquée pour l'état considéré comme normal, doit donc être qualifié de précoce, puisque son développement se montre hâtif par rapport à cet état. Il est évident que sa jeunesse, que sa période de crois-sance a été plus courte. Et ainsi l'on voit que la préco-cité a un caractère extérieur certain, à l'aide duquel elle peut être facilement constatée et mesurée à ses degrés divers, d'une manière absolument à l'abri de toute con-testation, puisqu'elle se manisfeste ostensiblement aux mâchoires par l'apparition des dents permanentes, qui devance plus ou moins son temps normal.

Ce fait, corrélatif du développement hâtif ou précoce

du squelette, dont il n'est que la conséquence, se présente nécessairement dans tous les genres d'animaux domestiques. En ce qui concerne les Équidés, il a été contesté. L'observation très-superficielle de quelques chevaux de course a servi de base à la contestation. Ni la date exacte de la naissance de ces chevaux, ni le régime alimentaire auquel ils avaient été soumis en particulier, n'ont été recherchés. Sur ces points importants, on s'en est tenu à des suppositions. Une conclusion fondée sur une telle base ne peut donc avoir aucune valeur scientifique et ne saurait par conséquent être prise en considération.

En outre de ce qu'il n'y a point de raison physiologique pour que les Équidés échappent à la loi de corrélation, qui régit à cet égard tous les mammifères, les faits d'évolution hâtive du système dentaire sont chez eux tellement nombreux, on voit maintenant tant de jeunes chevaux chez lesquels les dernières dents permanentes se montrent dans le courant de la quatrième année de la vie, qu'il eût peut-être mieux valu passer sous silence la contestation dont il s'agit. L'auteur de cette contestation n'a pu, du reste, se dispenser de constater lui-même que la dentition des sujets observés par lui était en avancement sur le temps normal. On ne pourrait donc discuter que sur le degré d'avancement, qui varie selon les individus.

Des recherches directes et comparatives sur les squelettes d'animaux de même race arrivés au même âge, dont les uns avaient montré la précocité par l'évolution de leur système dentaire, et les autres non, nous ont permis de mettre en évidence le phénomène de la soudure hâtive des épiphyses. Ces recherches ont été exécutées sur des moutons mérinos, qui pouvaient le mieux, en raison de la manifestation incontestablement récente de la précocité dans leur race, donner au fait sa signification la plus nette. Les os longs du membre postérieur de deux sujets âgés également de quinze mois ont été comparés. Ils sont figurés avec d'autres dans le mémoire cité. Les uns appartenaient à un mérinos commun des environs de Chartres, les autres à un mérinos précoce du troupeau bien connu de M. le docteur Noblet.

Dans le fémur du mérinos commun, la coction a séparé toutes les épiphyses, sauf celle du petit trochanter. La diaphyse avait une longueur de 0m 16, et sa moindre circonférence était de 0m 06. Le volume total de l'os, avant que les épiphyses fussent séparées par la coction, était de 78cc, son poids de 99g 40, sa densité = 1,274.

Dans le fémur du mérinos précoce, la coction n'a pu séparer aucune des épiphyses; elles étaient toutes soudées par du tissu osseux. La diaphyse avait une longueur de 0m 13, et sa moindre circonférence n'était que de 0m 056. Le volume total était de 70cc, le poids de 93g 95, la densité = 1,342.

La comparaison de ces deux fémurs montre déjà qu'à l'âge de l'apparition des premières mitoyennes permanentes, chez les sujets précoces, toutes les épiphyses de l'os sont soudées, tandis qu'au même âge, chez les sujets communs, où ce sont les pinces seulement qui apparaissent alors, la soudure n'a encore atteint que le petit trochanter. La tête articulaire, le grand trochanter, la trochlée et les condyles demeurent pourvus de leur cartilage de conjugaison, et en conséquence la diaphyse peut encore s'accroître. En outre, cette comparaison montre que l'os dont les épiphyses sont soudées est plus dense que l'autre.

L'étude des autres pièces osseuses représentées dans le mémoire fournit les moyens de déterminer les moments des soudures et l'ordre de leur succession.

Sur le tibia d'un jeune métis southdown-berrichon du troupeau de M. de Béhague, l'épiphyse inférieure, non plus que les supérieures, n'était pas encore soudée à l'âge de dix à onze mois. Sur le fémur du même animal toutes les épiphyses sont libres, même celle du petit trochanter. Sur le tibia du mérinos précoce, âgé de quinze mois, les épiphyses supérieures ne sont pas encore soudées ; seule l'inférieure l'est, comme elle l'est aussi sur celui du mérinos commun du même âge. Cela montre que la soudure de cette épiphyse inférieure du tibia se produit entre dix et quinze mois d'âge, et qu'elle coïncide avec l'évolution des premières dents permanentes. Celle-ci, en effet, chez les sujets les plus précoces des espèces d'Ovidés, se fait dans le courant du onzième ou du douzième mois, tandis qu'elle n'a lieu que vers le quinzième chez les sujets communs.

Sur le tibia d'un mérinos précoce âgé de vingt mois, les épiphyses articulaires supérieures sont complètement soudées ; mais on constate encore un vide, après la coction, entre la tubérosité antérieure et la crête tibiale, ce qui montre que leur soudure a lieu à partir du quinzième mois, et qu'elle coïncide avec l'évolution des secondes mitoyennes permanentes. Elle est complète lorsque celles-ci sont entièrement sorties du maxillaire, ainsi que les molaires qui évoluent en même temps.

L'état des soudures du fémur chez les sujets précoces âgés de quinze mois ou plus, et chez les plus jeunes ou les communs, montre que dans cet os ce sont les épiphyses supérieures qui se soudent les premières. En effet, là où il n'y en a plus de séparables, c'est toujours la soudure des inférieures qui est la moins avancée, celle qui laisse toujours des vides extérieurs ou des traces les plus visibles, qui ne disparaissent complètement qu'au moment de l'évolution des dernières dents permanentes.

Il résulte de tout cela que l'ordre suivant peut être indiqué comme normal, quant à la succession des soudures d'épiphyses dans les os de la jambe et de la cuisse des animaux quadrupèdes :

1º Épiphyse inférieure du tibia ;
2º Épiphyse du petit trochanter ;
3º Épiphyse de la tête du fémur ;
4º Épiphyse du grand trochanter ;
5º Épiphyse condylienne ;
6º Épiphyse de la trochlée fémorale ;
7º Épiphyses articulaires supérieures du tibia ;
8º Enfin épiphyse de la tubérosité tibiale.

Il n'a point été fait de recherches du même genre au sujet du membre antérieur. On sait que chez l'homme

l'ordre est inverse entre le membre supérieur et l'inférieur. Il en est probablement ainsi chez les quadrupèdes. C'est ce qui sera à vérifier. En tout cas, le plus
important était de constater la corrélation entre l'évolution du système dentaire et celle du squelette, à cause
de la valeur du signe extérieur que fournit ce système
pour juger de l'état d'achèvement du dernier.

Le phénomène de la précocité de cet achèvement ne se
traduit pas seulement par les faits que nous venons
d'exposer. L'aspect extérieur des os qui ont ainsi subi le
développement hâtif fait voir déjà qu'ils ont des propriétés différentes de celles qui appartiennent aux os
communs. Nous avons vu d'ailleurs plus haut que leur
densité est plus forte. Leur aspect montre que leur tissu
est incomparablement plus compact, et sur une coupe
transversale cela s'accentue encore davantage. Ce tissu
a acquis la dureté de l'ivoire; il en a la texture serrée,
et il en prend facilement le poli et l'éclat brillant.

Ces différences physiques correspondent à des différences importantes dans la composition chimique, mais
non point dans la constitution histologique. Le professeur
Robin, qui a bien voulu examiner comparativement des
coupes d'os précoce, n'a rien trouvé de particulier, ni
dans la forme, ni dans la disposition des corpuscules et
des canalicules, qui pût être considéré comme caractéristique. Les analyses exécutées dans le laboratoire de
Henri Sainte-Claire Deville, à l'École normale supérieure,
ont donné les résultats suivants :

	Poids du fragment sec.	Poids des cendres.	Proportion des matières minérales. p. 100.	Proportion des matières organiques. p. 100.
Os précoce.........	4gr,06	2gr,75	67,7	32,3
Os commun........	2 ,515	0, 970	61,4	38,6

D'après les analyses de Bibra (t. I, p. 26), la composition moyenne des os de mouton adulte correspond à
69,62 p. 100 de matières minérales et à 30,38 de matières
organiques. On voit que dans notre cas l'os précoce
n'avait pas encore atteint cette composition moyenne, ce

qui ne surprendra pas si l'on songe que son évolution n'était pas encore terminée. Pour avoir la signification exacte de sa propre composition, il faut la comparer à celle de l'os commun de la même race et du même âge, et rapprocher en même temps les nombres représentant les densités respectives.

	Densité.	Proportion des matières minérales, p. 100.
Os précoce...............	1,342	67,7
Os commun...............	1,274	61,4
Différences...........	0,068	06,3

Il est curieux de constater que les différences entre les densités et les proportions de matières minérales sont sensiblement égales et nécessairement correspondantes. Le fait en lui-même établit qu'il s'agit bien, dans la précocité, d'une évolution accélérée du système osseux, d'une formation plus active de son tissu propre, et non pas seulement de la soudure plus prompte des épiphyses des os longs. L'aspect plus compacte, la plus forte densité, n'avait pas du reste échappé à l'observation des bouchers habitués à tuer des animaux précoces. Nous avons pu nous assurer que depuis longtemps ils s'étaient aperçus des différences analysées, aussi bien chez les Bovidés que chez les Ovidés. La plus forte densité des os des chevaux de course, et pour mieux dire des chevaux de race asiatique en général, a été aussi généralement signalée. Nos recherches précises n'ont donc apporté sur ce sujet qu'une confirmation du fait, dont la généralité est ainsi mise hors de doute.

Ces recherches ont aussi vérifié scientifiquement une autre observation non moins ancienne. Tous les éleveurs d'animaux comestibles précoces savent que, chez ces animaux, le squelette est proportionnellement moins volumineux que chez les animaux communs de la même race. « De là, écrivait Baudement (1) en 1861, une ossature

(1) *Observations sur les rapports qui existent entre le dévelop-*

légère, une tête fine et mince, comme le sont les côtes et toutes les parties dont le squelette forme la base; de là des membres courts et d'un petit diamètre dans leurs rayons inférieurs. On sait que les inégalités dans la taille d'individus de même espèce comparés entre eux résultent principalement des différences dans la longueur des membres, et que les individus de moindre stature ont souvent un corps plus long que celui d'individus plus grands. »

Le fait exprimé en ces termes est incontestable; mais il n'est pas la conséquence nécessaire de la précocité du développement du squelette, comme celui de l'accroissement de la densité des os. Il dépend d'une condition secondaire, comme nous allons le montrer.

Les mesures des diaphyses du fémur indiquées plus haut accusent en faveur du mérinos commun une différence de 3 centimètres en longueur et de 0^m 04 en circonférence. Le volume total du fémur commun était de 78^{cc}, celui du précoce de 70^{cc} seulement. C'est donc une différence de 8^{cc} en faveur du premier. La longueur de la diaphyse du tibia était de 20 centimètres chez le premier et de 16 chez le second. Les rapports 16 : 13 et 20 : 16, réduits à leur plus simple expression, donnent 5 : 4. Dans la race considérée, la précocité a donc diminué la longueur des os des membres dans la proportion de 20 p. 100, ou abaissé la taille d'un cinquième. C'est ce qui arrive, à de faibles différences près, pour tous les animaux comestibles.

Il n'en est nullement ainsi pour les chevaux de course. Les mesures prises par Saint-Bel sur le fameux *Éclipse*, et dont les expressions vont être données en les traduisant en nombres métriques, le prouvent suffisamment.

Le cheval extraordinaire ainsi nommé avait une taille de 1^m 65, mesurée au garrot; du sternum jusqu'au sol, 1^m 025. La largeur du jarret était de 0^m 20; son épaisseur

pement de la poitrine, la conformation et les aptitudes des races bovines. (Ann. du Cons. des arts et métiers, 1861).

de 0ᵐ 125 ; la largeur du genou, de 0ᵐ 125 ; celle du boulet
de 0ᵐ 10 ; celle du canon antérieur de 0ᵐ 068 ; l'épaisseur
des métacarpiens et métatarsiens, de 0ᵐ 043.

Comparativement aux dimensions du squelette des
chevaux orientaux, dont la taille moyenne ne dépasse
guère 1ᵐ 45, celle d'*Éclipse* avait donc acquis une amplification considérable. Cette amplification, acquise par
les chevaux de course en général, est du reste un fait de
connaissance vulgaire et qui ne sera contesté par personne. Mise en regard de la réduction qui, au contraire,
se montre invariablement chez les animaux comestibles
précoces, elle montre que les dimensions du squelette ne
sont nullement sous la dépendance du phénomène de la
précocité proprement dite. Ces dimensions se réduisent
ou s'amplifient sous une autre influence que nous aurons à déterminer. Auparavant, il faut poursuivre l'analyse anatomique des sujets chez lesquels ce phénomène
se manifeste.

Le rapport entre le poids du squelette et celui des
masses musculaires ou charnues est également changé,
aussi bien que le poids spécifique de ce même squelette.
Mais ici encore ce poids spécifique diffère dans la chair
des divers animaux précoces, selon sa constitution histologique et chimique.

On sait que la viande du bœuf de la variété de
Durham ou de toute autre variété également précoce, soumise à la coction dans le pot-au-feu, se réduit à un très-
faible volume, beaucoup plus faible en tout cas que celui
de la viande des animaux communs. C'est pourquoi elle ne
convient pas pour préparer ce que, dans les ménages, on
appelle *bouilli*, l'un des mets nationaux des Français, mais
seulement pour le *roatsbeef* des Anglais. Les colloïdes
qu'elle contient en abondance se diffusent dans l'eau à la
longue, avec les cristalloïdes peu abondants, dont la faible
proportion explique la médiocre saveur du bouillon ou consommé qu'on en obtient. Chez les autres animaux, la prédominance est au contraire du côté des fibres musculaires,
et aussi des cristalloïdes qui sont les résidus de leur nutrition.

A ces différences qualitatives de la chair musculaire, expliquant celles des poids spécifiques, qui s'expriment vulgairement en disant des animaux qu'ils ont les chairs plus ou moins denses, plus ou moins serrées, plus ou moins fermes ou compactes, se joignent des différences quantitatives, que l'on exprime chez les animaux comestibles par le terme de rendement ou poids net, qui est le poids relatif.

Chez les animaux précoces au degré où le sont tous les anglais, le poids relatif du squelette est très-faible, puisqu'il ne s'élève au maximum qu'à 11 p. 100 du poids du corps. Celui des masses charnues atteignant 47 p. 100, il s'ensuit que le rapport de ces dernières au squelette est 4,27 : 1. Nous manquons de données exactes pour déterminer le rapport en ce qui concerne les variétés non précoces ; mais si nous considérons que leur rendement moyen ne dépasse guère 50 p. 100 et qu'il se maintient le plus généralement aux environs de 45, nous ne devons pas nous éloigner beaucoup de la vérité en admettant que ce rapport est voisin de 3,14 : 1. En effet, 68 : 50 = 4,27 : 3,14.

Les renseignements fournis par Saint-Bel sur les dimensions des masses musculaires d'*Éclipse*, qui avait en même temps les os volumineux que nous avons vus, vont nous montrer maintenant ce qu'il en est au sujet des moteurs animés doués de la précocité. De la pointe de la fesse (niveau de la tubérosité de l'ischium) au grasset (niveau de la rotule), la distance était chez lui de 0m 50. La largeur de la cuisse, au niveau du pli de la fesse, était de 0m 25 ; celle de l'avant-bras, au niveau du coude, de 0m 25 également ; celle de l'encolure à son union avec la poitrine, de 0m 55 ; à la partie la moins étendue, de 0m 30.

En rapprochant ces dimensions de celles du squelette données plus haut, il est évident que chez *Éclipse* la proportion des puissances motrices aux leviers était énorme. Il faut considérer en outre que là, comme le savent fort bien tous ceux qui connaissent les effets de l'entraînement aux courses, il s'agit d'une masse de fibres musculaires principalement, et non point d'un volume dû surtout à l'accumulation des matières colloïdes et grasses, comme dans le cas des animaux comestibles.

Il nous reste, pour avoir exposé toutes les données analytiques du phénomène de la précocité, à faire connaître la composition chimique des deux sortes de tissus dont nous venons de voir comment elle modifie la constitution anatomique absolue et relative.

Ce qui domine dans la composition des os, c'est l'acide phosphorique. D'après Way, ils en contiendraient 21,1 p. 100 de matière sèche, correspondant à 46 de phosphate de chaux tribasique, et un peu plus en conséquence pour les proportions de 54 à 56 indiquées dans les analyses de Bibra.

Dans le bouillon de viande de bœuf, Chevreul a constaté que le quart des matières solides abandonnées à l'eau par cette viande soumise à la coction était composé de sels minéraux, dont 81 p. 100 de solubles. Il est remarquable que ces sels solubles sont principalement des phosphates alcalins, et plus précisément du phosphate acide de potasse. Les composés chlorurés y sont presque tout à fait absents.

Voici, du reste, la composition des cendres de la viande, d'après divers auteurs :

	COMPOSITION DE 100 PARTIES DE CENDRES			
	de chair de cheval (d'après Weber).	de chair de bœuf (d'après Stœlzel).	de chair de veau (d'après Stoffel).	de chair de porc (d'après Echevarria).
Potasse.....................	39,40	35,94	34,40	37,79
Soude.....................	4,86	—	2,35	4,02
Magnésie..................	3,88	3,31	1,45	4,81
Chaux.....................	1,80	1,73	1,99	7,54
Chlorure de { potassium... / sodium	— / 1,47	5,36 / 4,86	} 10,59	} 0,40 / 0,63
Oxyde de fer..............	1,00	0,98	0,27	0,35
Acide phosphorique	46,74	34,36	48,13	44,47
— sulfurique	0,30	3,37	—	—
— silicique	—	2,07	0,81	—
— carbonique..........	—	8,02	—	—

On voit par là que, conformément à la conclusion tirée par Chevreul de ses études sur le bouillon de la Compagnie hollandaise, ce sont bien les phosphates acides à base alcaline qui prédominent parmi les matières minérales de la chair musculaire, puisque sur 100 il y a 34 à 48 d'acide phosphorique et de 34 à 39 de potasse.

Enfin Keller nous fournit une donnée importante à notre point de vue actuel. Il a calculé comme il suit la composition moyenne des cendres de viande :

Acide phosphorique.........	36,60
Potasse	40,20
Oxydes de fer et terreux.....	5,69
Acide sulfurique...........	2,95
Chlorure de calcium........	14,81
	100,25

De ces quantités, quand la chair est traitée par la coction dans l'eau :

	Passent dans le bouillon.	Restent dans la viande.
Acide phosphorique...........	26,24	10,36
Potasse	35,42	4,78
Oxydes de fer et terreux.......	3,15	2,54
Acide sulfurique	2,95	—
Chlorure de calcium..........	14,81	—

D'où il paraît résulter, comme on ne peut plus vraisemblable, que près de la moitié de l'acide phosphorique entre dans la constitution même de la matière albuminoïde que nous avons vue plus haut résister à la coction.

Les données analytiques précédentes établissent que deux éléments nutritifs sont surtout essentiels pour le développement des jeunes vertébrés : l'acide phosphorique, sous forme de phosphate de potasse, et les matières protéiques. Il est clair que ce développement ne peut manquer d'être en raison de la quantité qu'ils en reçoivent dans leur alimentation, sous les formes les plus digestibles. Jusqu'au moment où leur squelette est achevé, il est non moins clair qu'ils ont en outre un fort besoin de chaux, proportionnel d'ailleurs à la quantité d'acide phosphorique, et dont la proportion nous est indiquée par la formule même du phosphate tribasique (Ph O⁵ 3 Ca O) constituant du tissu osseux.

Théorie du développement hâtif. — Voyons maintenant comment ces jeunes vertébrés se développent dans les conditions normales, lorsqu'ils vivent en pleine liberté, subissant pleinement l'influence des saisons. L'examen de ces conditions est la base nécessaire pour édifier la théorie de la précocité, telle que nous l'avons définie.

Naturellement, les jeunes animaux naissent au printemps ; et aussi longtemps que les mamelles de leur mère ne sont pas taries par un nouvel état de gestation avancée, ou que leur mère veut bien le souffrir, ils vivent à peu près exclusivement de son lait, jusqu'à ce que leur première dentition soit complète et leur permette de triturer les aliments solides. A mesure que celle-ci évolue, ils ajoutent au lait maternel des quantités progressivement plus fortes de ces aliments, en choisissant les plus tendres, dont la mastication est pour eux plus facile. Et ainsi s'opère la transition entre le régime exclusivement lacté et le régime exclusivement végétal des herbivores ; ainsi se produit le phénomène qu'on appelle sevrage.

Comme nous l'avons déjà fait remarquer, la relation nutritive du lait est sensiblement égale à 1 : 2. C'est donc, de toutes les substances alimentaires, celle qui est proportionnellement la plus riche en protéine. En vertu d'une relation qui paraît nécessaire, c'est aussi la plus riche en acide phosphorique et en chaux. Sur 12 parties de matière sèche, en moyenne, le lait contient 0,75 de cendres, et sur 100 de ces cendres il y a, par exemple dans le lait de vache, d'après les analyses de Weber, de 28 à 29 d'acide phosphorique, 23 de potasse et 17 de chaux ; d'après celles de Haidlen, de 25 à 26 d'acide phosphorique et de 24 à 25 de chaux. On a constaté que la caséine n'est pas autre chose qu'une combinaison de matière protéique avec les bases alcalines et terreuses et l'acide phosphorique, ce que l'on pourrait appeler un phospho-albuminate de potasse et de chaux. Préparée à la manière ordinaire, c'est-à-dire coagulée, elle contient jusqu'à 10 p. 100 de phosphate de chaux. Dans le petit lait il ne reste que 0,045 de cendres. La presque totalité des sels nutritifs sont donc parties constituantes des éléments albuminoïdes, car dans le beurre il ne s'en trouve que 0,005 p. 100.

On conçoit qu'avec une telle constitution, le lait pousse activement le développement du corps du jeune animal qui en fait sa nourriture exclusive. Dans des expériences de Wilckens [1], on a constaté que chez des veaux, 12 kil. ont produit dans un cas 1 kil. d'accroissement par jour, et dans l'autre 8^k 500 gr. un accroissement journalier de 700 gr. D'après cela, on pourrait conclure que la matière sèche du lait est à peu près en totalité fixée, car nous savons que sa proportion est en moyenne de 12 p. 100. Dans le troupeau de l'école de Grignon, des agneaux pesant à leur naissance de 4 kil. à 4^k 500 pèsent deux mois après, au moment de leur sevrage, de 20 à 24 kil. Ils ont donc gagné, en soixante jours, de 16 à 20 kil., soit de 266 à 333 gr. en moyenne par jour, tandis que durant le premier mois de leur alimentation végétale ils n'ont gagné, dans certains cas, que 4^k 500, ou 150 gr. par jour. Ce que nous savons des coefficients moyens de digestibilité des aliments végétaux explique ce fait suffisamment.

Chez les jeunes, où le sevrage naturel s'opère alors que les herbes sont encore en végétation, le développement, pour être ainsi ralenti, ne s'en continue pas moins dans des conditions encore assez favorables, en raison tout à la fois de la constitution chimique même de ces herbes et de leur propre coefficient absolu de digestibilité. Nous avons vu, en effet, qu'elles contiennent 18,4 p. 100 de protéine, 6,8 de matière grasse et 49,7 d'extractifs non azotés, ce qui leur donne une relation nutritive de 1 : 3 et des coefficients de digestibilité de 0,78 pour les premières, de 0,64 pour les secondes et de 0,78 pour les dernières. Le coefficient des fibres ligneuses est 0,67, et

---

[1] *Journ. f. Landwirthschaft,* 1865, p. 448.

celui de la substance organique totale 0,70. Elles contiennent, d'après les analyses de Hugo Schultze, Ernst Schultze et Max Maercker (1), exécutées à la station de Weende-Goettingue en 1870, de 39 à 43 p. 100 de potasse, de 12 à 13 de chaux et de 9 à 10 d'acide phosphorique dans leurs cendres, dont la proportion est de 7 à 10 p. 100 de la matière sèche totale.

Là se trouvent donc réunies, comme dans le lait, toutes les conditions favorables au développement du squelette, qui est la chose fondamentale durant la période de croissance. Par kilogramme d'herbe, le jeune animal ingère 220 grammes de substance sèche, dont 52 gr. de protéine et 20 gr. de matières minérales dont 2 gr. d'acide phosphorique, 8 gr. de potasse et environ 2 gr. aussi de chaux.

Mais aussitôt que finit la belle saison, alors que les plantes ayant formé, mûri et laissé tomber leur graine, se dessèchent, ces conditions changent. Sur 85,7 de matière sèche p. 100, elles ne contiennent plus que 8,5 de protéine, 3 de matières grasses, 38,3 d'extractifs non azotés et 6,02 de cendres, dont 1,538 de potasse, 1,007 de chaux et 0,482 d'acide phosphorique. En sorte que par kilogramme d'herbe fanée ou desséchée ainsi spontanément, le jeune animal, tout en ingérant 857 gr. de substance sèche, n'y trouve plus que 85 gr. de protéine et 60 gr. de matières minérales, dont 15 gr. de potasse, 10 gr. de chaux et 4 gr. d'acide phosphorique. Pour une quantité de substance sèche près de quatre fois plus grande par kilogramme de nourriture, la richesse de cette substance en éléments nutritifs se trouve donc de beaucoup moindre, puisque pour être égale à la précédente il faudrait qu'elle contînt 340 gr. de protéine, 60 gr. de potasse, 40 gr. de chaux et 16 gr. d'acide phosphorique, qui forment à peu près la ration journalière d'un mouton, par exemple, nourri de jeunes herbes de pâturage.

De plus, tandis que les coefficients absolus de digestibilité sont, pour ces dernières, de 0,78, de 0,64, de 0,78

(1) *Annn. der Landwirthschaft*, février-mars 1871.

et de 0,67, soit de 0,70 pour la substance organique
totale, ils ne sont plus pour les autres que de 0,59, de
0,50, de 0,66 et de 0,62, soit de 0,64 pour la substance
organique totale. C'est donc, quantitativement et qualitativement, un déficit notoire dans l'alimentation à laquelle
l'organisme s'était habitué depuis sa naissance, et qui est
en rapport, ainsi que nous l'avons établi, avec ses propres besoins.

Même en admettant que la saison rigoureuse, par le
froid ou par la sécheresse, n'amène dans cette alimentation aucune période de disette, ce qui est le cas de l'état
domestique dans lequel des provisions de foin ont été
faites, mais non pas celui de la vie en pleine liberté, il est
clair que, durant tout le temps d'une alimentation ainsi
composée, le jeune animal ne reçoit que tout juste de quoi
subvenir aux besoins de l'entretien de son organisme,
au point où il en était arrivé lorsqu'elle a commencé. La
croissance du tissu osseux est suspendue, ainsi que celle
de tous les autres tissus, ou tout au moins considérablement ralentie. Le développement subit un temps d'arrêt,
pour reprendre ensuite sa marche lors de la venue des
nouvelles herbes, lors de la reprise de la végétation.

C'est là un fait qui, pour n'avoir pas été analysé, n'en a
pas moins été constaté par tous les observateurs. Il est
en vérité de connaissance vulgaire. Il établit, entre la
durée de la croissance des animaux et celle de la végétation annuelle des plantes, commandée par les conditions
de climat, une relation nécessaire qui fait beaucoup varier
le moment de la venue de leur état adulte. Plus les hivers
sont longs et rigoureux, plus par conséquent les plantes
parcourent rapidement les diverses phases de leur végétation, plus ce moment est retardé, et inversement. C'est
pourquoi l'on doit considérer que la durée de la période
de croissance des animaux d'un genre déterminé est
naturellement relative aux temps et aux lieux, c'est-à-dire
aux conditions de climat qui, pour le même lieu, ont
pu varier avec les temps, et qui pour le même temps
varient certainement comme les lieux.

Chez les animaux réputés les plus précoces, appartenant

aux genres chez lesquels la période normale du développement est de cinq années, la dentition permanente complète se montre après trois ans révolus seulement. C'est
que chez eux, apparemment, l'évolution du squelette a
été continue, qu'elle s'est faite sans aucun temps d'arrêt,
ni même sans aucun ralentissement de sa marche. Il n'y
a eu aucune différence dans l'intensité de la nutrition ou
de la vie des éléments anatomiques, entre la saison
d'hiver et la saison d'été. C'est, en définitive, que la relation nutritive de la ration alimentaire est restée la même
durant toute l'année, et aussi que les coefficients de
digestibilité n'on point différé, non plus que la composition qualitative et quantitative de cette ration. Les
animaux ainsi précoces au maximum ont trouvé dans
leurs aliments d'hiver les mêmes quantités de protéine,
de chaux et d'acide phosphorique qui étaient présentes
dans les jeunes herbes formant leur alimentation d'été.

Au point de vue analytique, le phénomène ne peut pas
s'expliquer autrement, et nous verrons du reste tout à
l'heure qu'il se réalise expérimentalement chez les animaux placés dans les conditions qu'indique son analyse. On trouve en outre une confirmation de l'exactitude de sa théorie ainsi comprise dans le fait que les
degrés de la précocité sont corrélatifs de ceux qui se présentent dans la constitution même de la ration. Seuls les
sujets nourris au maximum sans interruption, depuis leur
naissance, par une bonne nourrice d'abord, puis avec les
herbes les plus riches et les aliments complémentaires
les plus concentrés et les plus digestibles, se montrent
précoces au maximum. Les autres le sont à divers
degrés, comme nous l'avons vu; leur dentition permanente est complète à des moments différents, depuis la
troisième année jusqu'à la cinquième, selon la qualité et
la quantité de leurs aliments d'été et d'hiver.

Ces différences mêmes dans les degrés de la précocité,
chez les individus des variétés réputées à juste titre
comme étant les plus précoces, fournissent un des arguments les plus solides à l'appui de la théorie que nous
exposons. Elles suffiraient toutes seules pour attester que

ces individus ne se montrent point précoces en vertu d'une aptitude naturelle, qui serait l'un des attributs de leur race. Sans doute ils ont hérité, d'après les lois que nous connaissons, d'une aptitude digestive plus puissante que celle des autres animaux du même genre et même de leur race. Le coefficient individuel plus élevé, une fois acquis par les deux reproducteurs, ou même par un seul, se transmet à la descendance, à des degrés divers ; mais cela n'a qu'une part dans le phénomène, et c'est la plus faible.

Un ou plusieurs quelconques des aliments concentrés peuvent entrer dans la composition de la ration journalière des jeunes animaux, après le sevrage, s'il a lieu au commencement de la saison d'hiver, ou pour succéder aux jeunes herbes. Rien n'est plus facile que de lui donner ainsi une constitution qualitative et quantitative semblable à celle de ces herbes. Elle peut être combinée de telle sorte qu'elle contienne comme elles, par kilogramme de substance sèche, de 340 à 350 gr. de protéine, 60 gr. de potasse, 40 gr. de chaux, et de 15 à 20 gr. d'acide phosphorique. Ces quantités sont nécessaires pour que le développement du squelette et celui des masses musculaires se continuent sans interruption ni ralentissement. Celui-ci sera évité si, en outre de sa composition, la ration est suffisante en quantité pour satisfaire complètement l'appétit, comme l'était celle que l'animal prenait en liberté au pâturage.

Et de fait, c'est ce qui a été réalisé empiriquement depuis bien longtemps par les éleveurs anglais, créateurs de la précocité, et ce qui est imité par ceux des autres pays d'Europe qui élèvent du bétail anglais. Là, comme dans beaucoup d'autres cas, l'empirisme a devancé la science. Elle est venue seulement ensuite déterminer les conditions du phénomène observé, en faire la théorie, et faciliter ainsi l'extension de ses applications, en montrant, comme nous l'avons vu, qu'il n'est le privilége d'aucune race en particulier, contrairement à l'opinion partout répandue et acceptée.

Quand on examine l'une quelconque des rations alimen-

taires qui sont généralement reconnues comme nécessaires pour assurer la précocité, on la trouve constituée
dans les conditions que nous venons de dire. Toujours
elle comprend une proportion plus ou moins forte d'aliments concentrés, riches en protéine, potasse et acide
phosphorique. La chaux indispensable pour former le
phosphate tribasique des os est fournie en quantité
suffisante par les aliments grossiers, et au besoin par
l'eau des boissons. Nous savons que dans 100 parties
des cendres des diverses sortes de chair musculaire il y
a de 34 à 39 de potasse, et seulement de 1 à 7 de
chaux, contre 34 à 48 d'acide phosphorique. Dans le
sang, sur 1,000 parties du plasma, il y a 8,10 de sels
minéraux ou cendres, sur 100 parties desquels il y a,
d'après Gorup-Besanez, de 7 à 22 de potasse, et seulement de 0,70 à 2 de chaux, contre 4 à 10 d'acide phosphorique.

Ces proportions montrent clairement le rôle important
de la potasse dans les échanges nutritifs en général, et
en particulier dans les réactions qui ont pour conséquence la formation du phosphate tribasique de chaux
du tissu osseux. Ce phosphate est nécessairement inso-
luble. De plus, il n'est pas attaquable par les sucs
digestifs, et l'on sait d'ailleurs qu'il ne préexiste point
tout formé dans les aliments. Dans ceux-ci, l'acide
phosphorique existe surtout à l'état de phosphate de
potasse, particulièrement dans les aliments concentrés,
comme leur analyse le met en évidence. C'est donc,
selon toutes les probabilités, par des réactions entre le
phosphate de potasse et les sels de chaux présents dans
le plasma du sang que se forme le principal phosphate
des os, celui qui constitue la plus forte part de leur
substance minérale.

Tout concourt évidemment pour faire admettre que,
dans la production du phénomène de la précocité, c'est à
l'acide phosphorique qu'appartient la fonction principale,
non pas seulement au point de vue du développement du
système osseux, dont il est l'élément indispensable, mais
encore à celui de la manifestation des autres attributs

des animaux précoces. En raison de la relation nécessaire entre lui et les matières protéiques alimentaires, celles-ci peuvent être négligées dans la théorie, parce que la présence de l'acide phosphorique implique nécessairement la leur. Une alimentation normalement riche en acide phosphorique l'est de même, de toute nécessité, en protéine.

Tel est, répétons-le, sans aucune exception, le caractère fondamental de celle qui assure le développement précoce et qui a été depuis très-longtemps combinée empiriquement par l'éleveur de génie dont les autres, en Angleterre d'abord, puis ailleurs, n'ont été que les imitateurs.

De cela nous avons maintenant de nombreuses vérifications expérimentales. La plus saisissante est celle qui nous est fournie par les moutons mérinos. Elle est la plus saisissante parce que, d'une part, il n'est pas possible de mettre en doute leur précocité, à cause des preuves anatomiques que nous en avons données, et que, de l'autre, on ne saurait davantage douter de l'apparition récente chez eux de cette précocité. La réputation de leur souche, sous le rapport du développement tardif, du peu d'aptitude à s'engraisser, de la dureté et du mauvais goût de leur chair, était proverbiale, et elle était universellement méritée il n'y a pas plus de vingt ans. Présentement, dans tous nos districts de la région septentrionale, on rencontre des troupeaux de mérinos précoces (1). En 1875, un de nos élèves, en stage dans une ferme du Soissonnais, a bien voulu, sur notre demande, examiner en détail la dentition de tous les jeunes animaux du troupeau, dont l'alimentation avait été réglée d'après nos indications. Voici les résultats de son examen :

« J'ai pris, dit-il, l'un après l'autre, cent agneaux gris

<hr/>

(1) Voyez A. SANSON, *Recherches expérimentales sur la toison des mérinos précoces et sur leur valeur comme producteurs de viande.* Mémoire couronné par la Société centrale d'agriculture de France (concours du prix Béhague). Paris, 1875.

âgés de vingt mois. Dans ce nombre de béliers, trente
possédaient leurs pinces, ainsi que leurs premières et
leur secondes mitoyennes; soixante-neuf avaient poussé
quatre dents; enfin le centième, qui mérite une mention
particulière, n'avait plus aucune dent de lait. Il pèse
actuellement 115 kilog.; il a avec cela une conformation
sinon parfaite, du moins remarquable.

« Non content de ce que j'avais vu chez les béliers,
j'ai voulu examiner les femelles du même âge qui,
quoique étant moins fortement nourries, m'ont présenté
le même résultat, car, sur trente bêtes, vingt-quatre
possédaient quatre dents permanentes, les autres n'ayant
plus que quatre dents de lait, tout en n'ayant encore que
deux dents d'adulte (1). »

Il en découle que 30 p. 100 des jeunes mâles examinés
étaient déjà pourvus de leurs secondes mitoyennes à
l'âge de vingt mois, et 1 avait sa dentition permanente
complète. La règle est que, chez les sujets réputés de
longue date comme étant les plus précoces, les secondes
mitoyennes permanentes ne soient poussées qu'à l'âge
de vingt-quatre mois. Il est donc évident, d'après cela,
que généralement les mérinos du troupeau en question
se sont montrés au moins aussi précoces que les moutons des autres races réputés depuis longtemps comme
l'étant le plus, et sensiblement davantage pour une forte
proportion.

Ce n'est point là une exception. Les mêmes faits
se présentent dans tous les troupeaux qui ont fourni les
éléments des recherches consignées dans le mémoire
plus haut cité. Fussent-ils exceptionnels, ils n'en seraient
pas moins démonstratifs au sujet de la condition déterminante que nous leur attribuons. Pour leur enlever la

---

(1) Ces faits, communiqués à la Société centrale d'agriculture de
France, ont été insérés dans le *Bulletin* de ses séances (t. XXXV,
p. 512) et dans le *Journal de l'Agriculture* (t. III de 1875, p. 203).
L'auteur de la communication est M. A. Collas; le propriétaire du
troupeau, M. Paul Bataille, de Passy-en-Valois, près La Ferté-Milon
(Aisne).

signification qu'ils ont par eux-mêmes en ce sens, il faudrait montrer que d'autres mérinos du même âge, soumis exactement aux mêmes conditions d'alimentation, n'ont point présenté la même évolution du système dentaire. C'est ce qui n'a jamais été encore observé et ne pourrait d'ailleurs point l'être, la théorie de la précocité que nous avons formulée étant exacte.

Ces faits et beaucoup d'autres du même genre fournissent en outre la réfutation péremptoire d'un préjugé encore fort répandu chez les éleveurs d'animaux précoces qui ne sont pas au courant de la science et se montrent un peu engoués des animaux anglais. Le préjugé consiste à croire que si en effet la précocité n'est point l'attribut naturel de quelques races en particulier, et si elle peut être réalisée chez toutes au moyen de l'alimentation spéciale dont nous avons exposé les caractères fondamentaux, sa réalisation exige un temps très-long et une grande persévérance dans l'application de la méthode d'alimentation des jeunes.

Une forte part de ce préjugé doit être attribuée à la confusion qui est faite entre la précocité proprement dite et la perfection relative des formes qui caractérise, en général, les sujets des variétés précoces depuis longtemps. Cette perfection est l'œuvre de la sélection des reproducteurs, favorisée il est vrai par la précocité, mais non point suppléée par elle, et qui exige une grande persévérance. Une fois atteinte, le difficile est de la maintenir. Les soins attentifs dont les animaux de Durham, par exemple, ont été depuis si longtemps l'objet n'ont pas d'autre but. La conservation de leur précocité est au contraire la chose la plus simple. Il a suffi dans tous les cas, pour l'assurer, de ne se point départir des conditions d'alimentation qui l'avaient produite avec une rapidité dont on ne se fait pas en général une idée bien exacte, faute d'être suffisamment renseigné sur les faits ou de tenir assez compte de ces faits sous l'influence du préjugé que nous visons.

En effet, c'est vers 1770 que Charles Colling commença ses opérations sur le bétail des bords de la Tees, lequel était encore alors, d'après tous les historiens de la va-

riété de Durham, purement et simplement l'expression
des conditions naturelles au milieu desquelles il vivait.
Or, on sait qu'au moment où le fameux taureau Favourite
intervint, les aptitudes qui sont les attributs ordinaires
de la précocité s'étaient déjà tellement développées dans
son troupeau, que celui-ci menaçait de s'éteindre par infécondité. Ce taureau avait eu plusieurs prédécesseurs,
dont Bolingbroke et Hubbach. Il fit durant seize ans con-
sécutifs la monte chez Colling. Les opérations de celui-ci
cessèrent par une vente générale en 1810. Dès 1801, un
fils de Favourite, *Durham-ox*, avait été jugé assez extraordinaire pour faire l'objet d'exhibitions publiques. Il pesait 1,370 kilog. et avait été vendu 3,500 fr. Cela montre
jusqu'à l'évidence que peu d'années avaient suffi pour
amener la précocité, chez la variété en question, au point
qu'elle n'a pas dépassé depuis.

Bien auparavant, le même fait s'était produit dans le
troupeau de moutons de Bakewel, le créateur de la méthode. Lorsque Colling entra dans la carrière, la réputation de Bakewel avait atteint déjà depuis longtemps son
apogée, et c'est vers 1750 seulement qu'il avait commencé
le perfectionnement de ses moutons du comté de Leicester. Depuis longtemps on venait chez lui de tous les
points de l'Angleterre pour louer ses béliers. N'eussions-
nous pas des preuves expérimentales directes, nous
serions par conséquent autorisés à conclure, d'après l'histoire des variétés précoces de l'Angleterre, que le phénomène de la précocité se réalise très-promptement. Mais
l'exemple du troupeau mérinos du Soissonnais, cité plus
haut, prouve directement à la fois l'efficacité de la méthode et sa rapidité d'action, puisque le plus haut degré
de la précocité s'y est manifesté dès la première application de cette méthode. Nous pourrions en invoquer plusieurs autres du même genre. Celui-là suffit.

Il nous reste maintenant à expliquer la différence signalée en commençant, dans le mode de développement
des animaux comestibles, dont le squelette se réduit
sous l'influence de la précocité, tandis qu'il s'amplifie
au contraire chez les animaux moteurs. La théorie géné-

rale de la gymnastique fonctionnelle, combinée avec la théorie particulière de la précocité, nous fournira facilement l'explication désirée.

Dans les deux cas, le phénomène fondamental, le phénomène du développement continu des os, de leur achèvement plus prompt, en conséquence, et de la soudure des épiphyses, reste le même, ainsi que celui de l'évolution de la dentition permanente qui lui est corrélatif. Mais dans le premier ce développement se fait sous des conditions de repos relatif de l'appareil locomoteur, tandis que dans le second cet appareil est soumis à un exercice régulier et méthodique de sa fonction. Cet exercice, dont les effets généraux nous sont bien connus, puisque ce sont ceux de l'antique gymnastique, n'a pas seulement pour conséquence immédiate une excitation directe des nerfs trophiques des organes locomoteurs, muscles et os ; nul n'ignore qu'il excite en outre ceux de la circulation du sang et de la respiration. La marche, la course surtout, fait acquérir aux pulsations à la fois plus de force et de fréquence, aux mouvements du thorax un rhythme plus accéléré. Cela se traduit par un dégagement de chaleur plus considérable, qui ne peut être que la conséquence d'échanges moléculaires plus actifs.

Que le sang ainsi envoyé aux éléments anatomiques en plus forte proportion dans l'unité de temps et plus riche en oxygène soit aussi plus riche en principes immédiats et en sels nutritifs, comme c'est le cas pour les animaux que nous considérons, alimentés comme nous l'avons vu, alors le développement des organes locomoteurs sera non seulement plus prompt, mais encore plus intense, par l'amplification même de ces échanges moléculaires. La multiplication des éléments anatomiques, lamelles osseuses et fibres musculaires, sera plus active, le volume des tissus qu'ils forment par conséquent plus grand. C'est ce qui a lieu.

Dans le cas, au contraire, où le fonctionnement de l'appareil locomoteur est réduit à son minimum d'intensité, où les nerfs trophiques de cet appareil ne reçoivent guère d'autres excitations que celles qui leur viennent des principes immédiats nutritifs, apportés à leurs extrémités terminales par une circulation calme du sang, les échanges moléculaires, à l'unisson du reste, ne provoquent qu'une multiplication relativement faible des éléments anatomiques. Les os s'achèvent en conservant des dimensions moindres. Il en est de même des muscles proprement dits ou des faisceaux de fibres musculaires; mais dans la constitution macroscopique de ces muscles figure une masse considérable des principes albumineux colloïdes, à laquelle ils doivent leur fort volume relatif. Ces principes se déposent, ainsi que la graisse, dans les vacuoles du tissu connectif, surtout après que le développement du squelette est achevé ou du moins très-avancé.

Ces phénomènes, variables dans leur intensité, selon les aptitudes individuelles, trouvent toujours leur explication nette et précise dans les notions physiologiques dont la coordination constitue, comme nous l'avons déjà dit, d'une part la théorie générale de la gymnastique fonctionnelle, et de l'autre la théorie spéciale de la précocité du développement. Ils n'ont donc rien de contradictoire.

Pratique de la gymnastique fonctionnelle. — Trois sortes d'aptitudes peuvent être développées par la gymnastique des fonctions physiologiques, en se restreignant, bien entendu, aux buts zootechniques: 1o l'aptitude digestive; 2o l'aptitude motrice; 3o l'aptitude sécrétoire des mamelles.

La première est compatible aussi bien avec l'une qu'avec l'autre des deux dernières. Quelle que soit la fonction économique prédominante ou même spéciale des animaux, il y a toujours avantage à ce qu'ils puissent la remplir le plus tôt possible au maximum. Et comme ils la remplissent d'autant mieux que leur organisme est plus près de son état de maturité, il s'en suit que la méthode de gymnastique dont l'objet est de hâter la venue de cet état, de réaliser la précocité, est la plus essentielle de toutes en raison de la généralité de son application.

Gagner sur le temps, en toute entreprise industrielle, est toujours une opération avantageuse. Cela est surtout vrai pour les entreprises de production animale, dans lesquelles les frais sont nécessairement proportionnels à ce même temps. Supprimer, dans le développement ou la construction de la machine animale, l'arrêt hivernal, c'est faire disparaître la dépense d'entretien improductive qu'elle exige durant son chômage normal, quand elle se développe par phases interrompues, au lieu de s'accroître d'une manière continue.

En conséquence, nous devons d'abord nous occuper de la pratique de la gymnastique fonctionnelle applicable à l'appareil digestif et réalisable à l'aide de l'alimentation, depuis le moment de la naissance de l'animal jusqu'à celui de son âge adulte.

La notion de la prépondérance du rôle qui, dans cette alimentation, appartient à l'acide phosphorique engagé dans ses combinaisons naturelles du règne végétal, dès qu'elle fut mise en évidence, a fait naître tout de suite dans quelques esprits une idée qu'il importe avant tout d'écarter, comme n'étant point pratique.

Cette idée consiste en ceci que le plus simple serait, pour réaliser la précocité, d'ajouter à la ration alimentaire des composés phosphatiques solubles ou facilement attaquables, empruntés directement au règne minéral. Elle a été mise en application, entre autres, par le professeur A. Lemoigne (1), de Milan, en vue de vérifier la théorie dans les intentions les plus bienveillantes pour son auteur. Malheureusement, l'expérience entreprise par ce professeur n'a pas pu être continuée assez longtemps, pour des causes indépendantes de sa volonté. Il a administré à des agneaux, pris à l'âge de deux mois et demi environ, des poudres dites zootrophiques de Polli et de Formaggia, d'abord à la dose de 2 gr. par jour, portée ensuite progressivement en vingt jours à 5 gr., puis finalement à 8 gr. La première de ces poudres avait la composition centésimale suivante : hypophosphite de

_____

(1) *Intorno alle esperienze di zootecnia instituite nella stazione di prova annessa alla R. Scuola superiore di agricoltura in Milano, Lettera al Direttore dell'* ITALIA AGRICOLA. Milano, dicembre 1873.

chaux, 10 ; phosphate de chaux tribasique, 10 ; phosphate
de soude, 15 ; carbonate de chaux précipité, 10 ; hypo-
sulfite de magnésie, 15 ; chlorure de sodium, 10 ; bicarbonate de potasse, 15 ; oxyde de fer, 10 ; oxyde de manganèse, 2,5 ; silicate de potasse, 2,5. Celle de Formaggia,
qui n'en est qu'une modification, est ainsi composée :
phosphate de chaux neutre, 10 ; phosphate de chaux tribasique, 10 ; phosphate de soude, 15 ; carbonate de chaux
précipité, 10 ; sulfate de magnésie, 15 ; chlorure de sodium, 10 ; bicarbonate de potasse, 15 ; oxyde de fer, 10 ;
oxyde de manganèse, 2,5 ; silicate de potasse, 2,5.

Un certain nombre de préparations pharmaceutiques, à
base de phosphate de chaux, comme celles-là, mais
beaucoup moins complexes, sont préconisées en France
pour faciliter le développement du sytème osseux des
jeunes enfants. Julius Kuhn (1), de son côté, se fondant
sur des résultats d'expérience de Lehmann, a recommandé d'ajouter à la ration des jeunes veaux environ
4 gr. de poudre d'os, quand elle ne contient pas naturellement une quantité suffisante des substances nécessaires à la formation du tissu osseux.

De telles recommandations et les pratiques qu'elles
entraînent dérivent de pures illusions. Les expériences
les plus rigoureuses ont fait voir que les phosphates des
os ou ceux qui sont directement empruntés au règne minéral ne s'assimilent point dans l'organisme animal. On
les retrouve dans les excréments en quantité égale à
celle qui avait été introduite dans le tube digestif.
H. Weiske (2) a établi que les résultats de l'expérience
de Lehmann, dans laquelle 5ᵍ,785 d'acide phosphorique,
6ᵍ,034 de chaux et 0ᵍ,016 de magnésie de la poudre d'os
paraissent avoir été digérés et assimilés, s'expliquent
facilement par la courte durée de cette expérience. Deux
jours, en effet, ne sont pas suffisants, chez un ruminant
surtout, pour qu'on puisse admettre qu'une substance

(1) *Die Zwegmassigste Ernaehrung...* (*Traité de l'alimentation
des bêtes bovines*, traduction de Roblin, p. 148.)
(2) *Journ. für Landwirtschaft*, avril-juin 1873, p. 139.

introduite dans le tube digestif a eu le temps de le traverser complètement. Il en a été de même pour une expérience de Gohren, exécutée ultérieurement, et dans laquelle un agneau âgé de trois mois a été nourri durant sept jours sans addition de phosphate de chaux, puis immédiatement après, durant sept jours aussi, avec une addition de 10 gr. de ce phosphate. L'auteur a constaté, dans le bilan, un déficit de 1g,594 d'acide phosphorique, de 1g,130 de chaux et de 0g,227 de magnésie, qu'il attribue à leur absorption ou assimilation, bien que les résultats de l'analyse des excréments solides et liquides aient été portés en compte dès le premier jour qui a suivi l'addition du phosphate.

Depuis, plusieurs expériences négatives ont été publiées (1). Haubner (2), notamment, a trouvé que le poids spécifique des os de moutons qui avaient été nourris avec addition de phosphate de chaux à leur ration était de 1,384, tandis que celui de moutons nourris sans cette addition était de 1,350, et qu'il n'y avait du reste entre eux aucune différence, ni sous le rapport de la taille, ni sous celui du poids. La différence de densité affectant seulement la deuxième décimale, ne sort point des limites des variations individuelles. Il est par conséquent impossible de l'attribuer à l'influence du phosphate de chaux ajouté à l'alimentation.

Mais la plus concluante de ces expériences, sans contredit, est due au même Weiske, cité plus haut. Avec le concours de son assistant, E. Wildt, il l'a instituée et poursuivie sur deux veaux très-bien portants et âgés de cinq à six mois, en prenant toutes les précautions d'usage en pareil cas pour recueillir sans perte tous les excréments solides et liquides. Du 19 au 25 janvier 1872, ils ont consommé chaque jour une ration contenant normalement : pour le premier, 32g,72 d'acide phosphorique et 26g,69 de chaux ; pour le second, 34g,18 d'acide phos-

(1) *Annalen der Landwirthschaft*, Jarhg. XI, p. 309. — *Zeitschrift für Biologie*, Bd. VIII, p. 239.

(2) *Gesundheitspflege*, III Auflage, p. 203.

phorique et 31g,42 de chaux. Du 26 janvier au 3 février, la
même ration a été additionnée pour chacun de 12 gr. de
phosphate de chaux de poudre d'os traitée par l'acide
chlorhydrique et précipitée ensuite par l'ammoniaque. Ces
12 gr. contenaient 5g,21 d'acide phosphorique et 6g,44 de
chaux.

Durant les seize jours de l'expérience, les excréments
liquides et solides éliminés dans les vingt-quatre heures
ont été recueillis avec soin, pesés et analysés, pour
déterminer leur contenance en acide phosphorique et
chaux. C'est ce qui a permis de saisir exactement le
moment où a commencé l'élimination du sel surajouté.
Dans la première période, les animaux avaient ingéré par
jour 32g,72 et 34g,18 d'acide phosphorique, et 26g,69 et
31g,42 de chaux. Ils ont éliminé 14g,36 et 11g,93 d'acide
phosphorique, et 13g,12 et 14g,30 de chaux. Dans cette
période, il a été ainsi retenu 56,2 et 65,1 p. 100 de l'acide
phosphorique, 50,8 et 54,5 p. 100 de la chaux. Dans la
seconde, ils avaient pris 37g,93 et 39g,39 d'acide phosphorique, et 33g,13 et 37g,86 de chaux. Ils ont éliminé 16g,33
et 17g,61 d'acide phosphorique, et 16g,50 et 21g,07 de
chaux. Il a été ainsi retenu, dans cette période, 56,9
et 55,3 p. 100 de l'acide phosphorique, et 50,2 et 44,4
p. 100 de la chaux.

Si l'on compare les résultats des deux périodes, on
trouve que le premier animal aurait utilisé 3,24 de l'acide
phosphorique et 3,06 de la chaux p. 100 en plus dans la
seconde période, tandis que le second en aurait au contraire utilisé 0,47 et 0,33 p. 100 en moins. Ces résultats
contradictoires montrent que les différences ne peuvent
être attribuées qu'à l'intervention des causes d'erreur
inévitables, dans ces limites, pour l'exécution de recherches de ce genre.

L'examen des résultats détaillés fait voir que l'élimination du phosphate n'a atteint son maximum, dans la
seconde période de l'expérience, que le quatrième jour
chez le premier animal, et le troisième chez le second.
C'est ce qui explique les résultats en apparence opposés
obtenus par Lehmann et par Gohren.

De son côté, E. Heiden (1) a étudié la même question, en expérimentant sur 12 jeunes gorets nés le même jour de la même mère. Ils ont été partagés en trois groupes de 4 sujets chacun. Dans chaque groupe, 2 sujets recevaient du phosphate de chaux, et 2 n'en recevaient point. Ils étaient au début âgés de huit semaines, et ils ont reçu d'ailleurs la même alimentation durant tout le temps de l'expérience. Ils ont reçu par tête et par jour, additionnellement, 15ᵍ,57 d'acide phosphorique et 19ᵍ,20 de chaux, durant 143 jours.

Des analyses d'excréments avant et après l'addition de phosphate, il est résulté que la proportion, dans le premier groupe, qui était avant de 1,59 d'acide phosphorique et de 0,96 de chaux p. 100, a été après de 3,08 d'acide phosphorique et de 3,20 de chaux; dans le deuxième, elle est passée de 2,61 et 1,74 à 3,99 et 2,82; dans le troisième, de 3,16 et 2 à 4,40 et 2,97. En considérant que la teneur des aliments, avant l'addition, était d'environ 15 gr. d'acide phosphorique et de 10 à 15 gr. de chaux, et que par conséquent cette addition l'a doublée à peu près, on voit que l'élimination a été exactement proportionnelle, dans le cas de la présence du phosphate de chaux surajouté, à l'augmentation de sa quantité, et que par conséquent il n'en a été retenu aucune parcelle.

Il est donc bien permis de conclure de tous ces faits, ainsi que nous l'avons exposé ailleurs déjà (2), que les sels phosphatiques directement empruntés au règne minéral ou même aux os eux-mêmes ne s'assimilent point, quelque préparation qu'on leur ait fait subir pour les rendre diffusibles dans les sucs digestifs. Quand ils sont ainsi diffusibles, les urines les éliminent; dans le cas contraire, ils sont éliminés avec les excréments solides.

C'est ce qu'ont mis en évidence toutes les expériences à l'abri des causes d'erreur. Celles de ces expé-

(1) *Fühling's landwirtschaftliche Zeitung*, janvier 1874, p. 13.
(2) *Gazette hebdomadaire de médecine et de chirurgie*, 2ᵉ série, t. XI, 17 avril 1874, p. 243.

riences qui ont été entreprises à un autre point de vue, et les observations si nombreuses que nous fournit la production industrielle des animaux précoces nous montrent, d'un autre côté, que, pour prendre part à la constitution des tissus animaux, l'acide phosphorique a besoin de se présenter dans l'état où il se trouve dans le lait ou dans les végétaux, particulièrement dans les jeunes pousses et dans les graines.

Dans les deux cas l'analyse montre un rapport quantitatif simple entre l'acide phosphorique et les matières protéiques. Ce rapport est certainement nécessaire et dénonce une combinaison définie entre les deux substances. Ce sont, selon toutes les probabilités, ces composés protéiques d'acide phosphorique, ces sortes de phospho-albuminates, que nous nommons caséine, glutine, légumine, etc., qui s'assimilent sous l'influence des réactions de la potasse, de la chaux, de la magnésie, et non point l'acide phosphorique, sous la forme d'un sel cristalloïde quelconque.

Et c'est pourquoi nous ne devons point avoir recours aux préparations officinales de cet acide pour augmenter, dans la ration alimentaire des animaux dont nous voulons hâter le développement, les matériaux de construction du squelette. Le surcroît d'acide phosphorique nécessaire sera demandé d'abord à un allaitement plus abondant et de meilleure qualité, puis aux jeunes pousses des graminées des prairies ou des légumineuses fourragères, puis enfin à l'addition de quantités suffisantes de semences céréales, légumineuses ou oléagineuses, où il se présente avec les qualités d'un sel véritablement nutritif.

Dans les préparations dont il vient d'être parlé, il exerce toutefois sur l'économie animale une action qui a pu obscurcir, pour bien des observateurs insuffisamment compétents, les résultats de son administration et les faire interpréter d'une manière inexacte. Cette action est celle de tous les condiments, qui a pour effet d'exciter l'appétit et de faire prendre dans les vingt-quatre heures une plus forte quantité d'aliments. L'expérience de Heiden, citée plus haut, l'a bien mise en évidence. En ce sens, elle n'est par conséquent pas toujours inutile.

De quelque espèce qu'il s'agisse, la première condition à remplir pour réaliser la précocité, pour pratiquer la gymnastique de la fonction digestive et lui faire atteindre son maximum de puissance, consiste à assurer au jeune une bonne nourrice, qui lui puisse fournir à satiété du lait de la plus grande richesse possible, et cela aussi longtemps que sa dentition caduque n'est pas encore complètement développée. Pour être sûrement assez laitière, la mère, en ce cas, doit avoir encore du lait dans les mamelles chaque fois que le jeune cesse de la téter, ce qui est la seule preuve certaine qu'il en a pris autant que son estomac en pouvait contenir.

Le choix des mères, dans les entreprises de production des animaux précoces, est donc de grande importance. On ne trouverait sur ce point, dans la pratique des éleveurs les plus compétents, aucune contradiction. Et il y a bien longtemps que, pour notre compte, nous avons pour la première fois appelé l'attention sur le fait. Dans un mémoire sur la production dite mulassière du Poitou, publié en 1851, se trouve déjà signalée par nous la remarque de jeunes muletons de la plus belle venue, d'une corpulence volumineuse, issus de juments de taille médiocre et de faible corpulence, mais douées de mamelles fortement développées et actives. La relation entre les deux faits y est nettement indiquée, ainsi que la conséquence physiologique et pratique qu'il y a lieu d'en tirer.

Lorsque, pour des considérations d'un autre ordre, des mères faiblement laitières, et par conséquent médiocres ou mauvaises nourrices, doivent néanmoins être employées à la reproduction, il y a nécessité impérieuse de donner aux jeunes du lait à boire à satiété. Il n'y a point sans cela de grande précocité.

D'un autre côté, le sevrage hâtif (et il doit être jugé tel lorsque l'alimentation exclusivement lactée cesse avant le cinquième ou le sixième mois de la vie chez les grands herbivores, avant le troisième chez les petits et chez les omnivores) n'a pas seulement l'inconvénient de ralentir le développement dans la première jeunesse, si important pour tout l'avenir de l'animal ; il a aussi celui d'altérer la conformation, l'harmonie générale des formes du corps. Ainsi que l'ont montré avec précision les résultats des expériences de Wilkens, l'ingestion prématurée des aliments solides a pour effet de provoquer une amplification excessive de certaines parties de l'appareil digestif, qui ne sont point celles qui prennent la plus forte part au processus de la digestion. Cette amplification augmente le volume du ventre et nuit ainsi à celle de la poitrine, si essentielle dans cette harmonie générale des formes dont nous venons de parler. Dès lors, il est du plus grand intérêt de l'éviter avec un soin très-attentif, en prolongeant l'allaitement exclusif jusqu'aux dernières limites du possible, si l'on veut approcher de la perfection, dans l'application de la gymnastique fonctionnelle.

Non seulement le sevrage ne doit pas être hâtif, mais il est encore d'une importance au moins égale qu'il ne soit point brusque. La substitution brusque de l'alimentation exclusivement végétale, solide ou non, à l'alimentation lactée, cause dans la digestion un trouble plus ou moins intense qui retarde toujours le développement. Le plus souvent l'animal s'en ressent toute sa vie. L'appareil digestif a besoin de s'accoutumer, par des transitions ménagées, à sa nouvelle fonction.

A tout âge, les changements complets d'alimentation opérés d'un jour à l'autre ne sont jamais supportés sans trouble. L'expérience rigoureuse en a fait souvent mesurer les inconvénients. Le jeune animal allaité, quel que soit son genre, vit en réalité comme un carnassier, puisqu'il digère une matière d'origine animale et ayant la composition de la chair. Comme celle des carnassiers, son urine est toujours acide. Comme chez eux, les résidus azotés des échanges moléculaires s'éliminent sous forme d'acide urique. Pour devenir herbivore, pour les éliminer sous forme d'acide hippurique et avoir des urines alcalines, sans qu'une telle modification dans sa nutrition soit suivie d'un trouble profond de celle-ci, il lui faut du temps ; il faut que cette modification se produise progressivement, que les glandes intestinales s'accoutument à leur nouveau mode d'excitation. L'accoutumance, dans les phénomènes physiologiques, a, comme on sait, une importance de premier ordre.

Elle se produit d'elle-même, dans les conditions naturelles, où le jeune herbivore habite avec sa mère les prairies. A mesure que ses molaires poussent, entre les moments de ses repas de lait, il broute les jeunes herbes tendres, en proportion d'autant plus forte que la diminution de quantité du lait maternel s'accentue davantage avec le temps. Et alors que les mamelles se tarissent tout à fait, son appareil digestif est prêt ainsi pour une alimentation végétale exclusive. La transition s'est opérée sans que l'organisme ait subi aucune atteinte.

C'est là ce qu'il convient d'imiter dans nos combinaisons artificielles, soit que nous disposions, au moment où le sevrage doit être préparé, de ces herbes tendres, soit que ce moment se présente alors qu'il n'y a plus de végétation herbacée. Le premier cas doit être le plus général. Il faut faire naître le plus possible les animaux assez tôt pour que, durant l'allaitement, leurs mères trouvent au pâturage l'alimentation riche et abondante qui est la plus propre, sans contredit, à en faire de bonnes nourrices, à aptitude laitière égale, et aussi que leur sevrage puisse s'effectuer dans les conditions naturelles dont il vient d'être parlé. Quand il n'en est pas ainsi, c'est-à-dire quand l'époque du sevrage échoit à l'arrière-saison, alors qu'il n'y a plus d'herbes en quantité suffisante au pâturage, il convient de le préparer en ajoutant au régime lacté, quelques semaines auparavant, d'abord de petites rations journalières d'aliments végétaux concentrés, puis des rations progressivement plus fortes.

Ces aliments concentrés doivent subir des préparations qui les rendent moins difficiles à mâcher et à digérer pour le jeune animal. Ils sont avantageusement concassés, aplatis, moulus et délayés dans l'eau tiède, surtout au début. Leur qualité ou leur nature propre varie selon le genre des animaux. A tous on ajoute, après quelques jours de leur usage, de petites doses de regain de pré bien préparé, tendre à mâcher, qui habituent progressivement aussi l'estomac à digérer les fibres ligneuses faciles à attaquer par les sucs digestifs.

Par ces artifices, et en augmentant la ration végétale à mesure que l'on fait diminuer la quantité de lait prise chaque jour, on arrive à supprimer complètement celui-ci, sans que le jeune animal en subisse aucun trouble dans ses fonctions, et par conséquent sans que le développement de son corps soit en aucune mesure ralenti.

Après le sevrage opéré comme nous venons de le voir, en ménageant méthodiquement la transition entre l'alimentation lactée ou animale et l'alimentation végétale, le point capital est d'assurer au jeune, en toute saison, des rations alimentaires qui soient, qualitativement et quantitativement, conformes aux besoins de son développement continu, porté au plus haut degré possible. Nous connaissons en théorie ces besoins. Ils nous ont été indiqués, pour les herbivores, par les conditions naturelles de leur alimentation durant le temps qu'il s'effectue. Nous savons que l'aliment naturel a une relation nutritive de 1 : 3, composée de principes immédiats de la digestibilité la plus élevée. C'est ce qui doit nous servir de base pour établir la composition de ce que nous nommons les rations de précocité, devant fournir l'alimentation d'hiver durant tout le temps de la période de croissance, et aussi celle d'été, en cas d'insuffisance du régime de pâturage. Celui-ci, lorsqu'il est assez abondant, est toujours le meilleur, à tous les points de vue.

En principe, le jeune animal doit recevoir, en quantité, tout ce qu'il se montre capable d'ingérer. Plus il mange, plus il se développe, et plus il produit par conséquent. On n'économise réellement sur la nourriture qu'en la faisant utiliser au maximum, ou qu'en portant au maximum, par sa composition, son coefficient propre ou absolu de digestibilité.

Jusqu'à l'âge de dix-huit mois, pour les grands animaux dont la période normale de croissance est de cinq ans, réduite à trois au minimum par la précocité la plus avancée, le régime est le même, à part les différences dans les matières alimentaires constituantes de la ration d'hiver. Durant les étés, le régime du pâturage est celui qui leur convient le mieux et qui, en thèse générale, doit même être considéré comme indispensable pour atteindre les meilleurs résultats. À partir de cet âge commence pour eux l'application de la gymnastique méthodique à leur appareil mécanique, lorsqu'ils doivent être préparés pour la fonction de moteur animé.

Le type le plus accentué de cette gymnastique nous est fourni par les pratiques usitées depuis très-longtemps dans l'exécution de l'entraînement des chevaux de course, où son efficacité se montre au plus haut degré et de la manière la plus saisissante. Nous devons à ce titre les exposer ici, en vue d'applications plus directement utiles. Nous tenons à ce qu'on sache bien, dès à présent, que les courses de chevaux, importées de l'Angleterre, ne sont pas considérées par nous autrement que comme des jeux ou des spectacles publics, comme les courses de taureaux de l'Espagne et les combats de coqs anglais ; pas autrement que comme des jeux et des spectacles peu propres à développer les bons instincts d'un peuple comme le nôtre, ayant plus besoin de délassements intellectuels, d'admiration de la force morale, que d'enthousiasme pour la force physique des chevaux ou la ténacité des boxeurs. Quant à l'influence qui leur est si facilement attribuée sur l'amélioration de la production chevaline en général, nous réservons formellement notre appréciation à cet égard pour le moment opportun.

Il sera donc bien entendu que les pratiques de l'entraînement des chevaux de course ne sont exposées qu'à titre d'exemple frappant des effets de l'habitude fonctionnelle progressivement acquise par les organes locomoteurs, et par conséquent d'indications pour agir dans le même sens sur ces organes, mais dans une autre mesure, en vertu d'un adage bien connu.

Ainsi que nous l'avons vu précédemment, les os et les muscles de ces chevaux sont développés au maximum, comme leur cœur et leurs poumons ; le système nerveux est chez eux excitable au plus haut degré, et sa conductibilité a atteint la plus grande vitesse. Ce qui les caractérise surtout, c'est la presque instantanéité réflexe des excitations motrices. C'est bien plus cela encore que la puissance musculaire proprement dite ; car tous, sans exception, le montrent, tandis que seuls les coureurs d'élite, nécessairement assez rares, peuvent fournir, sans être pour jamais perdus, des courses de plus de 4,000 mètres, que les hommes du turf appellent des grandes courses ou des courses de fond.

Dans les pratiques de l'entraînement, l'exercice de l'appareil locomoteur commence par de petites promenades au pas, graduellement prolongées jusqu'à ce qu'elles atteignent une durée de trois heures. Répétées chaque jour, elles ont pour but, dans l'esprit des entraîneurs, de préparer les muscles du poulain à des contractions plus énergiques, et de l'habituer à une marche régulière et franche, à un travail réglé. Ces promenades au pas sont en même temps une gymnastique graduelle pour la fonction respiratoire (1), dont elles accélèrent le rhythme, ainsi que pour la fonction du cœur qui lui est étroitement liée. Par là elles activent la nutrition des muscles, en leur fournissant, dans l'unité de temps, une plus forte proportion d'oxygène et en augmentant les échanges moléculaires.

Après un temps variable des exercices à l'allure du pas, les promenades sont entremêlées de petites courses au galop peu accéléré, dont la vitesse est mesurée d'après l'état de la respiration. Ces temps de galop cessent dès que celle-ci s'accélère d'une façon trop sensible et devient ainsi gênée. Il importe en effet beaucoup que l'animal acquière l'habitude de respirer librement aux allures rapides. C'est là une des choses essentielles dans les pratiques de l'entraînement. Jamais un cheval

(1) MAREY, *Expériences sur l'influence de la gymnastique*, etc., loc. cit.

court d'haleine ne gagnera une course. L'art de l'entraîneur consiste surtout à bien ménager la progression des temps de galop, à les rendre de plus en plus rapides et plus prolongés, à mesure que la fonction respiratoire s'y habitue. La moindre faute à cet égard annule tout le travail antérieur. Le but manqué, pour avoir été une fois dépassé, ne s'atteint plus. C'est par-dessus tout une question de tact et d'habileté pratique. Celle-ci s'acquiert, elle aussi, chez l'entraîneur, par l'exercice, lorsqu'il est doué du tact de son métier ou de l'instinct spécial. Cela se sent et s'indique, mais ne peut point se décrire ni s'enseigner en détail.

En conséquence, ce qui vient d'être dit suffit pour faire comprendre en quoi consistent les exercices de l'entraînement. On voit qu'il s'agit purement et simplement d'applications graduelles de la gymnastique, dans le sens le plus ancien et le plus connu du mot. Les particularités que nous devons négliger ici sont relatives à l'apprentissage spécial du métier de coureur. Dans celui-ci il est important, par exemple, d'avoir un bon départ, c'est-à-dire de prendre du premier coup et de pied ferme l'allure spéciale du galop de course, d'avoir de l'émulation ou de l'amour-propre, comme on voudra, ou de mesurer ses propres efforts selon les facultés de ses concurrents, etc. Tout cela est intéressant au point de vue théorique, comme donnant la mesure de la puissance de l'éducation sur les facultés des êtres organisés, mais n'entre point dans le cadre de notre étude actuelle.

D'autres pratiques, qui suivent celles que nous venons de voir, doivent aussi attirer notre attention. Elles sont nées empiriquement, comme les précédentes, du reste, et les entraîneurs en donnent des explications qu'un physiologiste ne peut manquer de trouver singulières. Mais leur valeur n'en est pas pour cela amoindrie, du moins en ce qui concerne la plupart d'entre elles. Ces pratiques se rapportent au pansage des chevaux à l'entraînement.

On conçoit bien que ceux-ci, quand ils rentrent à

l'écurie après leurs exercices violents, ont la peau couverte de sueur. Le soin qui est pris de l'en débarrasser et de la sécher n'est qu'une précaution d'hygiène vulgaire, dans l'intérêt de la santé de l'animal. Il est à peine besoin d'en parler. Tout autre est l'importance des frictions et des massages dont le corps et les membres, particulièrement ceux-ci, sont l'objet. Elle est vraiment capitale.

L'explication des effets constatés de ces frictions et massages est maintenant chose facile pour nous. On sait que le premier de tous est saisissable pour quiconque a fait frictionner ou masser ses membres fatigués ou endoloris. Cet effet est celui de la disparition immédiate, plus ou moins complète, de la sensation de fatigue. Quant à cette sensation, on sait aussi à quoi elle est due. L'expérience de Ranke nous a appris qu'il faut l'attribuer à l'accumulation, dans le muscle, des résidus devant être repris, pour l'élimination, par les vaisseaux sanguins. D'où il suit qu'elle ne se manifeste qu'à dater du moment où la reprise n'est plus suffisante pour compenser à mesure la production de ces résidus, qui doivent se diffuser dans le sang par leur dialyse au travers des parois des capillaires sanguins.

Si, par une excitation directe des nerfs vaso-moteurs de la région musculaire fatiguée, on active le passage du sang dans ses capillaires, la capacité de diffusion de ce sang devient nécessairement plus grande en raison de son renouvellement plus fréquent, et ainsi les résidus sont plus tôt dialysés, le muscle en est plus tôt débarrassé. Or, la friction et le massage n'ont pas d'autre effet que celui d'exciter les vaso-dilatateurs. Il est de connaissance vulgaire qu'ils font rougir notre peau dépourvue de pigment, ce qui ne peut avoir lieu que par la dilatation des capillaires sanguins, entraînant une plus grande rapidité du passage du sang dans leur intérieur, par une diminution des résistances.

Cela ne peut laisser aucun doute, et conséquemment il n'y a plus rien d'empirique dans l'explication des effets incontestables de l'opération dont il s'agit. L'observation a appris aux entraîneurs qu'elle n'est pas seulement utile après les exercices violents, afin de débarrasser le cheval de la sensation de fatigue qui lui est pénible et va souvent jusqu'à lui enlever l'appétit. Lorsque, par le fait des intempéries, ces exercices ne peuvent avoir lieu, ils y suppléent par des massages prolongés qui, d'après le processus physiologique tout à l'heure indiqué, ont pour résultat d'activer la nutrition musculaire ou les échanges moléculaires dans les muscles.

En définitive, on voit que les pratiques de l'entraînement, telles que l'observation séculaire les a fait combiner, se réduisent toutes à un phénomène essentiel, qui est celui de l'excitation graduelle, progressive, du système nerveux moteur, ainsi que nous l'avons dit en exposant la théorie de la gymnastique fonctionnelle. Soit que la volonté de l'entraîneur provoque les excitations centrales qui se transmettent ensuite à la périphérie, pour mettre en jeu la contractilité, soit qu'il agisse directement sur les nerfs vaso-moteurs ou trophiques, sans provoquer cette même contractilité, dans les deux cas son action a pour effet de rendre plus facile et plus rapide, en même temps que plus intense, par l'entraînement de l'habitude, l'excitabilité musculo-motrice et vaso-motrice du système nerveux. Tous les autres résultats, et notamment les résultats nutritifs qui se manifestent dans l'appareil locomoteur et ailleurs, ne sont que des conséquences de celui-là.

En vue d'un but plus immédiatement pratique, les cavaliers arabes, dans l'éducation que de temps immémorial ils donnent à leurs chevaux, suivent des pratiques absolument analogues. De bonne heure ils les habituent à faire de petites courses sous le poids d'un enfant. A mesure qu'ils avancent en âge, l'enfant est remplacé par un adolescent, puis par un jeune homme, puis par le cavalier lui-même, et les courses s'allongent progressivement. Il ne s'agit plus ici de courir à des vitesses moyennes de 14 mètres à la seconde, comme pour les chevaux anglais, mais de courir longtemps et de ne laisser jamais son cavalier en détresse. Au fond, la méthode est la même; les procédés seuls diffèrent comme le genre de service qu'on attend du moteur animé.

Ces procédés du cavalier arabe sont le modèle à suivre pour la pratique de la gymnastique fonctionnelle applicable aux chevaux de cavalerie, aux chevaux de guerre, qui doivent être endurants, robustes, capables de soutenir de longues courses et de s'accommoder à toutes les éventualités d'une campagne pénible. Ce sont là des qualités que n'ont jamais pu montrer les descendants des chevaux anglais entraînés pour les courses, principalement à cause de l'excitabilité excessive de leur système nerveux.

Du même genre est la gymnastique à laquelle sont soumis, dans les pays où l'éducation des chevaux est bien comprise et bien pratiquée, ceux qui doivent servir à la traction des fardeaux, soit à l'allure du trot, soit à celle du pas; mais ici son application se combine avec l'accomplissement même de la fonction économique aux exigences de laquelle ces chevaux devront satisfaire durant toute leur vie. Les systèmes de culture dans lesquels leur production est à sa place, d'après la loi même des harmonies qui doivent présider à la bonne organisation des entreprises agricoles, comportent des besoins de traction dont l'étendue ne dépasse point les limites de l'aptitude mécanique des jeunes chevaux. Dès l'âge de dix-huit mois, ceux-ci sont dressés à leur métier. On les attelle à des véhicules construits et disposés de la façon la plus convenable, qui sera indiquée quand nous nous occuperons des applications particulières. Ils sont ainsi soumis à l'obligation d'un travail progressif, dont l'intensité croît avec leur âge, en restant toutefois toujours en deçà de leur aptitude même.

Sous l'influence de cette gymnastique doublement utile, et par ses effets physiologiques et par ses résultats économiques, l'appareil mécanique des moteurs animés dont il s'agit atteint son maximnm de développement et de solidité possible. Avec des os volumineux, des articulations solides et saines, des muscles vigoureux, ils acquièrent l'habitude des allures régulières, et aussi rapides que le comportent les dispositions et les aptitudes dont ils ont hérité de leurs parents. Ces dispositions et ces aptitudes s'améliorent même par l'exercice progressif.

Chez les animaux comestibles, où la fonction mécanique est nulle ou d'un emploi aussi restreint que possible, la gymnastique doit l'être également en ce qui concerne l'appareil locomoteur. Les mouvements de celui-ci se bornent à la satisfaction des besoins individuels, à ce qui est nécessaire pour l'entretien de la santé. L'animal est à cet égard abandonné à ses propres instincts.

Quelques éleveurs d'animaux précoces, prenant trop à la lettre l'idée que Baudement a formulée en ces termes : « le repos au sein de l'abondance », dépassent le but et arrivent ainsi à un affaiblissement excessif de la constitution de ces animaux. Cet affaiblissement a trop souvent pour conséquence la prompte incapacité des mâles et l'infécondité radicale des femelles. Ils se sont fait de la beauté, chez eux, un type idéal qui pèche par son excès même, et dont la réalisation ne peut s'effectuer qu'au détriment de la fonction sans laquelle tout avenir est fermé. Ce type s'exprime par le mot de *finesse*, dont la signification, dans le cas particulier, se traduit par la réduction du squelette aux plus faibles proportions possible. Les membres supportent à peine le corps ; la tête est amincie au dernier degré ; les cornes, chez les bêtes bovines, restent presque rudimentaires. Cela, dans son ensemble, n'est compatible qu'avec un tempérament d'une faiblesse maladive, apte seulement à élaborer et à accumuler dans un tissu connectif surabondant des matières graisseuses ; c'est ce tempérament-là qu'on nomme vulgairement et improprement lymphatique.

Pour arriver au résultat, ces éleveurs condamnent leurs animaux à un repos aussi complet que possible de l'appareil locomoteur, en excitant seulement au plus haut degré l'appareil digestif. Le plus tôt possible, il les tiennent en charte privée, dans des étables où ils jouissent d'un calme parfait, à l'abri des moindres excitations, autres que celles d'une alimentation à la fois succulente et abondante. Certes, le procédé est infaillible, et dans l'état actuel de l'opinion la plus répandue parmi les juges d'animaux précoces, dans les concours dont ils sont l'objet, il fait sûrement atteindre le but, qui est d'obtenir des prix et des médailles, ou même des coupes d'honneur. Mais il est aussi certain, d'un autre côté, que par ce procédé le but véritablement utile, le but industriel, celui des bénéfices solides et durables, est manqué, parce qu'il est dépassé. La première de toutes les fonctions, pour un animal comestible perfectionné, est celle de la reproduction. C'est un perfectionnement peu pratique, celui qui, en vue de la destination finale, va jusqu'à porter une atteinte sérieuse à la faculté reproductrice, sans laquelle ce perfectionnement demeure individuel et par conséquent à peu près stérile.

A cet égard, le mal est devenu tellement grand, l'abus a atteint de telles limites, qu'il a fini par frapper même les enthousiastes les plus irréfléchis, les partisans les plus outrés de la précocité poussée à ses dernières limites, et qu'ils ont enfin joint leur voix à celle des observateurs plus calmes et plus éclairés, pour signaler l'écueil.

Cet écueil sera facilement évité, à la condition de maintenir le régime des animaux comestibles précoces dans la mesure de ce qui est commandé par le soin de leur propre hygiène; à la condition que leurs propres instincts, comme nous l'avons déjà dit, soient satisfaits, en ce qui concerne le besoin de mouvement qu'éprouve, surtout dans sa jeunesse, tout être organisé animal. Il suffira pour cela de faire vivre les animaux au pâturage durant toute la belle saison et de leur laisser, durant la mauvaise, dans les habitations qu'ils doivent occuper, la plus grande liberté possible, jusqu'au moment où leur développement est près de s'achever; c'est-à-dire qu'il convient, au lieu de les tenir trop étroitement attachés dans des stalles, de les loger en compagnie dans des boxes attenantes à de petits parcs, dans lesquels ils puissent librement prendre leurs ébats.

Assurément, ils n'atteindront pas ainsi, du moins pour le grand nombre, ce maximum de finesse cher aux amateurs de sport en fait de bétail ; mais ils acquerront un tempérament suffisamment vigoureux pour garantir une santé solide et l'accomplissement régulier de leur fonction de reproduction, qui importe avant tout pour la conservation de leur variété. Ils pèseront sans doute quelques kilogrammes de moins, et fourniront individuellement, quand ils seront abattus, une proportion un peu moins forte de viande nette ; mais quand on fera la somme des produits du troupeau, qu'il s'agisse de reproducteurs vendus ou de toute autre source de recette, on constatera que cette somme a été néanmoins plus forte, parce qu'il y aura eu moins de non valeurs. C'est toujours là qu'il en faut venir, au lieu de s'en tenir aux inspirations d'une esthétique d'ailleurs discutable et à l'usage des seuls sportsmen.

Il nous reste à nous occuper de l'application de la gymnastique fonctionnelle aux organes producteurs du lait, dans les conditions pratiques. Cette application découle logiquement de la théorie que nous en avons faite, et qui est d'ailleurs tirée des usages séculaires adoptés dans tous les pays de fortes laitières. Ces usages consistent, comme nous le savons, à faire entrer de bonne heure les mamelles en fonction, durant la période de croissance de la femelle, en hâtant le plus possible l'époque de sa première gestation. Ils sont loin d'être blâmables, comme l'opinion s'en est répandue, d'après des considérations conçues à priori. L'état de gestation, d'après cette opinion, nuirait au développement corporel de la jeune femelle. Ces usages ne sauraient au contraire recevoir une trop forte approbation, car ils ont la meilleure part dans le succès des industries laitières européennes.

Ce qui nuit au développement corporel, dans la plupart des cas, ce n'est point la gestation précoce, mais bien le sevrage hâtif entraîné par le désir de vendre ou de livrer à la fabrication du beurre ou du fromage la plus forte quantité possible de lait, et l'alimentation trop parcimonieuse du jeune bétail durant l'hiver. La réapparition fréquente de l'instinct génésique, chez les jeunes femelles, trouble à coup sûr plus leur développement et le retarde, à un degré autrement accentué, par l'agitation, par l'inquiétude, par la diminution de l'appétit, qui se manifestent durant le temps des chaleurs, que ne le peut faire l'accomplissement d'une fonction normale comme la gestation.

Le raisonnement fautif qui a donné lieu à l'opinion des auteurs sur ce sujet a pour base la supposition, purement gratuite, que la substance employée pour la formation du fœtus est détournée au préjudice de la mère, comme si l'on ne savait pas que celle-ci, à la condition que l'alimentation ne lui soit point épargnée, y trouve facilement, dans son nouvel état physiologique, de quoi couvrir le besoin qu'il fait naître. Du reste, mieux que tous les raisonnements généraux, l'expérience directe réfute péremptoirement une telle supposition.

Il convient de livrer au mâle la jeune femelle dès qu'elle manifeste le désir de le recevoir, sous la condition, bien entendu, qu'il s'agisse de bêtes abondamment nourries, comme le sont nécessairement celles dont nous nous occupons ici. Ses mamelles entrant plus tôt en fonction, se développent davantage et acquièrent une puissance fonctionnelle plus grande, excitées qu'elles sont en outre par la succion du jeune dont l'allaitement se prolonge, et ensuite par des traites répétées, chez les genres exploités pour la laiterie.

Dans des conditions de milieu favorables à la lactation, il n'y a point de race dont les sujets ne puissent, sous l'influence de la gymnastique fonctionnelle ainsi pratiquée, être progressivement amenés au moins jusqu'au point de fournir du lait au delà de ce qui est nécessaire pour l'allaitement copieux du jeune ; de même qu'il n'y en a point non plus qui, en l'absence de ces conditions et de cette gymnastique, ne perdent bientôt l'aptitude qu'elles manifestaient auparavant au plus haut degré. A l'appui

de la proposition, l'étude de l'extension naturelle ou artificielle des races fournit des observations en grand nombre et d'une évidence incontestable.

En considération du rôle important que nous avons
reconnu à l'allaitement copieux, il est donc clair que l'application particulière de la gymnastique fonctionnelle aux
mamelles ne saurait être faite avec trop d'attention. Ses
résultats ont sur l'amélioration des populations animales
une influence prépondérante. N'oublions pas que les mères
bonnes nourrices font à peu près toujours de bons produits, dont le développement atteint le maximum de leur
race, et qui par conséquent se paient au plus haut prix.

CHAPITRE VI

MÉTHODES D'EXPLOITATION

But de l'exploitation. — En économie rurale, une habitude vicieuse de langage s'est introduite, qui consiste à qualifier les entreprises zootechniques de « spéculations » sur le bétail. La spéculation est une opération qui consiste à faire des achats ou des ventes, en prévision de la hausse ou de la baisse des valeurs à un moment donné. Elle n'a rien de commun avec l'industrie, dont la fonction est de produire ces valeurs. Il faut donc s'abstenir tout à fait de l'emploi d'un terme qui a le grave inconvénient de fausser complètement le sens des opérations zootechniques. Toutes les conditions de celles-ci sont déterminées par des lois naturelles de l'ordre biologique ou de l'ordre économique. Elles ne laissent rien à cette chose aléatoire qu'on appelle la chance ou le hasard; elles ne mettent en jeu, à aucun degré, le calcul des probabilités. En conséquence, produire des animaux ou des matières animales pour les exploiter en vue d'un bénéfice, ce n'est point spéculer, mais bien faire acte d'industrie.

Une telle façon d'envisager la zootechnie (ceux qui ne sont pas au courant de son histoire auront peine à le croire) ne date que de peu de temps. Nos devanciers et encore quelques-uns de nos contemporains, en France et à l'étranger, ne l'ont considérée et ne la considèrent que par son côté exclusivement technique, ne s'occupant que de satisfaire aux conditions d'une certaine esthétique ou de faire atteindre à la production animale son maximum d'intensité.

Pour les auteurs auxquels nous faisons allusion, le progrès en ces matières consiste simplement à produire ou à exploiter les plus beaux animaux, ceux dont les formes se rapprochent le plus d'un type idéal qu'ils ont choisi dans chaque genre.

C'est, ainsi que nous l'avons établi, une notion relativement nouvelle, que celle qui consiste à envisager l'exploitation des animaux agricoles comme devant produire des profits directs. Aussi bien en économie rurale qu'en zootechnie, ceux qui professent cette notion sont réputés former une nouvelle école, non pas traitée sans quelque dédain par les derniers tenants de l'ancienne. Quelques-uns de ceux-ci assurent bravement qu'on fait gagner ou perdre à volonté le bétail, selon la manière dont son compte est établi, admettant ainsi que la comptabilité véritable se peut prêter aux caprices de celui qui la tient.

Énumération des méthodes d'exploitation. — Nous savons que, dans l'état actuel de la science, les animaux doivent être considérés comme des machines qu'il s'agit de construire et d'alimenter pour en obtenir des transformations utiles, matières premières ou force motrice. A l'encontre de ce qu'il en est pour les machines proprement dites, les matériaux de construction sont ici les mêmes que les matériaux d'alimentation. Les machines animées se développent elles-mêmes, s'entretiennent et se réparent aux dépens de leurs propres aliments. De ce caractère particulier, il suit que l'alimentation, dans leur exploitation, est la chose de beaucoup la plus importante de toutes. Elle gouverne le choix des méthodes d'exploitation qui, pour tous les genres d'animaux, sont au nombre de trois dans la pratique générale. Elles doivent, dans celle de l'agriculture progressive, être réduites à deux seulement, pour se conformer entièrement à la doctrine scientifique de la zootechnie.

La première de ces méthodes est celle qui consiste à faire naître les animaux, à exploiter par conséquent des mères en leur faisant remplir leur fonction de gestation et d'allaitement, pour livrer ensuite au commerce les jeunes aussitôt après leur sevrage.

La deuxième est celle dans laquelle l'industrie a pour objet d'acheter ces jeunes animaux à leurs producteurs et de s'occuper de leur éducation, jusqu'à ce qu'ils puissent être avantageusement livrés au commerce en vue de la consommation générale, à un titre quelconque.

La troisième, enfin, consiste à exploiter des animaux dont le développement est achevé, des animaux adultes, pour tirer bénéfice de leurs produits de transformation, soit force motrice, soit lait, soit laine, soit viande.

Il est facile d'établir que cette dernière méthode, à mérite individuel égal des animaux exploités, est la moins lucrative de toutes. Quelle que soit en effet la fonction économique qui fasse l'objet de l'exploitation, elle est dans le plus grand nombre des cas unique, et dans tous elle laisse de côté celle que nous avons considérée comme prédominante. Celle-ci est ainsi nommée parce que, étant compatible avec toutes les autres, prises ensemble ou séparément, elle les bonifie toutes. En son absence, au contraire, toutes sont déprimées, quant à leur rendement économique.

L'animal en exploitation représente, comme nous le savons, un capital engagé, qui est d'ailleurs d'autant plus considérable que l'opération a été entreprise au moment où cet animal avait atteint sa plus grande valeur commerciale, au moment où il était arrivé à son complet développement. À partir de ce moment, par le cours naturel des choses, cette valeur va nécessairement en décroissant.

Il n'est sans doute point utile de démontrer que les animaux adultes perdent de leur valeur commerciale à mesure qu'ils vieillissent, qu'ils approchent du terme de leur vie. Non seulement l'étendue de leur aptitude à la fonction économique qu'ils remplissent décroît, mais encore le temps probable d'activité de celle-ci diminue. En conséquence, leur prix ou leur valeur se calcule toujours sur ces données, dont la dernière sert aussi de base pour déterminer l'amortissement annuel du capital en exploitation, venant se joindre à l'intérêt de ce même capital. Il est clair qu'intérêt et amortissement ne peuvent se prélever que sur le produit brut annuel, en s'ajoutant aux frais de production

Si intense que soit l'aptitude productive, il est non moins clair que le produit net ou le bénéfice en serait plus grand si le capital, conservant sa valeur, n'avait pas besoin d'être amorti, en prélevant pour cela une part de ce produit net. L'opération serait encore plus productive si, au lieu de diminuer, le capital engagé augmentait de valeur, au risque même d'un moindre revenu.

C'est pourquoi la méthode d'exploitation des animaux adultes doit être absolument bannie de l'agriculture, où elle n'est pas à sa place. La fonction de l'agriculture est de créer des valeurs animales, non d'en détruire ou d'en consommer. Elle les produit pour les besoins des autres industries ou des autres activités sociales quelconques, pour satisfaire les goûts ou même les caprices des consommateurs qui, par leur situation, ne peuvent pas ou ne veulent pas en être eux-mêmes producteurs. Elle ne doit, pour se conformer complètement à la loi économique, en consommer elle-même d'aucune sorte. Nous entendons par là que, dans l'industrie agricole, le compte des valeurs animales doit toujours être créditeur à l'article du capital. Et c'est en vertu de ce principe qu'aux anciennes fonctions économiques du bétail nous avons ajouté la fonction créatrice de capital, les anciennes ne touchant que des créations de revenu.

Cette fonction, nouvelle dans la science, ne l'est point dans la pratique traditionnelle. Des modes séculaires d'exploitation des animaux, que nous aurons à décrire, la réalisent sur une grande échelle. Le bon sens des populations, qu'on appelle souvent la force des choses, les a fait établir. Au lieu de les observer, de les analyser, de les étudier en un mot, pour en tirer la conséquence générale, ou mieux pour en dégager la loi, on les a plus volontiers considérés comme l'expression de la routine prise dans son mauvais sens. Il convient au contraire d'en faire son profit et de les généraliser, en réduisant à deux seulement, comme nous l'avons dit, les méthodes à suivre dans l'exploitation des animaux agricoles, en éloignant de la ferme tout animal qui, étant arrivé à l'âge adulte ou à son complet développement corporel, a atteint sa plus grande valeur commerciale, a par conséquent rempli complètement sa fonction créatrice de capital.

Les deux seules méthodes qui subsistent scientifiquement, celle de production et celle d'éducation ou d'élevage des jeunes animaux, peuvent être exercées concurremment ou séparément. Il n'y a pas à cet égard de loi générale. Pour certains genres et même pour certaines variétés, l'avantage est du côté de la séparation ou de la division du travail. Pour quelques-uns la séparation est même indispensable, sous peine de ne tirer aucun bénéfice de la production. Pour d'autres, au contraire, elle n'est nullement pratique. C'est le cas, par exemple, de l'exploitation des variétés comestibles très-précoces, dont les sujets sont livrés à la consommation dans le courant de la première année de leur existence.

Le choix à faire entre ces deux méthodes ne peut donc pas être indiqué d'une manière absolue. Il dépend des cas particuliers. En conséquence, la question qui le concerne doit être réservée pour l'étude spéciale de ces cas, qui sera faite en son lieu, à propos de la zootechnie de chacun des genres d'animaux.

Conditions générales de l'exploitation. — Atteindre le but unique de toute entreprise zootechnique dépend à la fois de conditions générales et de conditions spéciales. Celles-ci, variables comme les circonstances de genre, d'espèce et même d'individu, ne peuvent pas être examinées ici. Elles se rapportent à l'objet de la production, qui est lui-même variable. Mais, quel que puisse être, dans le problème, le nombre des variables, il comporte dans tous les cas trois constantes, que nous devons examiner, pour en faire ressortir l'importance. Cette importance est telle que sa solution satisfaisante peut être considérée comme impossible lorsque l'une d'elles est méconnue ou négligée ; à plus forte raison si deux ou toutes les trois sont laissées de côté.

Il faut bien dire que, dans la plupart des ouvrages sur l'économie du bétail, pour ne pas dire dans tous, et même dans les plus récents, exclusivement techniques,

il n'est tenu aucun compte des considérations sur lesquelles nous allons nous arrêter. On ne s'y occupe que
des procédés de production, sans avoir égard le moins du
monde aux conditions de milieu, dont l'influence sur les
résultats de leur application s'impose et ne peut par
conséquent pas être éludée.

Certains auteurs ont examiné la question du choix de
la race à exploiter, mais en considérant exclusivement
ses qualités absolues. Nous n'en connaissons aucun qui
avait envisagé cette question en prenant pour base de son
examen les divers systèmes de culture du sol, dans
lesquels la production animale doit avoir lieu, aucun qui
ait fait dépendre celle-ci avant tout du milieu économique. Les chapitres de notre première édition consacrés
à ces sujets ont été de véritables nouveautés. On a
peine à comprendre qu'ils aient pu paraître des révéla-
tions. Le succès incontestable qu'ils ont obtenu, en
France et à l'étranger, ne s'explique que par l'état peu
avancé de la science zootechnique, au moment où ils ont
paru. Alors on n'avait pas encore songé, apparemment,
que la production animale étant une industrie, devait
obéir aux lois et conditions générales de toute industrie,
par dessus tout à celle qui concerne l'exacte appropriation de la chose produite aux circonstances qui en déterminent la valeur ou l'utilité économique, dont cette valeur fixe le rapport.

En face de tout projet de production animale se dresse
une première condition, qui s'impose au choix du genre
des sujets sur lesquels s'exercera l'industrie. Cette condition, l'entrepreneur la subit; il ne dépend pas de lui de
l'écarter. En thèse générale, elle est plus ou moins
impérieuse physiologiquement; mais, économiquement,
le résultat dépendra toujours, si peu impérieuse qu'elle
soit, dans une certaine mesure de l'appréciation plus ou
moins exacte qu'il en aura faite. Nous voulons parler
des matières alimentaires ou matières premières de la
production animale fournies par le système de culture.

Dans ce système de culture, la fonction des animaux

est de les mettre en valeur par les transformations qu'ils leur font subir, absolument comme le *Self-Acting* donne de la valeur au coton ou à la laine qu'il file, comme le haut-fourneau en donne au minerai qu'il réduit. Les broches et le haut-fourneau consomment du coton ou de la laine cardés ou peignés et du minerai: ils produisent des fils et de la fonte. Les animaux consomment des matières végétales de diverses sortes: ils produisent des utilités animales, force motrice, lait, laine, chair, graisse, peaux, poils, cornes, os, etc.

Le problème à résoudre immédiatement est celui de savoir quels seront, pour chacune des diverses sortes de matières végétales, les meilleurs consommateurs, c'est-à-dire ceux qui, dans la transformation qu'ils leur feront subir, les utiliseront avec le moins de déchet; ou, en d'autres termes, ceux dont le rendement sera le plus élevé; de même que dans les industries de la filature et métallurgique, on se demande d'abord quelles sont les formes de métier ou de haut-fourneau avec lesquelles on obtiendra, d'un poids donné de matière première, la plus forte proportion de fil ou de fonte.

Cette notion des meilleurs consommateurs de matières premières, ou, ce qui revient au même, des organismes producteurs les plus capables dans chaque cas particulier, est celle qui domine toute entreprise de production animale. Elle est absolument générale. Certaines de ces matières, formant les aliments naturels de tous les herbivores, peuvent être utilisées à un égal degré par tous, quand elles sont de première qualité. C'est le cas des herbes des prairies et du foin qu'elles donnent, dont le coefficient moyen de digestibilité ne diffère pas sensiblement pour les divers genres d'animaux.

Mais elles présentent des qualités très-différentes, suivant les qualités mêmes des sols qui les ont produites. Les herbes grossières des prairies basses et humides ont, comme on le sait, des propriétés bien différentes de celles qui appartiennent aux herbes des prairies hautes et saines. Si ces dernières conviennent à tous les genres d'animaux, il n'en est nécessairement pas de même pour les autres. Les grands ruminants, par exemple, peuvent sans inconvénient vivre de fourrages grossiers, peu riches sous un grand volume. La capacité normale de leur estomac s'y prête facilement. Les prairies basses sont d'ailleurs leur milieu naturel. De plus, leur aptitude connue à digérer au plus haut degré les fibres grossières, dites ligneuses, ne fait qu'y ajouter un avantage. Ce serait au contraire un inconvénient à joindre, pour les Équidés, à celui d'introduire chaque jour dans leur estomac, relativement d'une faible capacité, un trop fort volume d'aliments pour y trouver de quoi subsister.

Il est donc évident, d'après cela, que les meilleurs consommateurs des herbes produites par les prairies basses ne sont point les Équidés, mais bien les Bovidés. Il en est ainsi, à bien plus forte raison, pour d'autres matières alimentaires que le système de culture impose, telles, par exemple, que les racines charnues et leurs résidus industriels, betteraves, navets, etc. Ayant à tirer parti de ces sortes d'aliments, il n'est personne qui hésiterait à les faire consommer par des ruminants plutôt que par des monogastriques. La physiologie est ici d'accord avec l'usage empirique, résultant de l'observation simple. De même on sait généralement que des pâturages maigres, secs et fins, ne peuvent être mis en valeur que par les Ovidés.

Ces faits ne sont mentionnés ici qu'à titre d'exemples, et pour montrer jusqu'à quel point il importe d'examiner d'abord la question que nous posons. Pour la résoudre complètement, dans tous les cas, il faut faire appel à l'ensemble des connaissances physiologiques sur la fonction digestive et sur son alimentation. Nous avons dit déjà qu'elle est de beaucoup la chose la plus essentielle en toute entreprise zootechnique, bien qu'elle ait été si longtemps considérée comme accessoire.

Les matières alimentaires dont on dispose dans une exploitation agricole dépendent du système de culture suivi, qui dépend lui-même de conditions dont nous n'avons pas à nous occuper ici. Pour atteindre le but de la production animale, il s'agit de faire consommer ces matières par les sujets qui, en vertu de leur aptitude digestive naturelle, les utiliseront au maximum, afin d'en obtenir la plus forte quantité possible de produits de transformation. Ce n'est point de son goût ou de ses préférences personnelles pour tel ou tel genre d'animaux qu'il faut s'inspirer pour fixer son choix. Ce n'est pas davantage de considérations sentimentales quelconques, réputées ou non patriotiques.

En fait de production animale, le vrai patriotisme consiste à enrichir son pays en augmentant sa propre fortune. Jamais personne n'a servi utilement les intérêts de la nation en amoindrissant les sources de sa puissance financière. Plus on crée de valeurs, plus on est utile à la grandeur et à l'indépendance de son pays. Les nations les plus riches sont toujours les plus respectées, à la condition que leur richesse soit due au travail, parce que le travail est avant tout moralisateur. Hors de là, il n'y a que déclamation. Dans l'agriculture, comme dans toutes les autres branches de l'activité sociale, le devoir des bons citoyens est de produire la plus forte somme possible d'utilités, c'est-à-dire de contribuer sans cesse à l'accroissement du capital social, la puissance nationale, toutes choses d'ailleurs égales, étant proportionnelle à ce capital.

Il n'y a pas lieu, du reste, de se préoccuper de ces considérations sentimentales, auxquelles nous venons de faire allusion, et qui sont le plus souvent invoquées en ce qui concerne notamment la production des chevaux en vue de la défense nationale. Les besoins de celle-ci, qu'on n'a ici nulle envie de méconnaître, loin s'en faut, reçoivent satisfaction complète par l'application du principe scientifique en question, bien mieux à coup sûr que par sa transgression. Dans tous les États de l'Europe, et dans le nôtre en particulier, il y a des situations agricoles et des systèmes de culture propres à la production chevaline, en nombre et en étendue suffisants pour satisfaire à ces besoins. Si l'on admet avec nous que cette production, comme toutes les autres, est d'autant plus efficace qu'elle est mieux à sa place, et cela n'est scientifiquement point contestable, que deviennent les déclamations dont elle est partout l'objet, de la part des personnes qui négligent d'envisager sa condition principale d'efficacité?

Ces déclamations, malheureusement trop goûtées, ont pour seul effet de pousser à la production de non valeurs qui affaiblissent le pays en l'appauvrissant, au lieu qu'il serait enrichi et fortifié si les matières premières, ainsi mal utilisées et détruites en partie, avaient été livrées à leur meilleurs agents de transformation, ou à ce que nous nommons leurs meilleurs consommateurs.

Le genre des animaux meilleurs consommateurs des matières alimentaires étant déterminé, tout n'est pas dit. En chaque genre il y a des distinctions de race ou d'espèce, de variété, et par conséquent d'aptitude. Il va sans dire qu'en ce qui concerne l'aptitude ou la puissance digestive, la préférence appartient de droit aux plus capables. C'est élémentaire. A peine est-il besoin de l'indiquer. A cet égard, la tendance est plutôt vers l'abus de la notion que vers sa négligence, et les considérations que nous avons à faire intervenir maintenant sont précisément celles qui mettent en garde contre cet abus. Elles se rapportent au respect de la loi d'extension des races, dont il n'importe pas moins de tenir compte pour arriver sûrement au but de l'exploitation.

On comprend facilement que ce but ne serait point atteint, quelle que fût la concordance de l'aptitude digestive des animaux exploités avec les propriétés des matières alimentaires fournies par le système de culture, et quelle que fût aussi l'étendue de cette aptitude, si ces animaux se trouvaient dans l'obligation de les utiliser au profit de leur propre conservation, de leur propre entretien, au lieu de les faire tourner au bénéfice de l'exploitation même. C'est ce qui serait infaillible s'ils avaient à lutter contre des circonstances extérieures défavorables à leur organisme. En ce cas, comme nous l'avons expliqué en étudiant la loi d'accommodation au milieu (p. 156), ils travailleraient pour eux et non pour nous. Si, transportés en dehors de l'aire géographique dont ils ont l'accoutumance naturelle, ils rencontraient dans leur nouveau milieu des conditions climatériques très-différentes de celles que comporte cette accoutumance, le moins qui pût en advenir, c'est leur complète improductivité.

A de moindres différences correspondraient de moindres dépressions de leurs facultés productives; mais il est certain que celles-ci ne peuvent être conservées intactes qu'à la condition d'une parfaite identité des conditions de pression, de température et d'humidité atmosphériques moyennes. L'observation directe l'établit sans conteste, et les résultats de nos propres recherches expérimentales sur la respiration l'expliquent de la façon la plus nette.

Entre les diverses races et les diverses variétés de chaque genre, le choix des sujets à exploiter ne peut donc pas être indifférent, à puissance digestive égale, et la considération de cette puissance ne peut pas être la seule à faire entrer en ligne pour atteindre le but de l'exploitation. En supposant, par exemple, que le système de culture comporte l'exploitation des bêtes bovines, et que toutes les autres conditions que nous aurons à voir indiquent la production laitière comme devant être la plus avantageuse ou la plus lucrative, on introduirait en vain dans ce système de culture des vaches de la variété la plus laitière du monde, si l'exploitation doit se poursuivre dans un climat sec, loin des côtes ou des rives des grands lacs ou des fleuves, ou bien des altitudes hantées par les fréquents brouillards. Dans ce climat, les vaches ne produiraient plus bientôt que très-peu de lait, à peine de quoi suffire à l'alimentation de leur veau. De même s'il s'agissait de faire passer dans les hautes altitudes une race accoutumée de longue date à la pression moyenne du niveau de la mer.

Il n'en est pas autrement à l'égard de l'aptitude à l'engraissement. On s'en convainc facilement en considérant ce que deviennent, dans les régions méridionales de la France, sous leur climat sec et chaud, les sujets de la variété de Durham qu'on y introduit, et surtout ce que devient leur progéniture, quelque soin qu'on prenne de les alimenter copieusement.

A cela, dont les exemples pourraient être beaucoup
multipliés, il y a une conclusion pratique qui est ici tout
à fait en situation. Cette conclusion, c'est que, en thèse
générale, il y a toujours avantage à exploiter les animaux
dans leur aire géographique naturelle, ou du moins dans
celle où ils ont acquis de longue date l'accoutumance.
On ne trouverait à l'encontre de cette thèse que de bien
rares exceptions. Le véritable progrès de l'exploitation
consiste à la poursuivre sur eux conformément aux
méthodes scientifiques, non point à les remplacer, sans
y regarder de très-près, par d'autres empruntés à une
aire plus ou moins éloignée, pour la raison que dans
celle-ci ils se montrent plus aptes.

Dans le plus grand nombre des cas, ne point tenir
compte de la considération sur laquelle nous insistons,
c'est s'exposer à une déception certaine. Contrairement
à ce qui a été si longtemps enseigné, ce n'est point le
choix de la race à exploiter qui importe surtout. Ce choix
est généralement imposé par des habitudes commerciales
locales, par tout un ensemble de circonstances économiques qu'on a plus d'intérêt à respecter qu'à transgresser, et sur lesquelles nous nous expliquerons bientôt. Ce
qui a la plus grande importance dans tous les cas, c'est
le bon choix des individus.

Souvent nos élèves commençants, désireux de contrôler
ce qu'ils avaient entendu dire, nous ont posé la question
suivante : « Quelle est la meilleure race bovine laitière? »
Nous leur avons toujours invariablement répondu : « C'est
celle qui, étant à sa place, y est le mieux exploitée
conformément aux méthodes scientifiques dont vous
êtes venus ici chercher l'enseignement. » Pour tous les
buts de production, la même question doit recevoir
la même réponse. Excellente ici, telle race quelconque
devient médiocre ou mauvaise là, parce que, sur le premier lieu, son exploitation donne de grands profits,
tandis que sur le second on n'en obtient que des faibles
ou même que des pertes, soit pour les causes que
nous venons de voir, soit pour d'autres que nous
avons à examiner maintenant. Celles-ci se rapportent

à la deuxième des conditions générales dont nous nous occupons.

La première était d'ordre purement physiologique et dépendante de la qualité même des sujets exploités; cette deuxième condition est d'ordre purement économique : c'est celle qui, comme nous l'avons déjà dit, en détermine la valeur. Il ne servirait à rien, en effet, de faire travailler les machines animales au maximum de leur puissance, d'en obtenir le rendement le plus élevé dans les transformations qu'elles font subir à leurs matières alimentaires végétales, si les produits de ces transformations ne devaient rencontrer dans le commerce un écoulement facile et avantageux. Leur fonction physiologique est de créer des produits de diverses sortes; mais leur fonction économique est de créer des valeurs, ou utilités mesurées à l'étalon de la valeur commerciale. Ils doivent faire entrer de l'argent en caisse, plus d'argent qu'il n'en serait entré par la vente directe de leurs matières premières, sans quoi leur fonctionnement n'aurait pas le caractère industriel qu'exige la zootechnie expérimentale.

Ce n'est pas encore assez dire. Les valeurs créées doivent être le plus élevées possible. Dans la comparaison des objets d'exploitation également admissibles, eu égard à la puissance propre des machines animales considérées, eu égard au rendement de la matière première ou des aliments, c'est toujours le produit qui se vend le mieux et le plus cher, avec les moindres frais de vente, qui doit obtenir la préférence du producteur.

Nous n'avons point à nous étendre ici sur les considérations en vertu desquelles s'établissent les prix des objets commerciaux. Nous devons supposer la connaissance des lois économiques, et en particulier de celle de l'offre et de la demande. Tout le monde sait que dans tous les cas la marchandise la plus demandée, celle dont le débouché est le plus facile et le plus assuré, est toujours la plus avantageuse à produire. En industrie manufacturière, la notion est élémentaire. Elle ne le serait pas moins en industrie agricole, si les habitudes traditionnelles ou routinières de celle-ci, d'une part, et de l'autre les conceptions dogmatiques résultant d'une fausse notion du progrès, ne l'avaient obscurcie. Les uns continuent les entreprises de leurs pères ou imitent celles en usage dans leur localité. Ce n'est point ceux-là qui font le plus mal. En général, on peut admettre que les usages traditionnels ont obéi, pour s'établir, aux lois économiques, bien que ce soit d'une façon inconsciente de la part des hommes qui en ont subi l'impulsion. Les autres, mus seulement par l'esprit d'innovation et séduits par des conceptions absolues, croient faire mieux que leurs voisins par cela seul qu'ils font autrement et qu'ils obtiennent de plus beaux produits à leur propre goût, mais non point à celui des acheteurs.

Ces derniers sont en général des philantropes conscients ou inconscients, tout au moins des hommes dévoués au progrès. En sa faveur, ils font de la propagande, avec un véritable désintéressement parfois. Ils déplorent naïvement le peu de succès de cette propagande; mais ils se trompent du tout au tout sur le véritable caractère du progrès qu'ils veulent servir. Ils ne comprennent point que le seul et en tout cas le meilleur moyen de se susciter des imitateurs, c'est de gagner le plus d'argent possible, et non point de donner l'exemple d'une exploitation évidemment en perte.

Il faut donc, avant de commencer une entreprise de production animale quelconque, à l'aide du genre de sujets imposés par la condition d'alimentation, la discuter en vue du débouché de ses produits. Cela revient à dire qu'il est indispensable d'étudier aussi à fond que possible la situation économique, de façon à reconnaître exactement l'état du marché, l'étendue de la demande et celle de la concurrence, à mesurer les conditions de la lutte. Entreprendre la production d'une marchandise dont le marché est déjà encombré ou qui est très-peu demandée, ou s'engager dans une lutte où l'on sera sûr d'être battu par des concurrents mieux placés pour vaincre, soit pour des raisons de

moindres frais de transport, soit pour des raisons de qualité meilleure de la marchandise, ce serait marcher de
gaité de cœur vers la ruine.

Dans notre industrie comme dans toutes les autres, le
simple bon sens veut qu'on travaille en vue de la demande de l'acheteur, et non pas en vue de ses propres
prédilections ou de celles qu'on désirerait voir s'établir,
parce qu'on les croit, à tort ou à raison, préférables pour
le bien général. Il n'est pas défendu de faire théoriquement de la propagande en faveur de ces prédilections-là.
On ne saurait même trop recommander aux hommes
d'initiative de consacrer toutes les ressources de leur
intelligence éclairée par la science à ouvrir des débouchés
pour les nouveaux produits qu'ils sont en mesure de
fabriquer. Mais ce qui est la loi fondamentale du succès
industriel, c'est que la production suive le débouché et
ne le précède point ; c'est que l'écoulement des produits
soit au moins très-probable, sinon assuré, avant leur
fabrication, puisqu'ils ne sont fabriqués que pour être
vendus.

L'histoire de l'agriculture, dans tous les pays, montre
clairement que la plupart des ruines individuelles accumulées en assez grand nombre par des novateurs imbus
de la fausse notion du progrès, notamment par les partisans de la doctrine absolue des gros capitaux d'exploitation, ont eu pour cause principale la méconnaissance
de cette loi du débouché sur laquelle nous insistons.
Dans la production animale, ces gros capitaux ont été le
plus souvent employés à la création de valeurs imaginaires, qui, ne pouvant point trouver d'écoulement sur le
marché, ou du moins ne s'écoulant qu'à des prix inférieurs à la somme de leurs frais de production, devenaient
pour l'exploitation une charge plus ou moins lourde,
tandis qu'elles doivent être normalement la principale
source de ses profits.

En considération de ce que nous apprend l'observation
des faits les plus généraux, à l'égard des conditions
essentielles du succès dans les entreprises zootechniques, on peut formuler en une proposition simple le

précepte de la sagesse de conduite à recommander aux
commençants, à ceux qui s'établissent en un pays pour y
exploiter la production animale. Cette sagesse consiste à
adopter purement et simplement le genre de production
qui se pratique le plus autour de soi, à la condition de se
servir de ses connaissances et de ses aptitudes spéciales
pour le pratiquer mieux, pour l'améliorer dans les détails
d'exécution, pour en augmenter le rendement ou le bénéfice net.

Il y a sans doute des cas particuliers dans lesquels
une exception pourrait trouver sa place. On peut admettre notamment l'avantage d'appliquer toutes les ressources à l'exploitation d'un seul genre d'animaux,
même d'un seul produit, là où plusieurs sont exploités à
la fois. Mais la loi que nous visons n'en est pas pour
cela moins respectée. En procédant ainsi, l'on a pour soi
tout, hommes et choses, les habitudes des auxiliaires et
celles du commerce, les moyens de production et le
débouché des produits, auxquels il s'agit seulement de
faire acquérir une plus value, en perfectionnant la technique ou en réduisant les frais par un meilleur emploi
des matières premières.

Le système d'exploitation généralement suivi dans une
région de pays n'est en vérité point une chose arbitraire.
Il découle normalement de l'ensemble des circonstances
qui l'ont imposé au bon sens des populations. L'une de
ces circonstances ou plusieurs venant à changer, il se
modifie, mais non pas brusquement. Il n'est point
douteux que la plus agissante, la plus efficace de toutes,
est celle qui concerne la demande, l'accroissement du
débouché existant ou l'ouverture de débouchés nouveaux.
Les phénomènes agricoles qui ont suivi l'établissement
des voies ferrées, à mesure que le réseau s'en est
étendu, ne sont en ce sens pas méconnaissables. L'extension des populations urbaines, composées de plus forts
consommateurs de produits animaux que ne le sont les
populations rurales, extension à laquelle n'est pas étrangère celle même des chemins de fer, exerce aussi son
influence toujours dans le même sens.

Ce sont toutes ces données économiques générales qu'il faut étudier avec soin, avant de se lancer dans les innovations, afin de ne s'y engager qu'avec une extrême prudence, en mettant toutes les chances de réussite de son côté.

Et il ne suffit pas de les étudier dans son propre pays. Plusieurs produits animaux sont maintenant des objets de commerce, non pas seulement européen ni continental, mais universel. Exemple : la laine, dont le marché universel se tient à Londres. Pour la viande, les États européens se divisent en exportateurs et importateurs, et quelques-uns, par la nature même des choses, sont fatalement condamnés à rester toujours importateurs. Exemple : l'Angleterre. Le Royaume-Uni offre donc aux producteurs européens un marché toujours ouvert, un débouché toujours assuré. Quelles sont, sur ces marchés anglais de la laine et de la viande, les conditions de la concurrence ? Quelle sont, sur le marché intérieur, ces mêmes conditions pour les mêmes produits ?

Autant de questions sur lesquelles il importe d'être bien renseigné avant de prendre son parti, et que toutes les déclamations enthousiastes possibles sur les mérites absolus de telle ou telle race ou variété animale sont impuissantes à élucider. Tant d'erreurs énormes ont été accumulées sur ces sujets par l'esprit de système, qu'on ne saurait être trop mis en garde contre les opinions toutes faites, soit économiques, soit techniques. Préservons-nous surtout des prôneurs de panacées ! En zootechnie comme ailleurs, il n'y en a point. Lorsque nous nous posons un problème de production, étudions-en bien toutes les données, parmi lesquelles celle du débouché est au premier rang, pour les raisons que nous avons dites.

Il convient d'ajouter seulement que l'étude de ces données, conduite avec attention et compétence, mène à peu près toujours, sinon toujours, à conclure en faveur du précepte pratique posé plus haut : à savoir qu'il y a bien rarement avantage à faire prédominer les chevaux dans un pays de bêtes bovines, ou, inversement, les bêtes bovines dans un pays de moutons et réciproquement ; en d'autres termes, à diriger son entreprise à l'encontre des habitudes du commerce local.

Ceci nous amène à notre troisième et dernière condition générale, dont l'importance n'est guère moindre que celle des deux premières. Elle ne concerne plus l'entreprise même, mais bien l'entrepreneur, et d'une façon plus précise, les qualités ou aptitudes personnelles qui, indépendamment de son savoir technique, lui assureront le succès dans ses opérations. Ce n'est pas à dire que leur absence soit une cause nécessaire d'échec et doive rendre impossible toute entreprise de production animale à bénéfice. Pour celui-là seul qui, en étant privé, l'ignore et croit les posséder cependant, il en est ainsi. L'homme de sens juste à qui elles manquent et qui sait s'apprécier, et celui qui, en étant doué, ne veut point prendre la peine de s'en servir, peuvent se faire suppléer dans la pratique des opérations auxquelles ces qualités s'appliquent. Ils diminuent ainsi leurs bénéfices, mais ne les suppriment point, si d'ailleurs l'entreprise a été établie et si elle est dirigée scientifiquement. Les bénéfices sont diminués de la somme des frais des services demandés à autrui.

Un de nos anciens élèves (1), à propos de la valeur générale des formules calculées pour déterminer *à priori* les coefficients de digestibilité, a dit en termes excellents : « Si nous nous étendons si longuement à ce propos, c'est que nous sommes bien convaincu que, s'il y a une science majestueuse, imposante, la science des savants dans leur cabinet et dans leur laboratoire, il y a une autre science plus difficile encore, et cela parce qu'elle ne s'appuie pas toujours sur les données immuables, chiffrables : c'est la science de l'application de leurs découvertes. Il ne suffit pas de savoir, il faut encore savoir mettre en œuvre ce que l'on sait pour sa fortune personnelle et la fortune publique. »

(1) C.-V. GAROLA, *L'alimentation des animaux de la ferme*, p. 63, in-8°. Paris, G. Masson, 1876.

Nous empruntons avec un vrai plaisir au jeune auteur l'expression très-juste d'une pensée qui est toujours présente dans notre enseignement, dont son premier essai montre qu'il a su si bien profiter.

Cette science de l'application, qui ne s'enseigne point en chaire, dépend des qualités ou de ce qu'on appelle aussi les dons personnels. Elle supplée la science théorique, quand celle-ci est absente; mais cette dernière ne saurait en tenir lieu : elle la multiplie seulement par un coefficient dont la valeur dépend de son étendue propre. Au point de vue de la production, l'aptitude personnelle développée par l'exercice et éclairée par la science théorique fait discerner les cas de juste application des données scientifiques aux innombrables variations individuelles qui se présentent chez les êtres vivants.

A quoi bon le bagage des connaissances abstraites, des connaissances théoriques, si l'application n'en est point faite avec un sens juste de l'opportunité? si les facultés d'observation, de mesure exacte de ce qui ne se prête ni à la comparaison du mètre, ni à celle du kilogramme, sont absentes? C'est ce qu'on appelle, en termes vulgaires, le coup d'œil du métier et ce qui fait l'habile praticien. Seul, nous le répétons, cela conduit toujours au succès et va parfois jusqu'au génie, comme nous l'ont fait voir les grands éleveurs anglais. La science en perfectionne l'outillage et en multiplie ainsi la puissance.

Au point de vue de l'écoulement des produits, comme à celui de l'engagement du capital d'exploitation, la qualité nécessaire est l'aptitude commerciale. Les entreprises zootechniques les plus profitables sont celles dans lesquelles ce capital se renouvelle le plus souvent, celles où il y a le plus d'achats et de ventes. Acheter à la baisse et vendre à la hausse n'est pas seulement une science, dont le point principal consiste à être toujours bien et exactement renseigné sur la véritable situation du marché; c'est surtout un art dans lequel on se perfectionne par la pratique, mais dont l'aptitude ne s'acquiert point. Cette aptitude est un don naturel. Quiconque le possède au plus haut degré aura toujours la supériorité sur ses concurrents et arrivera toujours, dans un même genre d'industrie, à des résultats meilleurs, fût-il moins bien doué qu'eux ou moins instruit en qualité de producteur.

C'est donc encore un précepte de sagesse, de bien mesurer ses entreprises zootechniques à l'étendue des aptitudes personnelles qu'on s'est reconnues, soit après un examen sérieux, soit après expérience acquise, afin que, dans l'exécution, tout soit accompli de la manière la plus efficace. On fait toujours mieux ce pour quoi l'on se sent du goût, ce dont on s'occupe avec plaisir. Quelques-uns des objets de la zootechnie exigent même plus qu'une simple inclination, pour être produits avec succès. Il y faut mettre une véritable passion, parce que l'intervention personnelle y a une part vraiment prépondérante.

Tel est le cas, par exemple, pour les chevaux propres aux attelages de luxe, dont l'éducation, pour être bien conduite et leur faire acquérir la plus grande valeur, nécessite tant de soins assidus. Pour réussir dans leur production, il est indispensable de mériter la qualification d'homme de cheval, que se décernent entre eux les amateurs du sport équestre, en même temps que celle d'homme instruit décernée par des juges scientifiquement plus compétents.

Dans les relations le plus fréquentes possible que nous tâchons d'avoir avec les jeunes gens dont l'instruction zootechnique nous est confiée, nous nous appliquons à discerner chez eux les manifestations de ces aptitudes personnelles, accusées par leurs prédilections pour les animaux qui sont à leur disposition, afin de leur donner en conséquence des conseils pour l'avenir. Les uns suivent de préférence les opérations du troupeau ; les autres, celles de la vacherie; d'autres enfin s'intéressent particulièrement au manége et à l'équitation. Il en est qui sont également indifférents pour tous les genres d'animaux. Ceux-ci, certainement, dans les entreprises zootechniques qu'ils devront faire plus tard, lorsqu'ils dirigeront une exploitation agricole, n'arriveront jamais à une véritable supériorité. Ils pourront en établir les bases d'une façon irréprochable, en discuter savamment toutes les conditions, et en somme obtenir économiquement de bons résultats. Ils n'atteindront point les meilleurs possibles.

La considération d'une telle prédilection doit entrer en ligne de compte dans le choix du lieu de l'établissement, car elle est un sérieux élément de succès. Celui qu'on nomme familièrement un moutonnier réussira mieux dans les régions à moutons que partout ailleurs. De même pour l'homme de cheval dans les contrées herbagères, où la production chevaline est générale. Celui-ci, ordinairement le plus passionné, cèdera peut-être à la tentation de faire quand même des chevaux, s'il s'établit dans une région où leur production ne peut guère être lucrative, d'entreprendre une lutte contre les circonstances défavorables, se laissant entraîner par sa passion.

C'est à quoi l'on doit veiller. Lorsqu'on n'a pas le choix du lieu, si celui sur lequel l'établissement est obligatoire comporte divers genres de production, c'est à la préférée qu'il y a toujours avantage à donner le plus d'importance, laissant complètement de côté celle pour laquelle on ne se sent aucun goût, ou ne lui accordant que la place la plus restreinte possible. Il y a ainsi des districts herbagers, comme c'est le cas en France pour la Normandie, où la production bovine et la production chevaline sont menées concurremment. Les conditions d'équilibre des deux genres de production peuvent sans inconvénient se prêter à de nombreuses combinaisons. Selon la considération sur laquelle nous insistons, on donnera la prépondérance à l'un ou l'autre; et si ce doit être à la production bovine, la chevaline sera bornée à celle de ses opérations qui comporte la moindre intervention personnelle, à l'opération qui consiste à nourrir les poulains depuis le sevrage jusqu'à l'âge de dix-huit mois, pour leur faire utiliser les herbes raccourcies par les bêtes bovines.

Il est clair que ces indications sont données ici seulement pour mieux faire saisir la pensée principale, qui est celle de l'importance des qualités personnelles.

Elles seront détaillées en leur lieu, avec toute l'attention qu'elles comportent, lorsque nous en serons arrivés à l'application des notions générales aux cas particuliers.

En résumé, le succès de toute entreprise zootechnique quelconque dépend avant tout de trois conditions.

La première est l'exacte appropriation du genre des animaux exploités au genre des matières alimentaires fournies par le système de culture, afin qu'ils en soient les meilleurs consommateurs, qu'ils les utilisent au maximum.

La deuxième est aussi l'exacte appropriation des produits de transformation de ces matières alimentaires aux conditions du marché, afin que, par l'écoulement des objets fabriqués, les produits du sol soient payés au plus haut prix.

La troisième, qui assure l'efficacité complète des deux autres, gît dans les qualités personnelles, dans les aptitudes de l'entrepreneur, en vertu desquelles il apprécie exactement les cas de leur application et exécute les opérations qu'elles comportent, en ne se trompant ou ne se laissant tromper que le moins possible. C'est, en propres termes, la connaissance et la possession de la pratique de l'art ou du métier, que la science éclaire et rend ainsi plus puissante, mais ne peut point suppléer.

Ces conditions générales de l'exploitation étant remplies, le succès est certain, pourvu toutefois qu'on n'oublie jamais le fait sur lequel nous avons insisté depuis bien longtemps, et que nous devons encore une fois rappeler ici.

Ce fait, c'est que le rendement de l'entreprise est moins en rapport avec le nombre des individus exploités qu'avec l'alimentation de ces mêmes individus. Ils produisent en raison de ce qu'ils consomment, lorsque leur consommation est scientifiquement réglée, en conformité de leur aptitude. Tout animal qui reçoit moins d'aliments qu'il en pourrait transformer en produits utiles est une machine qui, au moins, chôme, si elle ne périclite pas. Celui qui en reçoit davantage, ou dont l'alimentation est mal réglée qualitativement, est une machine qui gaspille les matières premières, une machine à faible rendement.

L'effectif des animaux, dans l'exploitation agricole, doit donc être déterminé aussi exactement que possible d'après les ressources alimentaires, de façon à ce que tous les individus puissent être constamment nourris au maximum, en qualité et en quantité, mais pas au delà.

Nourrir au maximum est un précepte qui s'applique utilement à tous les cas possibles, et dont la pratique empirique a montré de longue date l'excellence, comme elle montre aussi trop souvent les détestables effets de l'alimentation parcimonieuse. Il ne faut pas confondre l'économie avec la parcimonie, non plus que la prodigalité avec la générosité. Nous sommes ici en face de ce caractère particulier, que l'avarice ruine autant et plus que la prodigalité. L'alimentation insuffisante est perdue pour la production comme la surabondante. La véritable économie consiste à ne dépenser que ce qui est utile, mais aussi à dépenser tout ce qui peut être utilisé.

CHAPITRE VII

MÉTHODES D'ENCOURAGEMENT

Définition. — Par un reste de préjugé en faveur d'une ancienne doctrine qui a longtemps régné sans partage, celle de l'action tutélaire de l'État sur les industries nationales, on appelle encore encouragement de la production animale l'intervention de l'administration publique dans les affaires de cette production. Elle se manifeste de deux façons : par des reproducteurs mâles mis à la disposition des particuliers, soit pour bénéficier de leurs saillies à prix réduit, soit pour en acquérir la propriété, et par des primes et des subventions en argent distribuées à ces mêmes particuliers ou à des associations privées.

L'institution, sous diverses formes, existe à l'heure présente dans tous les principaux États de l'Europe, excepté en Angleterre et en Hollande, où l'esprit national s'oppose avec une grande énergie à l'immixtion des pouvoirs publics dans les affaires industrielles. Pour assurer son fonctionnement, des agents administratifs sont chargés de veiller à la distribution et à l'emploi des fonds portés au budget général. Ils ont aussi mission de donner aux producteurs des conseils sur la meilleure direction à suivre pour arriver à la satisfaction de ce qu'ils croient être à la fois l'intérêt de l'État et celui des citoyens eux-mêmes.

En France, cette institution date du ministère de Colbert. Sous le règne de Louis XIV, elle avait atteint son complet épanouissement, et elle s'appliquait à toutes les industries nationales, toutes mises ainsi en tutelle. Il n'en subsiste plus que ce qui concerne la production animale. Les autres branches de la production nationale, émancipées, se développent sous l'aiguillon de la libre concurrence, de l'initiative et de la responsabilité privées, ne prenant conseil que de leur intérêt. Elles ont ainsi atteint un degré de prospérité qui n'est mis en doute par personne, parce qu'il éclate à tous les yeux. Seule, la production animale est encouragée par l'État, selon le terme admis officiellement; et, de l'avis de tout le monde, la partie de cette production qui l'est le plus directement et avec le plus d'attention est précisément celle dont la situation laisse le plus à désirer. Il en est ainsi, du reste, dans tous les autres pays où fonctionnent des institutions analogues aux nôtres, si l'on en juge par les débats auxquels donne lieu l'objet dont il s'agit.

Il est facile de comprendre, d'après ce qui vient d'être dit, le sens du terme d'encouragement dans le cas particulier. Il signifie intervention en vue de stimuler la production du plus grand nombre possible de bons animaux, la création de la plus forte somme possible de valeurs animales. L'idée à laquelle ce terme correspond fût-elle juste, les institutions qui en découlent fussent-elles conformes aux enseignements de la science économique actuelle, on comprend de même facilement que, dans l'application ou dans la pratique, les résultats dépendraient non pas seulement de la capacité des fonctionnaires chargés de mettre ces institutions en œuvre, mais encore des notions adoptées par eux sur la définition des objets sur lesquels leur activité devrait s'exercer.

Énumération des méthodes d'encouragement. — Dans la production animale, non abandonnée, comme il vient d'être dit, aux seuls efforts de l'initiative privée, au seul stimulant de l'intérêt individuel, le plus efficace de tous cependant, l'intervention de la puissance collective à ses divers degrés se manifeste selon deux méthodes seulement, dont chacune comporte plusieurs procédés. L'une consiste à fournir aux éleveurs des reproducteurs mâles considérés comme les meilleurs, non pas seulement en tant qu'individus, mais aussi comme appartenant à la race la plus capable d'améliorer la production générale.

Cette méthode comprend deux procédés d'application : l'un d'après lequel ces reproducteurs, restant la propriété de l'État, sont répartis entre les diverses régions du pays, sur des stations où ils séjournent durant un certain temps, pour y féconder les femelles qui leur sont amenées par les particuliers; l'autre en vertu duquel ils sont mis en vente, à l'amiable ou aux enchères.

L'autre méthode consiste simplement à distribuer des sommes d'argent, accompagnées ou non de recommandations, de diplômes ou de médailles. Celle-ci comporte aussi deux modes. Dans le premier, la somme d'argent est acquise pour tout animal reproducteur remplissant certaines conditions laissées à l'appréciation du fonctionnaire chargé de la distribution : c'est le système des *primes* d'encouragement; dans le second, elle est attribuée après une lutte entre un nombre indéterminé de concurrents, lutte qui porte, soit sur l'aptitude, soit sur les formes : c'est le système des *prix*, qui s'applique par ce qu'on appelle en tout pays les *courses* et les *concours*.

Les deux méthodes d'encouragement sont pratiquées en France, sur des étendues différentes, d'abord par l'administration ministérielle de l'agriculture, puis par les administrations départementales, enfin par les associations agricoles, comices et sociétés.

Au ministère, l'administration des encouragements à la production animale est partagée entre deux directions, dont l'une s'occupe exclusivement de la production chevaline, sous le nom d'*Administration des haras*. Elle comprend un nombreux personnel.

Cette administration comporte, dans son fonctionnement la mise en œuvre simultanée des deux méthodes énumérées. Elle embrasse et enserre la production chevaline dans son ensemble, dont elle prendrait l'entière direction si les moyens financiers mis à sa disposition étaient suffisants. Nous réservons l'étude détaillée des effets de son influence, qui peut être dès à présent qualifiée de pernicieuse, pour le moment où nous aurons à nous occuper de la zootechnie des Équidés en particulier. Dans l'état actuel de la science, un tel mode d'intervention étant en opposition avec les notions les plus élémentaires d'économie nationale, ne s'améliore point : il se supprime purement et simplement, comme il l'a été successivement pour toutes les autres branches de la production, au grand bénéfice de la nation.

La seconde direction, qui au ministère, sous le titre de *Direction de l'agriculture*, administre le budget des encouragements à la production animale, a dans ses attributions tous les genres. Sa protection s'étend à certaines races d'Équidés, aux Bovidés, aux Ovidés, aux Suidés, et jusqu'aux volailles et aux lapins. Elle embrasse ainsi toute la série des animaux de la ferme, réputés moins nécessaires que les chevaux de selle à la défense ou à la puissance nationale. Apparemment, il est moins important de nourrir les populations et même les armées, ou de les vêtir, que de fournir des montures à leurs cavaliers.

Cette seconde direction fonctionne par l'intermédiaire d'un corps d'inspecteurs généraux et d'adjoints à l'inspection générale, de directeurs de vacherie et de bergerie nationales et de commissaires momentanés. Ses attributions consistent à produire des bêtes bovines et ovines qu'elle croit utiles pour l'amélioration des races françaises et qu'elle met en vente chaque année ; à rédiger les programmes des concours d'animaux reproducteurs qu'elle institue; à organiser ces concours et à les présider; enfin à distribuer entre les associations agricoles les fonds du budget affectés à l'encouragement, par leur intermédiaire, de la production animale, au moyen de faibles primes.

On saisit sans peine que, pour être moins directe que celle de l'administration des haras, l'intervention dont il s'agit n'en exerce pas moins une grande influence. En ce qui concerne les animaux qu'elle produit, cette influence peut être considérée comme à peu près nulle. Son intervention à cet égard n'est pas nuisible à la production nationale, mais elle est jugée absolument inutile par tous les bons esprits, même par ceux qui conservent encore, au sujet de l'État, un reste de l'ancien préjugé. Ils disent avec raison qu'elle n'est plus nécessaire, du moment que l'industrie privée en est arrivée à produire au moins aussi bien que lui les mêmes animaux.

Mais il n'en est pas de même des effets que produit la distribution des encouragements dont l'administration de l'agriculture dispose. Ces effets sont directs et incontestables. La portée de leur influence dépend de la doctrine qui domine dans la rédaction des programmes des concours qu'elle institue, et aussi de la manière dont ces programmes sont interprétés et appliqués par les agents de leur exécution. Les résultats peuvent être excellents ou désastreux, selon qu'ils sont bien ou mal compris, bien ou mal exécutés. Il importe donc beaucoup d'étudier les bases de leur fonctionnement.

Les administrations départementales exercent surtout leur action sur la production chevaline, dans les régions du pays où le sens pratique des conseillers généraux a fait reconnaître les effets fâcheux de l'intervention de l'administration des haras. Les unes entretiennent ou subventionnent des étalons; les autres en achètent et les font revendre aux enchères, le plus souvent à perte, en imposant aux acheteurs la condition de les faire servir à la monte dans le département durant un temps déterminé. Un certain nombre d'entre elles affectent chaque année une certaine somme portée au budget départemental, pour l'institution de prix à distribuer dans des concours où figurent les divers genres d'animaux.

Les associations agricoles se bornent généralement à organiser les concours de ce genre, embrassant le département tout entier, un de ses arrondissements ou même un seul canton. Dans ces concours, elles distribuent, d'après un programme dressé par elles ou imposé par les administrations ministérielle ou départementale, les fonds de l'État, du département et de leurs propres cotisations. Ces fonds sont divisés en prix d'importance variable, suivant l'importance même attachée aux objets auxquelles ils s'appliquent.

Laissant de côté, comme nous l'avons déjà dit, ce qui concerne les prétendus encouragements à la production chevaline, pour y revenir à une autre place, afin d'en exposer avec plus de détails et d'opportunité les vices et la funeste influence, nous allons passer en revue les institutions à l'aide desquelles la puissance collective agit sur la production animale, en application des méthodes dont nous connaissons maintenant l'organisme de fonctionnement.

Vacheries et bergeries nationales. — En France, les établissements, gérés au compte de l'État, où l'on s'occupe de production animale, ont été tous institués en vue de propager des races ou des variétés étrangères, dans l'intérêt de l'agriculture française.

Le plus ancien de ces établissements est la bergerie de Rambouillet, fondée à la fin du siècle dernier pour la propagation des moutons mérinos. Il a rendu d'incontestables services, comme nous le montrerons en exposant en son lieu l'histoire de la race de ces moutons. Plus tard ont été créées plusieurs vacheries de la variété des courtes-cornes de Durham, et une de la variété de Devon. Une seule de ces vacheries subsiste. Elle est présentement établie en Normandie, dans le département du Calvados, à la ferme de Corbon.

En admettant que ces établissements divers aient eu, au moment de leur fondation, une utilité publique réelle, ce qui ne serait guère soutenable pour la plupart d'entre eux, mais ce qu'il serait oiseux de discuter à l'heure actuelle, à quelque point de vue qu'on se place maintenant, il ne paraît plus possible de défendre leur existence avec de bonnes raisons. Les éleveurs français de mérinos n'ont nullement besoin qu'on leur fasse des béliers, puisqu'ils en produisent eux-mêmes en grand nombre, qui se vendent bien et cher pour l'exportation. Ils n'ont pas davantage besoin de leçons, de la part de la bergerie de l'État, puisque ceux qui font la même chose l'exécutent au moins aussi bien qu'elle, si ce n'est mieux (1). L'État leur fait donc purement et simplement, sur le marché étranger, une concurrence qui n'est ni dans son rôle, ni dans ses devoirs. La meilleure preuve qu'il en est bien ainsi, c'est que, depuis longtemps, l'établissement de Rambouillet a cessé d'être onéreux. Il va ainsi contre le but de son institution, atteint depuis très-longtemps et maintenant dépassé, puisque sa principale clientèle est à l'étranger.

Quant à la vacherie de Corbon, il est évident qu'elle ne fait pas mieux que le plus grand nombre des éleveurs dont les noms figurent chaque année aux catalogues de nos concours régionaux. Elle est placée dans les mêmes conditions qu'eux, et ils sont placés dans les mêmes conditions qu'elle. Ils se plaignent notoirement de la concurrence qu'elle leur fait sur le marché des reproducteurs. Plusieurs d'entre eux ont fait partie du parlement, et ils en ont profité pour contester, dans la discussion du budget, son utilité. Le ministre leur a répondu en montrant que la vacherie nationale couvrait ses frais à très-peu de chose près, qui ne diffère pas sensiblement de ceux de personnel. L'argument est, comme nous l'avons déjà vu, le meilleur qui puisse être invoqué pour établir qu'une telle instititution n'a plus de raison valable pour subsister. Ce n'est pas à titre d'industriel que l'État peut intervenir utilement dans la production animale. Faire concurrence aux producteurs avec l'argent que ceux-ci lu fournissent n'est point compris dans son rôle normal.

A titre d'établissement expérimental, une vacherie ou une bergerie nationale, comme il en existe à l'étranger, notamment en Italie, ne se soutient pas davantage. On expérimente sur des problèmes de science pure ou abstraite, non sur des problèmes d'application pratique, comme le sont ceux de l'introduction des races étrangères à la localité. Pour ces derniers, c'est la comptabilité qui fournit le critérium de la solution. Or, il est bien connu que l'État est par nature impuissant à se

(1) Voyez A. Sanson, *Recherches expérimentales sur la toison des mérinos précoces*, etc., *loc. cit.*

servir de ce critérium. En fût-il autrement, que l'expérimentation serait à sa place dans les établissements d'enseignement agricole, non dans des etablissements spéciaux. Les essais pratiques concernent les particuliers, qui doivent les entreprendre à leurs risques et périls, et sous leur responsabilité. Les fonds de l'État doivent être réservés pour la recherche des vérités générales, formant le patrimoine commun des générations qui se succèdent.

A cet égard, les écoles et autres institutions expérimentales d'intérêt public ne sauraient être trop richement dotées, afin qu'elles puissent disposer du personnel et du matériel nécessaires pour arriver à la découverte du plus grand nombre possible de ces vérités, dont l'application se peut faire partout avec fruit. La généralisation abusive des faits particuliers obtenus dans les établissements zootechniques spéciaux, comme ceux dont il s'agit ici, est au contraire un danger dont l'expérience a nombre de fois montré l'étendue.

Il ne saurait donc appartenir à l'État de se faire, à aucun titre, producteur d'animaux, soit en vue de propager ces animaux eux-mêmes, soit en vue de propager, par son exemple, les méthodes de production qui paraissent les meilleures à ses fonctionnaires, soit enfin en vue de comparer les valeurs de leurs diverses races.

Dans un système d'encouragements bien ordonné, capable d'atteindre son but, il n'y a point de place pour des institutions comme celles que nous venons d'examiner. L'État a charge seulement des progrès de la science pure et directement désintéressée. Il doit créer et subventionner des laboratoires de recherches, et non pas des exploitations industrielles, des établissements de production de marchandises à vendre à perte ou à bénéfice. Sur le fonds commun de la dotation des services publics, il prélève le nécessaire pour enrichir le fonds également commun des connaissances générales, auquel chacun des intéressés peut venir puiser à son bénéfice particulier. Il n'a d'ailleurs point qualité pour s'approprier, en fait de production, une doctrine quelconque. Le choix entre

celles qui peuvent se disputer la faveur publique doit
être laissé à ceux qui ont à les appliquer sous leur
responsabilité, aux risques et périls de leur fortune par-
culière. L'État omniscient et omnipotent, l'État-providence
est une conception que notre constitution démocratique
ne peut plus accepter à aucun degré. Elle n'est plus de
notre temps.

Concours et expositions. — Les concours et expositions d'animaux ou de produits animaux peuvent être
universels, nationaux, régionaux, departementaux, arron-
dissementaux, cantonaux ou même seulement com-
munaux. En fait, il en existe de toutes les sortes qui
viennent d'être qualifiées. Ils peuvent porter sur l'ensemble des espèces animales utiles, n'en embrasser
qu'un certain nombre, ou même être restreints à une
seule. Ils peuvent être dirigés par les États, par les administrations départementales ou provinciales, ou par
des associations dues à l'initiative privée.

Dans toutes ces conditions diverses, leur efficacité et
leur utilité sont régies par les mêmes lois naturelles, en
dehors desquelles il n'y a que fausse manœuvre, déception ou mal produit, à la place du bien qu'on se proposait
d'en obtenir. Cette utilité dépend donc des programmes
d'après lesquels les concours et expositions sont institués. Si, dans leur rédaction, on se conforme à la nature
des choses, le bien est obtenu; si non, le mal est d'autant plus grand qu'on s'en est davantage écarté.

Ces programmes peuvent être conçus dans des vues
dogmatiques absolues, en vue de favoriser une ou plusieurs races animales, dont la généralisation est désirée
par les organisateurs des concours. Alors les conditions
de la concurrence sont arrangés de façon que toutes les
chances soient pour cette race ou ces races, ou bien
seulement les prix les plus nombreux et les plus forts
leur sont offerts.

Par exemple, s'il s'agit de concours régionaux, où en
principe les seuls animaux de la région sont admis, une
exception est faite en faveur d'une variété, celle des
courtes-cornes de Durham, nommément, et les sujets de

cette variété peuvent y être présentés d'où qu'ils viennent. Une telle clause, introduite dans un certain nombre
de programmes des régions où il n'y a point d'éleveurs
de durhams, équivaut à une subvention directe attribuée
aux quelques personnes qui font profession de vendre
des reproducteurs de la variété en question. Ces personnes, peu nombreuses, peuvent s'entendre entre elles
à l'amiable et se la partager en réglant leurs envois aux
concours ouverts, de façon à ne se point faire concurrence. Et c'est en fait ce qui arrive.

Le même esprit dogmatique peut aussi conduire à une
rédaction des programmes qui soit en opposition formelle
avec les tendances les plus générales de la production et
les plus conformes aux conditions locales de cette production, par conséquent les plus pratiques. Partant de la
notion qu'il y a dans chaque genre d'animaux une race
absolument supérieure à toutes les autres, on ouvre dans
ce cas la concurrence à toutes les races sans distinction,
en attribuant les prix à une aptitude déterminée, soit
l'aptitude à l'engraissement, soit l'aptitude laitière, dans
l'intention arrêtée de favoriser la propagation de la race
qu'on a en vue.

Ces indications suffiront pour faire comprendre l'importance de la rédaction des programmes, dans l'institution
des concours et expositions, et pour montrer que leur
influence sur les progrès de la production animale ne
saurait être jugée d'une façon absolue. Cette influence
est certaine; mais elle est bonne ou mauvaise, selon la
direction dans laquelle elle s'exerce, direction qui dépend
du savoir des directeurs.

Elle ne peut être bonne qu'à une seule condition : c'est
que ceux-ci, à quelque degré de l'échelle plus haut tracée
qu'ils se trouvent placés, soient bien pénétrés de l'unique
rôle utile de l'institution. Celui-ci est de fournir aux producteurs, non point des préceptes dogmatiques, mais
bien des moyens d'instruction, d'observation, de comparaison et d'émulation, en provoquant à un moment donné
le rassemblement des objets les mieux réussis, parmi
ceux sur lesquels leur industrie s'exerce.

Dans l'institution dont il s'agit, en effet, à tous les degrés, le but utile est l'exhibition de ces objets; le concours ouvert, les prix offerts ne sont que le moyen de la provoquer et de l'assurer. Les industries manufacturières, depuis longtemps affranchies de toute idée de tutelle, ne l'entendent pas autrement. Aussi n'est-il jamais question, en ce qui les concerne, que d'expositions de leurs produits. Elles font de grands efforts pour y obtenir des distinctions purement honorifiques, pouvant attirer l'attention sur leur fabrication. Chacun y étudie avec attention celle de ses concurrents, pour arriver à leur hauteur s'il se voit distancé.

En réalité, il n'y a point de différence entre les divers modes de l'industrie de la production animale et ceux de toutes les autres. Il ne doit donc pas y en avoir davantage dans les moyens de stimuler leurs progrès. De même que les expositions industrielles sont organisées de façon à ce que tous les produits similaires soient groupés pour concourir ensemble, de même en doit-il être pour les expositions animales, afin que tous les objets en soient comparables sous tous les rapports.

Pour atteindre son but normal, le programme d'un concours d'animaux doit, par conséquent, comprendre autant de catégories de prix qu'il y a de groupes naturels de ces animaux sur l'étendue de la circonscription géographique à laquelle il se rapporte. Le nombre et l'importance des prix, dans chacune des catégories, ne peuvent pas avoir d'autre base utile que celle de l'importance et du nombre de la population de chacun des groupes naturels. Ceux-ci sont fournis par les races et leurs variétés. Toutes les races et toutes les variétés ont un égal droit à figurer au concours, et il y a une égale utilité à provoquer leur exhibition, ainsi qu'à stimuler leurs producteurs vers le mieux.

Normalement, les individus de ces races et de ces variétés ne peuvent concourir qu'ensemble, parce que seuls ils sont vraiment comparables entre eux. En dehors d'une telle notion, il n'y a qu'arbitraire et confusion. Et lorsque les concours d'animaux, compris et exécutés autrement,

n'ont pas eu pour conséquence un mal sensible ou un retard dans le progrès de la production, c'est qu'ils se sont
heurtés au bon sens des intéressés, plus fort que les
conceptions dogmatiques et arbitraires qui voulaient le
dominer.

La première condition pour bien instituer un concours,
pour lui faire porter tous ses fruits, c'est donc de connaître aussi complètement que possible la classification
naturelle ou normale des objets auxquels il se rapporte.
Cette condition, à vrai dire, n'a guère été remplie jusqu'à
présent, du moins en France. Il faut reconnaître toutefois, pour être juste, que, dans les derniers temps,
quelques efforts ont été faits en son sens, et que les
programmes des concours en ont été quelque peu
améliorés.

Mais, cette première condition remplie, tout n'est pas
dit. En admettant que la concurrence n'ait lieu qu'entre
objets ou individus exactement comparables ou d'une
même catégorie naturelle, en admettant qu'ils soient
classés par races réelles et par variétés véritables, il
reste à bien définir l'objet de cette concurrence.

D'après les idées les plus généralement reçues, il s'agit
de donner le prix au plus bel animal de sa catégorie, ou
au meilleur, ce qui est la même chose dans l'esprit des
juges. Qu'est-ce que c'est qu'un bel ou un bon animal en
son genre? Là est la question. Tous les juges sont-ils
également en état de l'apprécier? Et dans le cas de
l'affirmative, ont-ils tous un seul et même critérium? Se
placent-ils tous, dans leurs jugements, au même point de
vue?

On est bien obligé de dire, d'après l'expérience, que ce
ne sont pas toujours les considérations de compétence
spéciale qui décident de la composition des jurys. Un
mot topique, entendu lors d'un de nos grands concours
généraux, sera plus significatif à cet égard qu'une longue
dissertation. « Je ne connais rien à cette catégorie, disait l'un des membres du jury; il faudra que l'année pro-
chaine je m'en fasse mettre pour l'apprendre. » Au moins
celui-là avait le mérite de s'apercevoir qu'il lui restait en-

core quelque chose à apprendre, si singulier que puisse paraître son procédé pour arriver à compléter son instruction.

Toujours est-il que, dans le plus grand nombre des cas, sinon dans tous, du moins en France, les animaux exposés sont jugés seulement d'après les impressions personnelles plus ou moins compétentes des jurés, d'après des impressions ou des appréciations d'ensemble dont ils ne doivent compte à personne. Chaque juré vote pour tel ou tel animal, parce que cet animal lui plaît mieux que les autres, en se plaçant à tel ou tel point de vue, qu'il est absolument libre de choisir selon son goût ou son caprice personnel. Aussi voit-on assez souvent les mêmes animaux, figurant successivement dans plusieurs concours, être jugés et classés avec la plus grande diversité par des jurys différents.

On comprend qu'entre la première et la seconde place, où il ne s'agit parfois que de faibles nuances, la balance puisse pencher tantôt dans un sens, tantôt dans l'autre, même pour un seul jury. Cela dépend des dispositions du moment, dans une certaine mesure. Mais quand il y a quatre ou cinq prix à distribuer, que le même animal soit ici classé le premier et là le dernier, cela ne peut s'expliquer que par un vice dans la méthode de jugement ou par la profonde insuffisance de l'un des deux jurys ou des deux à la fois.

La compétence des jurys est une condition nécessaire sur laquelle il n'est sans doute pas besoin d'insister. Dans le choix des personnes qui doivent le composer, les considérations politiques, administratives ou de favoritisme seraient utilement laissées de côté, pour n'avoir égard qu'aux connaissances spéciales bien et dûment établies par la notoriété.

La responsabilité effective de ces mêmes jurys, garantie de leur impartialité et de leur attention à remplir l'importante fonction qui leur est confiée, est aussi une autre condition non moins nécessaire. Cette responsabilité n'est réelle que quand ils sont réduits au nombre maximum de trois membres. Au delà de ce nombre, elle n'existe plus, étant trop partagée et chaque membre pouvant trop facilement la décliner. En vain invoquerait-on, à l'encontre d'une telle proposition, le sentiment du devoir. Sans nier l'existence de ce sentiment, il n'en est pas moins incontestable que le mieux est de le rendre plus facile, en lui donnant la garantie de la responsabilité réelle.

Mais la compétence et la responsabilité des jurys ne sont pas encore suffisantes. Il faut leur tracer des règles, une méthode d'opération, qui les mettent dans la plus forte mesure possible à l'abri des causes d'erreur indépendantes de leur savoir et de leur bonne volonté. Il faut procéder, ici comme en toute chose, selon la méthode expérimentale.

Nous avons établi une échelle de points pour l'application de la méthode de sélection zootechnique (p. 211). En ce qui concerne les concours d'animaux reproducteurs, c'est d'après une échelle comme celle-là ou d'après celle-là même, s'ils n'en trouvent pas une meilleure, que les jurys doivent porter leurs jugements. C'est le seul moyen de ne point s'égarer dans leurs appréciations comparatives, de ne point confondre les mérites absolus avec les mérites relatifs, et de ne point s'écarter du but économique de la production animale, en un mot de ne point sortir des voies pratiques indiquées par la science.

Pour les concours de produits, comme le sont, par exemple, ceux d'animaux gras, où la qualité et la quantité de la graisse ont une importance considérable, sinon prédominante, nous donnerons ultérieurement, en nous occupant de l'étude de ce qu'on appelle les maniements, les indications nécessaires. Quant à présent, il suffit de montrer l'utilité de tracer aux jurys de concours des règles uniformes, fondées sur l'analyse des qualités qui mettent les animaux en état de remplir au plus haut degré leurs fonctions économiques. L'ordre d'importance de ces qualités étant marqué, pour chaque genre, par le nombre maximum de points attribué dans l'échelle à chacune d'elles, dans l'évaluation de chacune, les appréciations des jurés peuvent varier; mais il ne leur est pas possible de mettre au premier rang celle qui ne vient qu'au second, et réciproquement. Les jugements sont ainsi à l'abri des grossières erreurs qui, trop souvent, provoquent le pénible étonnement du public compétent.

Dans les concours de la Société royale d'agriculture, en Angleterre, le programme comporte autant de catégories qu'il y a de races reconnues dans le Royaume-Uni. Le jury de chaque catégorie est composé de trois membres seulement, et les conditions de jugement sont parfaitement déterminées par le système des points. Les comparaisons sont faites avec le mètre à la main. Seuls les sujets d'une pureté de race incontestable sont admis, et l'on en est arrivé à exiger leur *Pedigree* même pour ceux dont la race n'a point de livre généalogique officiel. La Société royale met cette pureté de race au premier rang de ses préoccupations. Le mérite individuel ne vient qu'après.

En ces matières nous sommes en retard sur les nations voisines, et nous avons tout intérêt à ne pas nous laisser plus longtemps distancer. Chez nous, on admet encore, dans tous les concours de producteurs, les métis de divers degrés. On les y appelle même en leur ouvrant aux programmes des catégories spéciales, et même des catégories où tous sont admis indistinctement, comme dans une sorte de refuge.

On se demande à quelle sorte d'idées zootechniques cela peut bien correspondre. A coup sûr, ce n'est point à une idée scientifique quelconque; et une telle façon d'entendre l'organisation des expositions d'animaux n'est pratique à aucun degré ni à aucun point de vue, pas même à celui de l'idée fausse que les mâles métis seraient aptes à reproduire leurs qualités individuelles d'une manière générale, et qu'il y aurait lieu de les recommander à ce titre, puisque tous sont indistinctement appelés à concourir ensemble.

Aux conditions que nous venons d'indiquer, dont l'expérience a sanctionné la valeur incontestable, l'institution des concours portera de bons fruits. Ce ne sera point, ainsi que beaucoup trop de personnes le croient encore, en dirigeant des éleveurs dans la voie qu'ils ont à suivre, en leur assurant une sorte de tutelle ou de protection dont ils n'ont point besoin, en les encourageant, comme on le dit, mais bien en mettant à leur disposition des moyens d'étude, de comparaison, d'instruction et d'émulation qui sont toujours bons et utiles, si fort et si avancé qu'on puisse être. Il ne faut jamais perdre de vue que l'exhibition des objets méthodiquement classés pour en faciliter l'étude est le but à atteindre, tandis que l'offre des prix, le concours ouvert, n'est que le moyen d'y arriver.

Il reste à marquer les rôles respectifs de l'État, des départements et des associations agricoles dans l'institution des concours et expositions. A cet égard, la persistance du préjugé ancien de l'État protecteur conduit encore à bien des contradictions, sans parler des intérêts particuliers qui s'opposent aux innovations dont ils auraient à souffrir quelque peu, dût l'intérêt public en bénéficier. Ici nous n'avons pas à nous y arrêter. Le devoir est de tracer à chacun son rôle normal, d'après les considérations purement scientifiques.

A l'État incombe seulement l'obligation d'organiser les expositions nationales et universelles, pour l'excellente raison qu'il est institué en vue des intérêts généraux de la nation, et qu'il a seul qualité pour stipuler en son nom dans les rapports avec les nations étrangères. Mais cette obligation remplie, il n'en a plus d'autre. S'il en donne, il sort de son rôle propre, pour empiéter sur celui des collectivités secondaires. Beaucoup de bons esprits pensent que c'est un bien. Nous sommes convaincus qu'ils se trompent et que la somme des inconvénients de l'immixtion de l'État dépasse de beaucoup celle des avantages qu'on a souvent fait valoir. On lui attribue des résultats qui peuvent être dus à la seule marche du temps. A nos yeux, c'est à elle qu'ils sont certainement dus. En tout cas, il n'est pas possible de les rattacher incontestablement à l'une plutôt qu'à l'autre des deux influences auxquelles ils peuvent revenir.

La contre-preuve, indispensable pour arriver au déterminisme expérimental, manque chez nous. Mais nous l'avons patente et irrésistible en Angleterre, où, en dehors de l'État, le progrès que nous avons atteint était dépassé bien longtemps avant que nous eussions même songé qu'il fût possible. Nous n'hésitons pas à penser que l'habitude de compter sur l'État pour la réalisation des choses qu'il est en notre pouvoir de réaliser nous-mêmes, habitude entretenue par sa constante intervention dans ces choses, est pour nous une condition de dépression contre laquelle on ne saurait trop réagir. Les nations les plus fortes, les plus puissantes, sont incontestablement celles dans lesquelles les initiatives individuelles sont les plus actives, celles dans lesquelles les citoyens savent le mieux se passer de l'intervention ou du concours de l'État.

A côté de cela, les retards apparents, fussent-ils réels, sont de bien peu d'importance. En tous cas, pour nous en tenir au point spécial qui nous occupe, et en admettant que l'administration publique ait dans le passé rendu des services par l'organisation et la direction des concours et expositions autres que les nationaux et les universels, de ce qu'on appelle chez nous et ailleurs, en Italie notamment, des concours régionaux, ce n'est pas à dire que son intervention puisse indéfiniment se continuer avec utilité. Il y a lieu de penser, au contraire, qu'elle serait avantageusement remplacée par celle des administrations départementales, des conseils généraux et des grandes associations agricoles.

Ces administrations et associations, spontanément groupées par régions naturelles, comme il est désirable d'en voir se former à bien d'autres points de vue encore, ont mieux que l'administration nationale qualité pour connaître les véritables intérêts locaux et pour les servir. Elles n'ont nullement besoin d'une tutelle qui, au lieu de fortifier l'État, jamais trop fort dans ses limites normales d'action, l'affaiblit au contraire, et, avec lui, la nation, par l'abus gênant et démoralisant d'un fonctionnarisme excessif. Il n'est pas plus utile, à notre époque, de faire prévaloir une zootechnie d'État qu'une religion d'État. Les sommes affectées aux prix à distribuer dans les concours régionaux et à l'organisation de ces concours doivent disparaître du budget général pour figurer aux budgets départementaux.

Quand les idées justes auront fait assez de progrès dans les esprits, il en sera de même pour celles affectées aux subventions que la direction de l'agriculture partage entre les associations agricoles, sociétés et comices, pour être distribuées en prix de concours. A part le singulier usage qui en est le plus souvent fait par des personnes qui, pour la plupart, ne s'intéressent qu'un jour par année à l'agriculture, en des termes aussi creux que possible et surtout comme moyen d'influence politique, il est évident que, par leur extrême division même, ces sommes n'exercent aucune influence sensible sur l'amélioration de la production animale.

Dans les petits concours de comice, l'amour-propre des exposants joue un plus grand rôle que celui de l'appât des faibles primes distribuées. En tout cas, les associations doivent pourvoir elles-mêmes à l'organisation et au succès de leurs concours. Tout au plus, elles peuvent avoir recours au conseil général, pour se faire attribuer des subventions.

Ces idées, évidemment, n'ont guère de chances d'être de si tôt acceptées par la majorité des intéressés. Le préjugé contraire est pour cela trop profondément enraciné. Il y a aussi tout un personnel qui profite de ce préjugé et qui ne peut manquer de faire tous ses efforts pour l'entretenir. C'est une raison de plus pour les affirmer avec insistance, comme étant l'expression de la vérité même. Le devoir est de ne point se laisser arrêter, en de telles matières, par des considérations d'opportunité. Les graines lentes à germer doivent se semer tôt, afin que le temps fasse son œuvre et que la moisson arrive. Avant que nous ayons tous senti l'importance considérable de notre complète émancipation de la tutelle administrative, il s'écoulera sans doute bien des jours. Cette émancipation n'en est pas moins le plus grand progrès que notre nation puisse réaliser. Et en ce qui la concerne, il n'y a point de petites choses qui puissent être négligées sans péril. La valeur des peuples est en raison de l'énergie de leurs initiatives privées.

CHAPITRE VIII

MÉTHODES DE CLASSIFICATION

Examen des méthodes. — On peut se placer à deux points de vue pour entreprendre la classification des animaux qui sont les sujets de la zootechnie. Ces animaux sont avant tout des objets d'histoire naturelle, et par là ils appartiennent de droit à la classification zoologique, dans laquelle ils occupent des places déterminées. Celles-ci leur sont assignées par le genre et l'espèce auxquels ils se rattachent respectivement. Mais on ne saurait méconnaître qu'ils nous intéressent principalement en leur qualité d'animaux utiles, d'organismes producteurs de valeurs économiques, et que par conséquent notre attention, dans leur étude, doit particulièrement se porter vers leurs aptitudes, en vue du parti que nous en pouvons tirer.

Cette dernière considération a guidé les zootechnistes qui ont classé les races animales domestiques d'après leur aptitude prédominante, rapprochant ainsi celles qui présentent à des degrés divers une certaine spécialité économique uniforme. C'est ce qu'on appelle la classification économique ou agricole du bétail. Les Équidés y sont divisés, par exemple, en races légères ou de selle et d'attelage, et races de trait ou lourdes, et encore en races fines ou distinguées et races communes ; les Bovidés, en races laitières, races d'engrais, de boucherie ou races à viande, et races de travail, en races de montagne et races de plaine ; les Ovidés, en races à laine longue et races à laine courte, en races à laine fine, à laine intermédiaire et à laine commune, ordinaire ou grossière, races à laine et races à viande ; les Suidés, enfin, en grandes races et petites races, races communes et races améliorées.

Cette classification impliquerait d'abord que la spécialisation des aptitudes est le but marqué à la perfection zootechnique. Or, nous avons vu qu'il n'en est point ainsi. D'un autre côté, il suffit d'examiner d'un peu près les catégories établies sur cette base, pour s'apercevoir tout de suite que, dans les divers genres d'animaux, plusieurs races fourniraient aussi bien des individus à l'une qu'à l'autre, et ne s'y trouveraient point déplacées. S'il s'agit des Bovidés, notamment, il est évident que toutes leurs races entreraient de droit dans la catégorie ouverte à celles de boucherie, surtout à mesure qu'elles seront mieux exploitées. De même pour les Ovidés, quelle que puisse être d'ailleurs leur aptitude à produire de la laine.

Lorsqu'on a voulu, ailleurs que sur le papier, faire entrer le bétail dans les cadres artificiels dont il s'agit, on s'est trouvé en face de difficultés insurmontables. Il en a été ainsi parce que, au demeurant, le degré d'aptitude n'est point un caractère de race, mais bien un caractère individuel, et tout au plus un caractère de famille ou de variété, comme nous aurons plus tard l'occasion de le montrer souvent. C'est ce dont nous avons eu à faire personnellement l'épreuve en 1867, à Billancourt, dans le jury de l'Exposition universelle, devant ranger les sujets présentés aux divers concours d'après ce mode de classification, adopté par la commission impériale.

Toutefois, malgré ces difficultés, y aurait-il quelque utilité à conserver, pour la description du bétail, une classification même arbitraire, en vue d'un résultat pratique ? Nous ne l'apercevons point, et nous voyons, au contraire, un inconvénient certain à faire ainsi violence à la vérité zoologique et zootechnique tout à la fois.

Au point de vue zootechnique, il importe grandement, à coup sûr, d'être éclairé sur les aptitudes diverses des races, sur le degré de développement que ces aptitudes

ont pu atteindre sous l'influence de conditions déterminées, sur les motifs de ce développemeut ; mais
ceci est une affaire de description, non de classification.
Celle-ci, pour être solide, et par conséquent utile et
pratique, doit être établie sur des bases naturelles ; elle
doit être l'expression des lois qui régissent les phénomènes de la reproduction des animaux, donner la fidèle
image des distinctions qu'il importe de respecter toujours
entre eux, afin de ne point introduire le désordre dans
leurs relations. Une classification d'êtres vivants ne peut
être bonne, en définitive, qu'à la condition de représenter
à l'esprit l'idée qu'il se fait de l'ordre qui règne dans les
phénomènes naturels concernant les objets auxquels cette
classification s'applique.

Les zootechnistes allemands H. von Nathusius et Settegast en ont adopté une sur laquelle il n'existe entre eux
qu'une dissidence de détail, presque seulement de mot.
Elle consiste à diviser les races en primitives (*Primitive
Racen*), transitoires ou de transition (*Uebergangs-Racen*),
et perfectionnées ou cultivées par la reproduction (*Züch-
tungs-Racen*). La dissidence porte sur ce que Nathusius
appelle races naturelles (*Natürliche Racen*), celles que
Settegast nomme primitives, et qu'il n'admet pas avec
lui les races transitoires, en donnant aux dernières le
nom de *Kultur-Racen*, au lieu de celui de *Züchtungs-
Racen*.

En outre de leur parfaite et évidente inutilité pratique,
ces classifications allemandes ont le grave défaut d'être
en opposition notoire avec la réalité, telle que nous
l'avons exposée en nous efforçant de dégager les lois
naturelles qui régissent les êtres organisés. D'abord,
toutes les races animales véritables sont également naturelles et au même titre. A ce titre, elles sont de même
toutes également primitives, puisque nous ne pouvons
remonter scientifiquement jusqu'à l'origine première
d'aucune. C'est, du reste, ce que reconnaît Nathusius, en
montrant fort bien que la distinction admise par Settegast
ne s'appuie sur aucun fondement sérieux.

Les autres distinctions, qui leur sont communes, entre

ces races naturelles ou primitives et les races transitoires et artificielles de l'un, ou les races cultivées de
l'autre, sont fondées sur des erreurs manifestes. Il n'est
pas exact que les races artificielles de Settegast et les
races cultivées de Nathusius aient perdu leurs caractères
zoologiques distinctifs. Nous avons montré que ces caractères sont indélébiles. Settegast les dit perdus, parce
qu'il ne les connaît point, pas plus d'ailleurs que
Nathusius, qui met les vaches néerlandaises dans une
race et les courtes-cornes dans une autre, la première
étant d'après lui naturelle et la dernière cultivée.

Il n'y a point de race entière dont on puisse dire
exactement qu'elle est cultivée, dans le sens où l'entendent nos auteurs. En ce sens-là, il y a dans presque
toutes les races un certain nombre, plus ou moins
grand, de variétés dont les aptitudes diverses ont été
développées, agrandies par l'application des méthodes
zootechniques, tandis que les autres sont restées sta-
tionnaires comme le milieu dans lequel elles ont vécu.

Si l'on adoptait la méthode de classification que nous
discutons, on serait exposé aux confusions les plus fâcheuses, auxquelles n'ont d'ailleurs pas échappé les zootechnistes allemands, et qui les ont conduits à des erreurs
énormes sur la théorie des phénomènes de la reproduction. Elles dérivent toutes de la vicieuse classification
adoptée pour les races, et montrent, par son côté le plus
frappant, l'importance de cette classification.

Il est évident, par exemple, que la méthode de sélection
zoologique, garantissant la conservation de la pureté des
races, ne peut être appliquée avec sécurité qu'au moyen
d'une classification exacte de ces races. Il ne l'est pas
moins que celle-là facilitera considérablement la sélection
zootechnique, en permettant, parmi les variétés plus
ou moins nombreuses d'une seule et même race, le
choix, conforme au but pratique visé, des sujets les plus
capables de faire atteindre ce but, sans apporter aucun
trouble dans le fonctionnement des lois naturelles, sans
donner prise aux inconvénients des méthodes de croisement et de métissage, sur lesquelles nous avons insisté.

Dans l'état actuel des transactions qui établissent des relations industrielles et commerciales entre toutes les nations européennes, la description des richesses animales d'un État pris en particulier ne peut plus suffire à ses nationaux. Pour les exploiter avec le plus de succès possible, ils doivent en connaître non seulement l'inventaire, mais encore les rapports avec toutes celles qui entrent en concurrence avec elles sur le marché de ces richesses. L'histoire de leurs origines ethniques, c'est-à-dire des déplacements qu'elles ont pu effectuer de leur propre mouvement ou qui leur ont été imposés par les déplacements mêmes ou les transactions des populations humaines, n'est pas moins intéressante pour connaître à fond ces objets de l'exploitation. C'est donc aujourd'hui l'ensemble des populations animales de l'ancien continent, au moins, qu'il faut décrire pour faire de la zootechnie complètement valable. Se renfermer dans les limites de son pays, ou tout au plus se borner à quelques échappées dans les pays voisins, avec lesquels on a des relations habituelles, n'est plus suffisant.

En ce cas, quelle peut être l'utilité des classifications étroites fondées soit sur l'aptitude, que nous savons être dépendante du milieu, soit sur les considérations qui ont guidé les zootechnistes allemands ? Ce sont là des cadres artificiels et trop fragiles, qui se brisent à chaque instant, quand on veut y faire entrer les populations animales de notre continent, dont quelques races sont maintenant disséminées sur presque toute son étendue. Seule une classification en est pratiquement possible et utile : c'est celle qui a son fondement sur les lois naturelles, celle qui constate ce qui est, qui tient compte des rapports de parenté entre les individus, à quelque distance géographique qu'ils se trouvent placés et quelques modifications secondaires qu'ils aient subies sous l'influence des milieux ; c'est, en un mot, la classification zoologique, d'après les caractères génériques et spécifiques tels que nous les avons définis.

Pour les besoins de nos études spéciales, nous y ajouterons une classification zootechnique proprement dite, qui sera celle des variétés existantes dans la race de chaque espèce ou type spécifique.

Classification zoologique et zootechnique. — Les espèces dont nous avons à nous occuper, et que nous devons décrire au double point de vue zoologique et zootechnique, appartiennent toutes à l'embranchement des *Vertébrés* et à la classe des *Mammifères*. Les *Oiseaux*, bien qu'ils soient, pour un certain nombre de leurs espèces, l'objet d'une exploitation importante, seront ici laissés de côté, ainsi que les petits Mammifères qui peuplent avec eux les basses-cours. Il en sera de même pour les *Insectes* fileurs de soie et butineurs de miel, des vers à soie et des abeilles. Tous ces petits animaux font le sujet de traités particuliers.

Les espèces domestiques qui seules nous intéressent et sont l'objet de notre science, et qui, nous le répétons, appartiennent à la classe des Mammifères, seront seulement groupées en genres naturels, sans tenir compte de leur groupement habituel en ordres. Ceux-ci, fussent-ils irréprochables, scientifiquement, n'auraient aucune utilité pour nous.

Devant, dans nos descriptions ultérieures, après avoir fait connaître les caractères spécifiques de chaque type naturel de race, délimiter l'aire géographique de celle-ci, et passer en revue sa population sur toute l'étendue de cette aire, nous y rencontrerons des variétés formées sous l'influence des différences de milieu, avec le concours conscient ou inconscient de l'homme. Elles doivent figurer dans la classification des collectivités d'individus que nous avons à étudier.

C'est cette dernière partie de la classification, représentant l'ordre naturel ou normal de nos objets, qui est propre à jeter sur les études zoologiques et zootechniques en même temps un jour tout à fait nouveau. En rattachant à sa loi naturelle chacun des phénomènes observés, en montrant nettement la limite qui sépare ce qui, dans l'organisme animal, est immuable de ce qui varie au gré des changements imposés à cet organisme par les méthodes zootechniques, elle fortifiera les bases sur lesquelles nous avons appuyé leur application.

Ces variétés, ainsi que nous avons eu déjà l'occasion de le faire remarquer, expriment l'objet de nos prédilections zootechniques, parce qu'elles se rapportent précisément aux attributs de l'espèce naturelle sur lesquels s'exerce notre action, en vue de l'utilité sociale. Elles sont devenues plus nombreuses à mesure que l'on s'est occupé davantage de l'amélioration du bétail. Les éleveurs qui les ont formées ont cru abusivement qu'ils avaient créé autant de races nouvelles, tandis que leur action s'est bornée, quand ils ont réussi, à développer avec prédilection et persévérance l'une des aptitudes de la race naturelle sur laquelle ils opéraient.

Dans le genre naturel, les espèces se groupent parfois en catégories secondaires, comprenant un certain nombre d'entre elles, et qui, pour la généralité des naturalistes, ne forment même chacune encore qu'une seule espèce. Ainsi, chez les Équidés, par exemple, où nous admettons quatre de ces catégories secondaires, celle des chevaux, celle des ânes, celle des hémiones et celle des zèbres, si l'on reconnaît plusieurs espèces de zébrides et d'hémiones, on croit que les espèces du cheval et de l'âne sont uniques, et on les désigne sous les noms d'*Equus caballus* et d'*Equus asinus*. De même pour les Bovidés, etc.

Ces désignations sont insuffisantes, en ce sens que la connaissance des lois naturelles de la classification a fait découvrir plusieurs espèces différentes là où l'on croit généralement qu'il n'en existe qu'une seule ; mais il n'y a pas de motif pour les rejeter complètement. Elles ont besoin seulement d'être étendues par l'adjonction d'un qualificatif spécifique.

Dans chaque genre et aussi dans chaque collectivité sous-générique constituant une des catégories secondaires dont il vient d'être parlé, les espèces se groupent encore naturellement d'après leur type céphalique. Et, dans la classification, ce mode de groupement n'est pas indifférent, car il a au moins l'avantage de faciliter les recherches de détermination spécifique, pour les commençants.

Le nombre total des espèces d'un même genre ou d'une même catégorie sous-générique étant connu, il est clair que, par le seul fait de la division dont il s'agit, le champ de la recherche se trouve limité. Toutes les espèces du type *dolichocéphale*, par exemple, en sont éliminées, dès qu'on a constaté chez le sujet à classer l'existence du type *brachicéphale*, et réciproquement. Il suffit ensuite de fixer son attention sur le petit nombre d'espèces d'un même type céphalique appartenant au groupe considéré, et de comparer, dans ce champ circonscrit, les caractères différentiels ou spécifiques, pour arriver facilement à classer le sujet en présence duquel on se trouve placé. Les caractères secondaires le rangent après cela dans sa variété.

Le but de la classification, en effet, n'est pas autre que de donner un moyen certain et pratique de mettre chaque objet de l'étude zootechnique à la place exacte qu'il occupe naturellement dans la série à laquelle il appartient. Cette place, dépendant de ses propriétés ou de ses qualités, détermine ses rapports naturels avec les autres objets et lui assigne un nom propre. La seule connaissance de ce nom suffit ensuite pour rappeler à l'esprit toutes ces propriétés ou qualités, ainsi que tous ces rapports, d'après lesquels nous avons vu que doivent être réglées les méthodes de traitement qui conduisent à l'exploitation la plus avantageuse.

On voit par là quelle peut être l'importance pratique d'une nomenclature bien faite des sujets de la zootechnie, et quels sont les inconvénients des classifications empiriques ou arbitraires que nous avons rejetées.

Nomenclature. — Les espèces animales que nous avons à décrire et à étudier, au point de vue de leurs attributs complets et de leurs relations, appartiennent à quatre genres naturels. Persuadés du peu d'avantage, et au contraire de l'inconvénient réel qu'il y a toujours à introduire, sans nécessité absolue, des mots nouveaux dans une nomenclature quelconque, nous n'innoverons

que le moins possible dans la désignation des objets de
ces quatre genres. Dans les sciences, il est bien rare que
le présent ne se rattache pas directement au passé ; que
les connaissances actuelles soient autre chose qu'un
développement ou une extension des connaissances antérieures. Chaque génération ajoute par ses efforts, quand
ils sont efficaces, au patrimoine légué par la génération
précédente. Des choses qui ont un moment semblé faire
table rase, on n'en trouverait guère dans l'histoire qui
aient subsisté. Le premier enthousiasme dissipé, on n'a
pas tardé à s'apercevoir qu'au fond il ne s'agissait, sous
des noms nouveaux, que d'idées anciennement formulées,
mais seulement avec moins de netteté et de précision ;
qu'en un mot il y avait eu évolution et non point révolu-
tion.

Il est donc toujours préférable, lorsque cela est
possible, de ne point briser la chaîne des traditions, des
habitudes, des usages, surtout dans le langage. Toute
idée nouvelle qui peut être exprimée par des mots déjà
usités, à la condition seulement d'en modifier les combinaisons, doit, à notre avis, l'être ainsi plus heureusement
que par un néologisme. Il faut aussi que nos élèves puissent lire et comprendre les œuvres de nos prédécesseurs.
C'est pourquoi nous nous conformerons à ce principe
dans notre nomenclature zootechnique, en conservant de
la nomenclature usitée en zoologie tout ce qui peut être
conservé.

On sait que l'usage a imposé aux classifications de
l'histoire naturelle des êtres, depuis le grand Linné,
l'emploi de la langue latine, qui a l'avantage d'être la
langue scientifique universelle. Nous ne pouvons pas
déroger à cet usage. Nous nous y astreindrons, sauf à
joindre à notre nomenclature spéciale les équivalents
français, toutes les fois qu'ils seront nécessaires en raison
de sa spécialité même.

Nous empruntons par conséquent à la nomenclature
zoologique admise les noms latins de nos quatre genres
Equus, *Bos*, *Ovis* et *Sus*. Nous restituons à sa place
naturelle, dans le genre *Ovis*, le groupe des chèvres qui,

dans les classifications zoologiques actuelles, forme le
genre *Capra*. On verra qu'il n'y a aucun motif valable, ni
anatomique, ni physiologique, pour laisser subsister une
distinction purement arbitraire. Les chèvres ne présentent aucun caractère générique qui ne se rencontre de
même chez les brebis, et nous savons de plus que les
deux groupes d'espèces se fécondent entre eux.

En français, le genre *Equus* est celui des *Équidés* ; le
genre *Bos*, celui des *Bovidés* ; le genre *Ovis*, celui des
Ovidés ; le genre *Sus*, celui des *Suidés*.

Chez les Équidés, il y a deux groupes d'espèces domestiques, parmi les quatre groupes naturels qui le composent et qui sont ceux des chevaux, des ânes, des
hémiones et des zèbres. Les deux groupes domestiques
sont ceux des *chevaux* et des *ânes*. Le premier correspond à l'unique espèce *Equus caballus*, admise dans la
classification zoologique ; le second, à l'espèce *Equus
asinus*, également considérée comme unique. Nous
nommerons *Équidés caballins* et *Équidés asiniens* ces deux
groupes.

Chez les Bovidés, quatre groupes sont domestiques, en
les considérant sur toute l'étendue de l'ancien continent.
Ils comprennent les espèces *Bos taurus*, *Bos bubalus*,
Bos zebu et *Bos grunniens*. Deux de ces groupes n'ont pas
assez d'importance en Europe pour que nous nous en oc-
cupions. Nous ne retiendrons donc que le premier, sous
le nom de *Bovidés taurins*, et le second, sous celui de
Bovidés bubalins.

Chez les Ovidés, nous avons les deux groupes des
Ovidés ariétins, désignés par l'ancienne espèce *Ovis
aries* ou brebis, et des *Ovidés caprins*, comprenant l'ancien genre *Capra*, que nous éliminons de la classification.

Enfin, chez les Suidés, où les espèces domestiques sont
très-peu nombreuses, le genre ne se divise point en
groupes secondaires.

Dans la nomenclature spécifique, les anciennes désignations, formées du nom générique auquel se joint un
qualificatif, sont conservées comme bases pour les dési-

gnations nouvelles. Celles-ci n'en sont qu'une extension, puisqu'il s'agit seulement de nommer des espèces qui ont été reconnues comme ayant été confondues jusquelà sous ces anciennes désignations. Il y a plusieurs espèces d'Équidés caballins et asiniens, de Bovidés taurins et bubalins, d'Ovidés ariétins et caprins domestiques, au lieu d'une seule espèce chevaline, asine, bovine, ovine, caprine.

Pour la désignation de chacune de ces espèces, il y avait à choisir le qualificatif le plus convenable. On pouvait lui faire exprimer les caractères morphologiques distinctifs ou vraiment spécifiques, ou bien lui faire rappeler l'aire géographique naturelle de la race à désigner. Après mûre réflexion, nous avons cru devoir donner la préférence à l'aire géographique, à cause de la plus grande utilité pratique de sa connaissance. Indiquer cette aire, qui a, comme nous l'avons vu, des rapports si étroits et si importants avec les attributs naturels de la race, par le seul énoncé du nom spécifique de celle-ci, nous a paru pratiquement plus important que de faire naître l'idée de ses caractères objectifs. On eût pu satisfaire aux deux exigences en allongeant le nom ; mais il nous a semblé qu'au delà de trois mots l'inconvénient de la nomenclature serait certainement plus grave que celui auquel il s'agissait de remédier.

Nous nous en sommes donc tenus à désigner l'espèce par la combinaison de son nom générique avec deux qualificatifs au plus, dont l'un exprime le groupe sous-générique auquel elle appartient, et l'autre rappelle l'aire géographique naturelle de sa race.

On désigne indifféremment la race ou son type spécifique, ou son espèce. Nous savons qu'il s'agit toujours du même objet envisagé à deux points de vue différents. Dans la pratique zootechnique, c'est l'idée de race qui est prépondérante. Au nom spécifique latin nous joignons, pour ce motif, un nom français de race ; et, conformément à notre principe, dans le choix nous avons autant que possible préféré un nom connu et déjà usité, dont la signification se trouve précisée par son association avec le nom spécifique.

Par ce qui précède, on voit que la nomenclature zootechnique nécessaire pour réaliser notre classification des espèces animales agricoles est très-simple, tout en donnant l'expression de l'ordre naturel qui règne dans les objets auxquels elle s'applique.

En ce qui concerne les variétés reconnues dans chaque race et dont le nombre n'a rien de fixe, puisque ces variétés, se formant sous l'influence des milieux, suivent les changements de ceux-ci, elles sont en général considérées abusivement comme des races véritables et désignées comme telles. En rectifiant leur qualité, nous continuerons de les désigner par le nom sous lequel elles sont le plus connues. Cela permettra de les rattacher plus facilement à la race naturelle dont elles font partie, en ne troublant que le moins possible les habitudes de langage reçues.

C'est sur ces bases que nous allons maintenant dresser le tableau de notre classification zootechnique, suivant lequel les races seront ensuite décrites successivement et étudiées aux divers points de vue par lesquels elles nous intéressent, et qui ne sont pas seulement de l'ordre industriel. Nous savons qu'entre autres les notions sur les migrations de ces races, en dehors de leurs aires géographiques naturelles, ne sont pas sans intérêt pour l'histoire de l'humanité. Nos collègues de la Société d'anthropologie de Paris nous l'ont montré plus d'une fois.

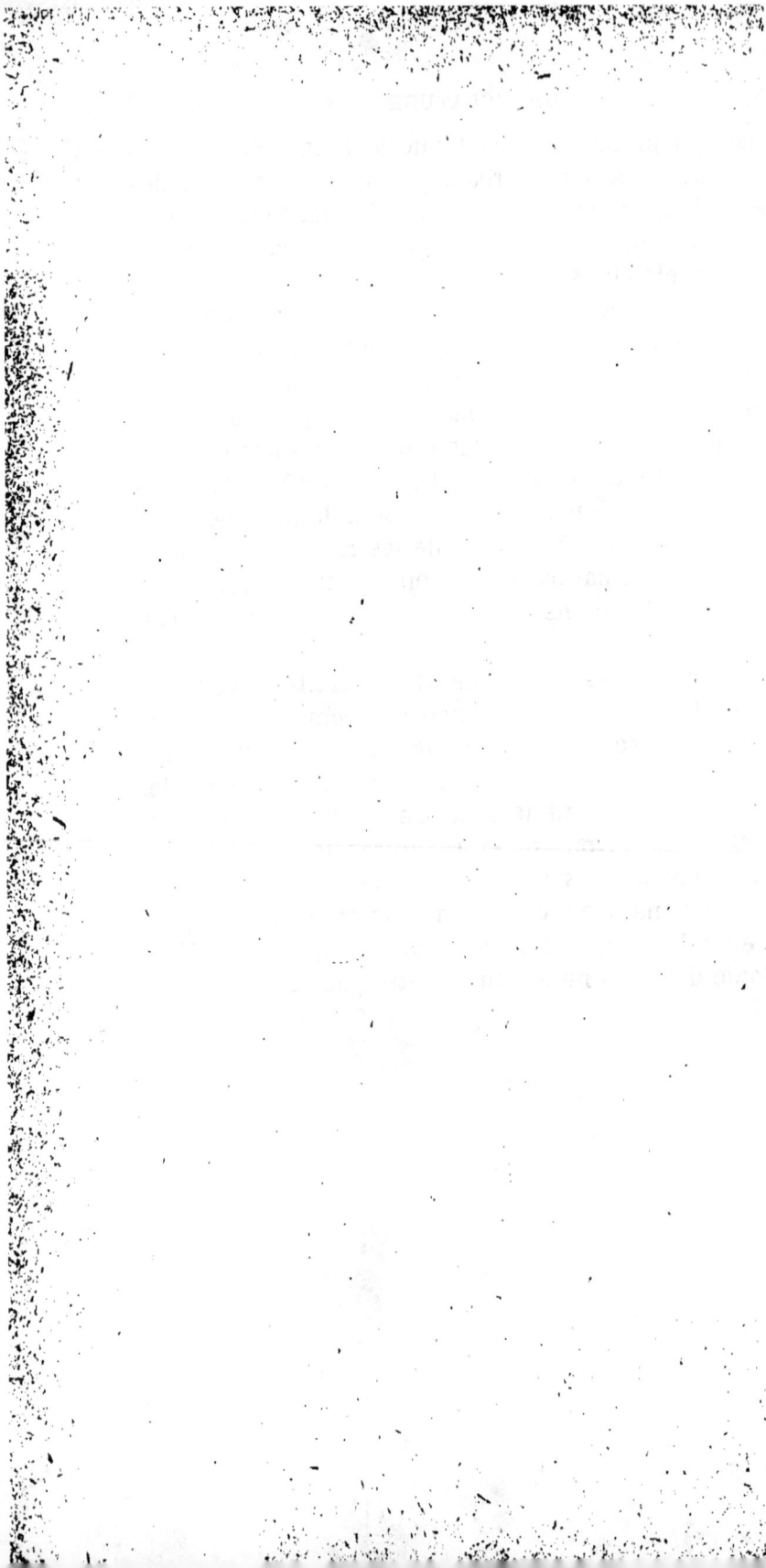

TABLEAU DE LA CLASSIFICATION ZOOTECHNIQUE.

ÉQUIDÉS

(Genre *Equus*).

ÉQUIDÉS CABALLINS (*E. caballus*).

Espèces brachycéphales.

VARIÉTÉS :

E. C. *asiaticus* (race asiatique ou orientale).

Persane. — Arabe. — Syrienne. — Hongroise. — Russes. — De la Lithuanie. — De la Prusse orientale. — De Trakehnen. — Du Wurtemberg. — De l'Alsace-Lorraine. — Du Morvan. — Anglaise de course. — Des Landes de Bretagne. — Du Limousin. — De l'Auvergne. — Des Landes de Gascogne. — De la Navarre. — De l'Andalousie. — De l'Aude. — De la Camargue. — De la Corse. — De la Sardaigne. — Du Frioul.

E. C. *Africanus* (race africaine).

Nubienne ou Dongolâwi. — Berbère ou Barbe. L'espèce est présente en faible nombre et en mélange avec presque toutes les variétés de la race asiatique.)

E. C. *hibernicus* (race irlandaise).

Poneys irlandais et du pays de Galles. — De Shetland. — Bretonnes du littoral.

E. C. *britannicus* (race britannique).

Suffolk. — Norfolk. — Black-Horse. — Boulonnaises. — Cauchoise.

Espèces dolichocéphales.

VARIÉTÉS :

E. C. *germanicus* (race germanique).

Du Schleswig-Holstein. — Danoise. — Mecklembourgeoise. — Oldenbourgeoise. — Hanovrienne. — Normande. — Comtoise. — Toscane ou Maremmane. — Andalouse. — Marocaine.

E. C. frisius (race frisonne).	Hollandaise. — Clyddesdale. — Flamande. — Picarde. — Poitevine (dite mulassière).
E. C. belgius (race belge).	Du Brabant. — De la Hesbaye. — Du Condroz. — Du Hainaut. — De Namur. — Luxembourgeoise. — Ardennaise. — Meusienne. — Suisse. — Camargue. — Crémonaise.
E. C. sequanius (race séquanaise).	Petite percheronne (dite postière). — Grosse percheronne.

ÉQUIDÉS ASINIENS (*E. asinus*).

Espèce bracycéphale.

VARIÉTÉS :

E. A. europœus (race d'Europe).	Des Baléares. — De la Catalogne. — De la Gascogne. — Du Poitou.

Espèce dolichocéphale.

VARIÉTÉS :

E. A. africanus (race d'Afrique).	Égyptienne. — Syrienne. — Kabyle. — Commune ou du Grison, *répandue dans toute l'Europe occidentale.*

BOVIDÉS

(Genre *Bos*).

BOVIDÉS TAURINS (*B. taurus*).

Espèces dolichocéphales (1).

VARIÉTÉS :

B. T. batavicus (race des Pays-Bas).	Courtes-cornes de Durham. — Hollandaises de Groningue, de la Frise, du Noord-Holland, de la Zélande, des Sables, etc. — De l'Ostfriesland. — Angeln-Tondern. — Oldenbourgeoise. — Flamande. — Wallone. — Ardennaise. — Meusienne. — Morvandelle.

(1) *Une raison d'utilité pratique pour la commodité des descriptions explique, au sujet des Bovidés, l'interversion de l'ordre adopté pour les types céphaliques.*

B. T. germanicus
(race germanique).
: Breitenbourg. — Wilstermarch. — Normandes du continent et des îles. — Hereford.

B. T. hibernicus
(race irlandaise).
: Kerry. — Ayr. — Devon. — Jersey. — Alderney. — Bretonnes.

B. T. britannicus
(race britannique, dite sans cornes).
: Galloway. — Angus. — Suffolk. — Norfolk.

B. T. alpinus
(race des Alpes, dite brune).
: Suisses lourde, moyenne et légère. — Wurtembergeoise. — Allgau. — Tyrolienne. — Tarentaise. — Gasconne. — Arriégeoise ou Saint-Gironnaise.

B. T. aquitanicus
(race d'Aquitaine).
: Agenaise. — Garonnaise. — Limousine. — Lourdaise.

Espèces brachycéphales.

VARIÉTÉS :

B. T. asiaticus
(race asiatique ou grande race grise).
: Des steppes de l'Asie et de la Russie méridionale. — Kirghises. — De l'Ukraine. — Podolienne. — Lithuanienne. — Hongroise. — Moldo-valaque. — Bellunaise. — Romagnole. — Camargue.

B. T. ibericus
(race ibérique).
: Corse. — Sarde. — Sicilienne. — Algériennes. — Espagnoles et Portugaises. — Basquaise. — Béarnaise. — Landaise. Carolaise.

B. T. ligeriensis
(race vendéenne).
: Maraichine. — Nantaise. — Choletaise, poitevine, gâtinelle ou parthenaise. — Berrichonne. — Marchoise. — De l'Aubrac.

B. T. arvernensis
(race auvergnate).
: Du Cantal (dite Salers). — Du Puy-de-Dôme (dite Ferrandaise).

B. T. jurassicus
(race jurassienne).
: Bernoise (Simmenthall). — Fribourgeoise. — Pinzgau. — Bressane. — Comtoise. — Femeline. — Glane. — Donnersberg. — Charolaise. — Nivernaise. — Bourbonnaise.

B. T. caledoniensis
(race écossaise).
: West-Highland. — Blanche des forêts.

II. 22

BOVIDÉS BUBALINS (*B. bubalus*).

B. bubalus (buffle commun ou petit buffle).	D'Arménie. — De Hongrie. — D'Italie.
B. arni (grand buffle).	Des îles de l'Archipel Indien.

OVIDÉS

(Genre *Ovis*).

OVIDÉS ARIÉTINS (*O. aries*).

Espèces brachycéphales.

VARIÉTÉS :

O. A. germanica (**race germanique**).	Allemandes (Franconnienne, Westphalienne et Rhénane). — Leicester (dite Dishley). — Lincoln.
O. A. batavica (race des Pays-Bas).	Hollandaises de Texel et de Zélande. — Romney-Marsh (dite New-Kent). — Cotentine.
O. A. hibernica (race des dunes).	Southdown. — Hampshiredown. — Oxfordshiredown. — Shropshiredown. — Black-Faced.
O. A. arvernensis (race du plateau central).	Marchoise. — Limousine. — Auvergnate.

Espèces dolichocéphales.

VARIÉTÉS :

O. A. ingevonesis (race du Danemarck).	Haideschnuck (Landes du Nord). — Des Polders. — Flamande. — Artésienne. — Picarde. — Poitevine.
O. A. britannica (race britannique).	Cotswold. — Buckenghamshire. — Cheviot.
O. A. ligeriensis (race du bassin de la Loire).	Berrichonne. — Crevant. — Solognote. — Suisse. — Ardennaise. — Percheronne. — Bretonne. — West-Montains.

O. A. *iberica* (race des Pyrénées).	Lacha. — Churra. — Basquaise. — Béarnaise. — Landaise. — Gasconne. — Lauragaise. — Albigeoise. — Larzac.
O. A. *africana* (race mérine ou mérinos).	Algérienne. — Andalouse. — D'Estramadure. — Du Roussillon. — De la Crau. — De Naz. — Electorale de Saxe. — De Silésie. — Negretti. — Du Châtillonnais. — De la Champagne. — Du Soissonnais. — De la Brie. — De la Beauce. — De Mauchamp. — Précoce.
O. A. *asiatica* (race de Syrie ou à large queue).	Chinoise. — Persane. — De l'Yemen. — Syrienne. — Russe. — Hongroise. — Roumaine. — Barbarine.
O. A. *sodanica* (race du Soudan).	Du Soudan. — Touareg. — Du Souf. — Bergamasque.

OVIDÉS CAPRINS (*O. capra*).

Espèce brachycéphale.

VARIÉTÉS :

O. C. *europœa* (race d'Europe).	Des Alpes. — Des Pyrénées. — Du Poitou.

Espèces dolichocéphales.

VARIÉTÉS ·

O. C. *asiatica* (race d'Asie).	Angora. — Cachemyr. — Thibétaine.
O. C. *africana* (race d'Afrique).	Nubienne. — Égyptienne. — Maltaise.

SUIDÉS

(Genre *Sus*).

Espèces brachycéphales.

VARIÉTÉS :

S. *asiaticus* (race asiatique).	Chinoise. — Siamoise. — Japonaise.

S. cellicus
(race celtique).

{ Angevine ou Craonnaise. — Mancelle. — Bretonne.— Normande ou Augeronne. — Romagnole.

Espèce dolichocéphale.

VARIÉTÉS :

S. ibericus
(race ibérique).

{ Napolitaine. — De la campagne Romaine. — Toscane. — Grecque. — Hongroise (dite Mangalikza). — Suisse. — Bressane. — Dauphinoise. — Quercinoise — Périgourdine. — Limousine. — Gasconne. — Languedocienne. — Provençale. — Roussillonnaise. — Béarnaise. — Espagnoles et Portugaises.

FIN DU TOME DEUXIÈME.

AUTEURS CITÉS

FIN DE LA ABLE DES AUTEURS CITÉS.

INDEX ALPHABÉTIQUE

FIN DE L'INDEX ALPHABÉTIQUE.

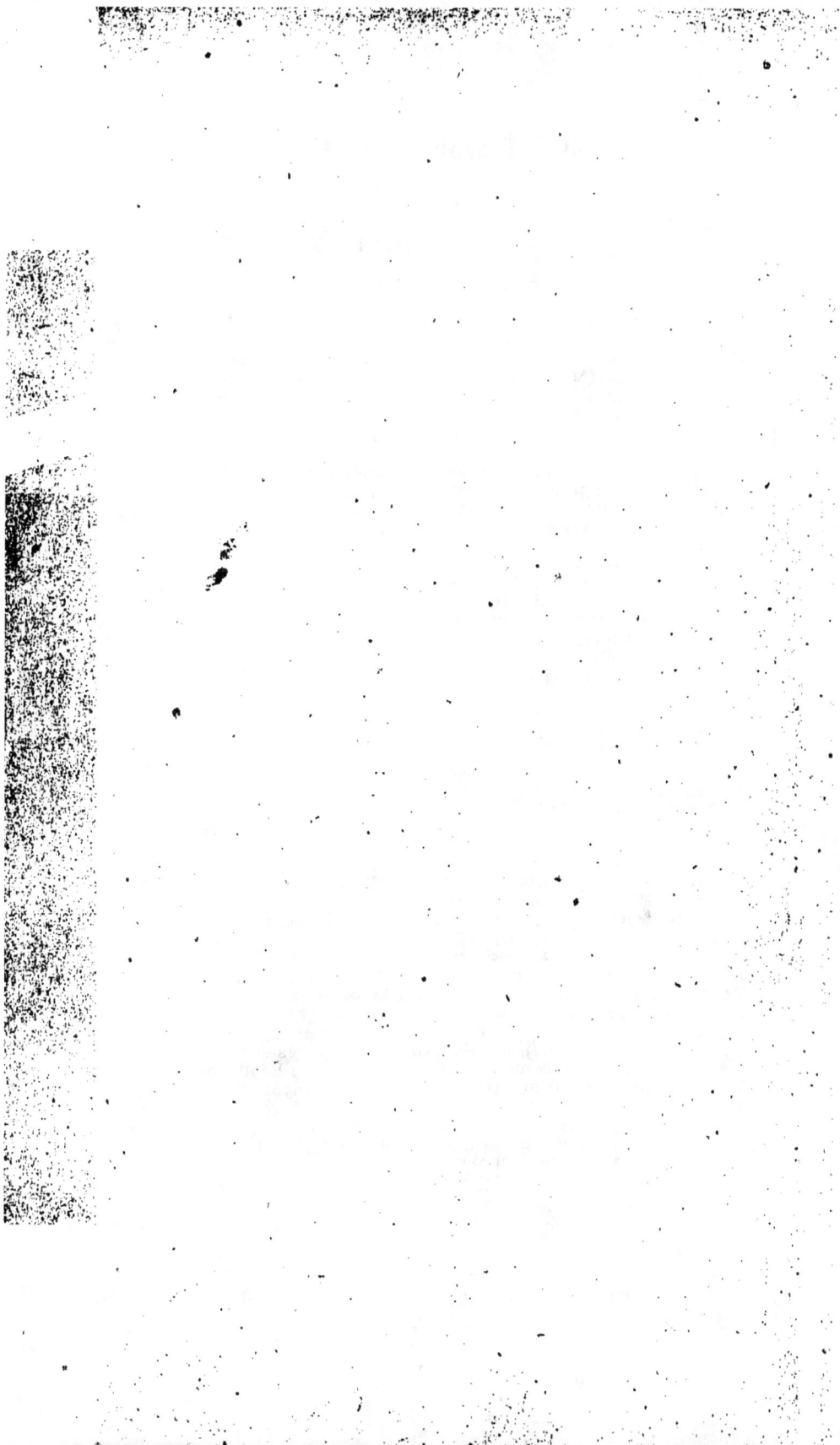